数学Ⅲ
基礎問題精講

四訂版

上園信武 著

Basic Exercises in mathematics Ⅲ

旺文社

本 書 の 特 長 と 利 用 法

　本書は，入試に出題される基本的な問題を収録し，教科書から入試問題を解くための橋渡しを行う演習書です。特に，私立大に出題が多い小問集合が確実にクリアできる力をつけられるように以下の事柄に配慮しました。

● 教科書では扱わないが，入試で頻出のものにもテーマをあてました。
● 数学Ⅲを125のテーマに分け，

基礎問→精講→解答→ポイント→演習問題

　で1つのテーマを完結しました。

◆ **基礎問とは**，入試に頻出の基本的な問題（これらを解けなければ合格できない）
◆ **精講**は基礎問を解くに当たっての留意点と問題テーマの解説
◆ **解答**はていねいかつ，わかりやすいようにしました
◆ **ポイント**では問題テーマで押さえておかなければならないところを再度喚起し，テーマの確認
◆ **演習問題**では基礎問の類題を掲載し，ポイントを確認しながら問題テーマをチェック

● 1つのテーマは1ページもしくは2ページの見開きとし，見やすくかつ，効率よく学習できるように工夫しました。

著者から受験生のみなさんへ

受験勉強に王道はありません。「できないところを，1つ1つできるようにしていく」この積み重ねのくりかえしです。しかし，効率というものが存在するのも事実です。本書は，そこを考えて作ってありますので，かなりの効果が期待できるはずです。本書を利用した諸君が見事栄冠を勝ちとられることを祈念しています。

著者紹介　● 上園信武（うえぞの　のぶたけ）
1980年九州大学理学部数学科卒業。鹿児島の県立高校教諭を経て，現在代々木ゼミナール福岡校の講師。また，「全国大学入試問題正解・数学」（旺文社）の解答者。

C O N T E N T S

第1章 式と曲線

1 だ円（Ⅰ）…………… 6
2 だ円（Ⅱ）…………… 8
3 双曲線（Ⅰ）………… 10
4 双曲線（Ⅱ）………… 12
5 放物線（Ⅰ）………… 14
6 放物線（Ⅱ）………… 16
7 極座標（Ⅰ）………… 18
8 極座標（Ⅱ）………… 19
9 極方程式（Ⅰ）……… 20
10 極方程式（Ⅱ）……… 21
11 極方程式（Ⅲ）……… 22
12 極方程式（Ⅳ）……… 24

第2章 複素数平面

13 極形式………………… 26
14 共役な複素数………… 28
15 積と商………………… 30
16 ド・モアブルの定理（Ⅰ）……… 32
17 ド・モアブルの定理（Ⅱ）……… 34
18 二項方程式…………… 36
19 複素数とベクトル…… 37
20 複素数と分点の座標… 38
21 複素数平面上の距離… 39
22 複素数と回転（Ⅰ）… 40
23 平行移動……………… 41
24 複素数平面上の角…… 42
25 複素数と回転（Ⅱ）… 44
26 正三角形……………… 45
27 直線（Ⅰ）…………… 46
28 直線（Ⅱ）…………… 47
29 円（Ⅰ）……………… 48
30 円（Ⅱ）……………… 50
31 円（Ⅲ）……………… 52
32 領域（Ⅰ）…………… 54
33 領域（Ⅱ）…………… 56
34 変換 $w=\dfrac{az+b}{cz+d}$（Ⅰ）……… 57
35 変換 $w=\dfrac{az+b}{cz+d}$（Ⅱ）……… 58
36 変換 $w=\dfrac{az+b}{cz+d}$（Ⅲ）……… 60

第3章 いろいろな関数

37 分数関数……………… 62
38 無理関数……………… 64
39 合成関数……………… 66
40 逆関数………………… 68

第4章 極 限

41 数列の極限（Ⅰ）・・・・・・・・・・・・・・・・・・ 70

42 数列の極限（Ⅱ）
   (無限等比数列)・・・・・・・・・・・・・・・・ 72

43 漸化式と極限・・・・・・・・・・・・・・・・・・・ 74

44 はさみうちの原理（Ⅰ）・・・・・・・・・・ 76

45 はさみうちの原理（Ⅱ）・・・・・・・・・・ 78

46 無限級数・・・・・・・・・・・・・・・・・・・・・・・ 80

47 無限等比級数の図形への応用・・・・・・・ 82

48 関数の極限（Ⅰ）・・・・・・・・・・・・・・・・・ 84

49 関数の極限（Ⅱ）・・・・・・・・・・・・・・・・・ 86

50 関数の極限（Ⅲ）・・・・・・・・・・・・・・・・・ 88

51 数列・関数の極限・・・・・・・・・・・・・・・・・ 90

52 左側極限・右側極限・・・・・・・・・・・・・・・ 92

53 関数の連続（Ⅰ）・・・・・・・・・・・・・・・・・ 94

54 関数の連続（Ⅱ）・・・・・・・・・・・・・・・・・ 96

55 複素数列・・・・・・・・・・・・・・・・・・・・・・・ 98

56 複素数列と極限・・・・・・・・・・・・・・・・・・100

第5章 微 分 法

57 微分係数・・・・・・・・・・・・・・・・・・・・・・・102

58 導関数・・・・・・・・・・・・・・・・・・・・・・・・・103

59 微分可能性・・・・・・・・・・・・・・・・・・・・・104

60 積・商の微分・・・・・・・・・・・・・・・・・・・106

61 基本関数の微分・・・・・・・・・・・・・・・・・108

62 合成関数の微分・・・・・・・・・・・・・・・・・110

63 対数微分法・・・・・・・・・・・・・・・・・・・・・112

64 媒介変数で表された
   関数の微分・・・・・・・・・・・・・・・・・・・114

65 陰関数の微分・・・・・・・・・・・・・・・・・・・116

66 接線と法線・・・・・・・・・・・・・・・・・・・・・118

67 共通接線・・・・・・・・・・・・・・・・・・・・・・・120

68 平均値の定理・・・・・・・・・・・・・・・・・・・122

69 増減・極値（Ⅰ）・・・・・・・・・・・・・・・・・124

70 増減・極値（Ⅱ）・・・・・・・・・・・・・・・・・126

71 凹凸・変曲点・・・・・・・・・・・・・・・・・・・128

72 三角関数の最大・最小（Ⅰ）・・・・・・・・130

73 対数関数の最大・最小・・・・・・・・・・・・・132

74 指数関数の最大・最小・・・・・・・・・・・・・134

75 分数関数の最大・最小・・・・・・・・・・・・・136

76 三角関数の最大・最小（Ⅱ）・・・・・・・・138

77 微分法のグラフへの応用（Ⅰ）・・・・・・140

78 微分法のグラフへの応用（Ⅱ）・・・・・・142

79 微分法のグラフへの応用（Ⅲ）・・・・・・144

80 微分法の方程式への応用・・・・・・・・・・・146

81 微分法の不等式への応用・・・・・・・・・・・148

82 媒介変数で表された
   関数のグラフ・・・・・・・・・・・・・・・・・150

第6章 積 分 法

83 基本関数の積分 ·················· 152

84 $\tan x$ の積分 ·················· 154

85 $\log x$ の積分 ·················· 155

86 置換積分（Ⅰ）·················· 156

87 積分の工夫 ·················· 158

88 三角関数の積分（Ⅰ）·················· 160

89 分数関数の積分 ·················· 162

90 置換積分（Ⅱ）·················· 164

91 三角関数の積分（Ⅱ）·················· 166

92 指数関数の積分 ·················· 168

93 対数関数の積分 ·················· 170

94 無理関数の積分 ·················· 172

95 部分積分法（Ⅰ）·················· 174

96 部分積分法（Ⅱ）·················· 176

97 部分積分法（Ⅲ）·················· 178

98 部分積分法（Ⅳ）·················· 180

99 部分積分法（Ⅴ）·················· 181

100 定積分で表された関数（Ⅰ）········ 182

101 定積分で表された関数（Ⅱ）········ 183

102 絶対値のついた
関数の積分（Ⅰ）·················· 184

103 絶対値のついた
関数の積分（Ⅱ）·················· 186

104 面積（Ⅰ）·················· 188

105 面積（Ⅱ）·················· 190

106 面積（Ⅲ）·················· 192

107 面積（Ⅳ）·················· 194

108 面積（Ⅴ）·················· 196

109 面積（Ⅵ）·················· 198

110 面積（Ⅶ）·················· 200

111 面積（Ⅷ）·················· 202

112 共通接線と面積 ·················· 204

113 区分求積法 ·················· 206

114 定積分の評価（Ⅰ）·················· 208

115 定積分の評価（Ⅱ）·················· 210

116 回転体の体積（Ⅰ）·················· 212

117 回転体の体積（Ⅱ）·················· 214

118 回転体の体積（Ⅲ）·················· 216

119 回転体の体積（Ⅳ）·················· 218

120 回転体の体積（Ⅴ）·················· 220

121 回転体の体積（Ⅵ）·················· 222

122 回転体でない体積（Ⅰ）·················· 224

123 回転体でない体積（Ⅱ）·················· 226

124 曲線の長さ ·················· 228

125 水の問題 ·················· 230

演習問題の解答 ·················· 232

第1章 式と曲線

1 だ円（Ⅰ）

次の問いに答えよ．

(1) だ円 $C: \dfrac{(x-5)^2}{25} + \dfrac{(y+1)^2}{16} = 1$ の焦点の座標，長軸の長さ，短軸の長さ，点 $\left(8, \dfrac{11}{5}\right)$ における接線の方程式を求めよ．

(2) 2つの定点 A(1, 3), B(1, 1) からの距離の和が4となるような点 P(x, y) の軌跡を求め，それを図示せよ．

だ円については，次の知識が必要です．

〈定義〉

2つの定点 A, B からの距離の和が一定の点 P の軌跡，すなわち，

　　　　AP＋BP＝一定（一定値は長軸の長さ）

〈標準形〉（横長のだ円）

$\dfrac{x^2}{a^2} + \dfrac{y^2}{b^2} = 1$ $(a > b > 0)$ で表される図形はだ円で，

- **中心は原点**　・**焦点は** $(\pm\sqrt{a^2-b^2},\ 0)$

もし忘れたら，Pを y 軸上にとって三平方の定理を使うと求められます．

- **長軸の長さ：$2a$，短軸の長さ：$2b$**
- **だ円上の点 (x_1, y_1) における接線の方程式は**

$$\dfrac{x_1 x}{a^2} + \dfrac{y_1 y}{b^2} = 1$$

解　答

(1) $C: \dfrac{(x-5)^2}{5^2} + \dfrac{(y+1)^2}{4^2} = 1$ を x 軸の正方向に -5，y 軸の正方向に1平行移動しただ円 C' は $C': \dfrac{x^2}{5^2} + \dfrac{y^2}{4^2} = 1$

C' について，焦点は $(\pm 3, 0)$，長軸の長さは10，短軸の長さは8

ゆえに，C について，**焦点は $(8, -1)$ と $(2, -1)$**
長軸の長さは 10，短軸の長さは 8

また，C' 上の点 $\left(3, \dfrac{16}{5}\right)$ における接線は

$$\dfrac{3x}{25}+\dfrac{1}{16}\left(\dfrac{16}{5}y\right)=1 \iff 3x+5y=25$$

これを x 軸の正方向に 5，y 軸の正方向に -1 だけ平行移動したものが求める接線だから，$3(x-5)+5(y+1)=25$ ◀数学Ⅱ・B 48

∴ **$3x+5y=35$**

(2) A，B の中点は $(1, 2)$ だから ◀注

求める軌跡はだ円でそれを x 軸の正方向に -1，y 軸の正方向に -2 平行移動すると A は A′$(0, 1)$，B は B′$(0, -1)$ に移るので，移動後のだ円は $\dfrac{x^2}{a^2}+\dfrac{y^2}{b^2}=1 \ (b>a>0)$ とおける．

A′，B′ は焦点だから，$b^2-a^2=1$ ……①
また，長軸の長さは 4 だから，$2b=4$ ……②
①，②より $b^2=4, \ a^2=3$

よって，求めるだ円は

$$\dfrac{(x-1)^2}{3}+\dfrac{(y-2)^2}{4}=1$$

グラフは右図のようになる．

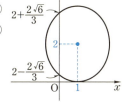

注 だ円の中心 (焦点の中点) を用意して，それが原点になるように平行移動すると標準形でおくことができます．

ポイント だ円の性質は標準形 $\dfrac{x^2}{a^2}+\dfrac{y^2}{b^2}=1$ になおして考える

演習問題 1

正数 k に対して，直線 $l: y=-\dfrac{1}{2}x+k$ とだ円 $C: x^2+4y^2=4$ がある．このとき，次の問いに答えよ．

(1) だ円 C の焦点の座標，長軸の長さ，短軸の長さを求めよ．
(2) l と C が接するような k の値と接点の座標を求めよ．

2 だ円（Ⅱ）

だ円 $\dfrac{x^2}{4}+y^2=1$ の $x>0$, $y>0$ の部分を C で表す．曲線 C 上に点 $P(x_1, y_1)$ をとり，点Pでの接線と2直線 $y=1$，および，$x=2$ との交点をそれぞれ，Q，R とする．点 $(2, 1)$ を A とし，$\triangle AQR$ の面積を S とおく．このとき，次の問いに答えよ．

(1) $x_1+2y_1=k$ とおくとき，積 x_1y_1 を k を用いて表せ．
(2) S を k を用いて表せ．
(3) 点 P が C 上を動くとき，S の最大値を求めよ．

(1) 点 P はだ円上にあるので，$x_1^2+4y_1^2=4$ ($x_1>0$, $y_1>0$) をみたしています．
(2) $\triangle AQR$ は直角三角形です．
(3) k のとりうる値の範囲の求め方がポイントになります．解答は2つありますが，1つは**演習問題1**がヒントになっています．

解答

(1) $x_1^2+4y_1^2=4$
$\iff (x_1+2y_1)^2-4x_1y_1=4$
$\therefore\ x_1y_1=\dfrac{k^2-4}{4}$

(2) $P(x_1, y_1)$ における接線の方程式は
$x_1x+4y_1y=4$
$\therefore\ Q\left(\dfrac{4-4y_1}{x_1}, 1\right)$, $R\left(2, \dfrac{4-2x_1}{4y_1}\right)$

よって，

$AQ=2-\dfrac{4-4y_1}{x_1}=\dfrac{2x_1+4y_1-4}{x_1}$

$AR=1-\dfrac{4-2x_1}{4y_1}=\dfrac{2x_1+4y_1-4}{4y_1}=\dfrac{x_1+2y_1-2}{2y_1}$

$\therefore\ S=\dfrac{1}{2}AQ\cdot AR=\dfrac{(x_1+2y_1-2)^2}{2x_1y_1}=\dfrac{2(k-2)^2}{k^2-4}$

$$= \frac{2(k-2)}{k+2} = 2 - \frac{8}{k+2}$$

(3) **(解Ⅰ)** (**演習問題1**の感覚で…)

$$\begin{cases} x_1{}^2 + 4y_1{}^2 = 4 & \cdots\cdots① \\ x_1 + 2y_1 = k & \cdots\cdots② \end{cases} \quad より,$$

y_1 を消去して

$$x_1{}^2 + (k - x_1)^2 = 4$$

$$\Longleftrightarrow 2x_1{}^2 - 2kx_1 + k^2 - 4 = 0$$

判別式 $\geqq 0$ だから,

$$k^2 - 2(k^2 - 4) \geqq 0 \Longleftrightarrow k^2 - 8 \leqq 0$$

$$\therefore \quad -2\sqrt{2} \leqq k \leqq 2\sqrt{2}$$

また, 右図より $1 < \dfrac{k}{2}$ $\quad \therefore \quad 2 < k$

よって, $\quad 2 < k \leqq 2\sqrt{2}$

k が最大のとき S は最大だから, S の **最大値は $6 - 4\sqrt{2}$**

(解Ⅱ) $\dfrac{x_1{}^2}{4} + y_1{}^2 = 1$ より $\begin{cases} x_1 = 2\cos\theta \\ y_1 = \sin\theta \end{cases} \left(0 < \theta < \dfrac{\pi}{2}\right)$ とおける.

$$\therefore \quad k = x_1 + 2y_1 = 2(\sin\theta + \cos\theta) = 2\sqrt{2}\sin\left(\theta + \frac{\pi}{4}\right)$$

$\dfrac{\pi}{4} < \theta + \dfrac{\pi}{4} < \dfrac{3\pi}{4}$ だから, $\dfrac{1}{\sqrt{2}} < \sin\left(\theta + \dfrac{\pi}{4}\right) \leqq 1$

$$\therefore \quad 2 < k \leqq 2\sqrt{2}$$

k が最大のとき S は最大だから, S の **最大値は $6 - 4\sqrt{2}$**

ポイント

だ円 $\dfrac{x^2}{a^2} + \dfrac{y^2}{b^2} = 1$ 上の点は

$x = a\cos\theta,\ y = b\sin\theta$ とおける

演習問題2

だ円 $\dfrac{x^2}{4} + y^2 = 1$ と直線 $y = -\dfrac{1}{2}x + k$ (k:定数) は, 異なる2

点 P, Q で交わっている. このとき, 次の問いに答えよ.

(1) 定数 k のとりうる値の範囲を求めよ.

(2) 線分 PQ の中点 M の軌跡の方程式を求めよ.

3 双曲線（I）

次の問いに答えよ．
(1) 双曲線 $4x^2-y^2-16x+2y-1=0$ の焦点の座標と漸近線の方程式を求めよ．
(2) 2つの定点 A(1, 2)，B(1, 4) からの距離の差が 1 となる点 P(x, y) の軌跡の方程式を求めよ．
(3) 点 (1, 0) を通り，双曲線 $\dfrac{x^2}{4}-y^2=1$ に接する直線の方程式を求めよ．

精講

双曲線については，次の知識が必要です．

〈定義〉
2つの定点 A，B からの距離の差が一定の点 P の軌跡，すなわち，

$$|\mathrm{AP}-\mathrm{BP}|=一定$$

（一定値は頂点間の距離）

〈標準形〉（主軸 x 軸）

$\dfrac{x^2}{a^2}-\dfrac{y^2}{b^2}=1$ ($a>0$, $b>0$) で表される図形は，双曲線で

- 中心は原点　・頂点は ($\pm a$, 0)
- 焦点は ($\pm\sqrt{a^2+b^2}$, 0)（〈定義〉では A，B が焦点）
- 漸近線は $\dfrac{x}{a}\pm\dfrac{y}{b}=0$
- 双曲線上の点 (x_1, y_1) における接線の方程式は

$$\dfrac{x_1 x}{a^2}-\dfrac{y_1 y}{b^2}=1$$

解答

(1) $4x^2-y^2-16x+2y-1=0 \iff 4(x-2)^2-(y-1)^2=4^2$

∴ $\dfrac{(x-2)^2}{2^2}-\dfrac{(y-1)^2}{4^2}=1$

ここで，双曲線 $\dfrac{x^2}{2^2}-\dfrac{y^2}{4^2}=1$ の焦点は ($\pm 2\sqrt{5}$, 0)

漸近線は，$\dfrac{x}{2}\pm\dfrac{y}{4}=0$，すなわち，$y=\pm 2x$

これらを x 軸の正方向に 2, y 軸の正方向に 1 平行移動したものが求める焦点と漸近線だから,

焦点は $(2\pm2\sqrt{5},\ 1)$, 漸近線は $y=2x-3,\ y=-2x+5$

(2) AB の中点は $(1,\ 3)$ だから求める双曲線を x 軸の正方向に -1, y 軸の正方向に -3 平行移動すると, A は A′$(0,\ -1)$ に, B は B′$(0,\ 1)$ に移動するので, 移動後の双曲線は, $\dfrac{x^2}{a^2}-\dfrac{y^2}{b^2}=-1$ $(a>0,\ b>0)$ とおける. このとき, 頂点間の距離と焦点より

$$\begin{cases} 2b=1 \\ a^2+b^2=1 \end{cases} \quad \therefore\ a^2=\frac{3}{4},\ b^2=\frac{1}{4}$$

◀ a, b を求める必要はない

$\therefore\ \dfrac{4}{3}x^2-4y^2=-1$, すなわち, $4x^2-12y^2=-3$

これを, x 軸の正方向に 1, y 軸の正方向に 3 平行移動したものが求める双曲線だから, $4(x-1)^2-12(y-3)^2=-3$

(3) 求める接線は y 軸に平行ではないので, ◀数学Ⅱ・B **41** 注
$y=m(x-1)$ とおける. 双曲線の方程式に代入すると

$x^2-4m^2(x-1)^2=4$
$\iff (1-4m^2)x^2+8m^2x-4(1+m^2)=0$

これが重解をもつので

$$\begin{cases} 1-4m^2\neq 0 & \cdots\cdots① \\ 16m^4+4(1+m^2)(1-4m^2)=0 & \cdots\cdots② \end{cases}$$

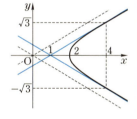

② より $1-3m^2=0$ $\therefore\ m=\pm\dfrac{1}{\sqrt{3}}$

（これは①をみたす） $\therefore\ y=\pm\dfrac{1}{\sqrt{3}}(x-1)$

ポイント 2次曲線の接線は
　　Ⅰ. 接線公式　　Ⅱ. 判別式　　Ⅲ. 微分法

演習問題 3

双曲線 $\dfrac{x^2}{7}-\dfrac{y^2}{28}=1$ 上の点 P を通り, y 軸に平行な直線が, 2 つの漸近線 $y=2x,\ y=-2x$ と交わる点をそれぞれ Q, R とするとき, 積 PQ・PR の値を求めよ.

4 双曲線（Ⅱ）

双曲線 $C: x^2 - y^2 = 1$ について，次の問いに答えよ．
(1) C の焦点の座標と漸近線の方程式を求め，グラフをかけ．
(2) C 上の点 $P(p, q)$ における接線が，2つの漸近線と交わる点を Q，R とするとき，Q, R の座標を p, q で表せ．
(3) 原点をOとしたとき，$\triangle OQR$ の面積 S は，Pのとり方によらず一定であることを示せ．

(3)の結果は双曲線のもつきれいな性質の1つで，毎年どこかの大学に出題されているといっても過言ではありません．一般的には，次のようになります．

> 双曲線 $\dfrac{x^2}{a^2} - \dfrac{y^2}{b^2} = 1 \ (a > 0, b > 0)$ 上の点 $P(p, q)$ における接線と 2 本の漸近線の交点を Q，R とすると，$\triangle OQR$ の面積はPの座標によらず一定で，その値は ab になる．

この**基礎問**ができた人は，上のことを証明してみましょう．手順は全く同様です．また，**演習問題4**にあるように，PはQRの中点になることも知られています．

しかし，こういうことを丸覚えしても意味はありません．誘導にしたがって1段ずつ階段を昇っていけばよいのです．その際，ハードルになるとすれば(3)で，「どの面積公式を使えばよいのか？」というところでしょう．頂点の1つが原点というところがヒントになります．

解 答

(1) 焦点は $(\pm\sqrt{2}, 0)$
   漸近線は $x \pm y = 0$
   すなわち $y = \pm x$
   よって，グラフは右図．

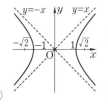

(2) $P(p, q)$ における接線は $px - qy = 1$ ……①

(i) ①と $y=x$ との交点は

$$\begin{cases} px-qy=1 \\ y=x \end{cases} \text{より} \quad x=y=\frac{1}{p-q} \quad (p-q\neq 0 \text{ より})$$

(ii) ①と $y=-x$ との交点は

$$\begin{cases} px-qy=1 \\ y=-x \end{cases} \text{より} \quad x=\frac{1}{p+q}, \ y=-\frac{1}{p+q} \quad (p+q\neq 0 \text{ より})$$

ゆえに, Q, R は $\left(\dfrac{1}{p-q}, \dfrac{1}{p-q}\right), \left(\dfrac{1}{p+q}, -\dfrac{1}{p+q}\right)$

注 $p-q\neq 0$, $p+q\neq 0$ は, $P(p, q)$ が漸近線上にないことからでてくる性質です.

(3) $S=\dfrac{1}{2}\left|\dfrac{1}{(p-q)(p+q)}+\dfrac{1}{(p-q)(p+q)}\right|$ ◀ポイント

$=\left|\dfrac{1}{p^2-q^2}\right|=1 \quad (\text{一定}) \quad (p^2-q^2=1 \text{ より})$

💡 **ポイント**

△OAB の面積を S とすると

$$S=\frac{1}{2}\sqrt{|\vec{OA}|^2|\vec{OB}|^2-(\vec{OA}\cdot\vec{OB})^2}$$

特に, $A(x_1, y_1)$, $B(x_2, y_2)$ のとき

$$S=\frac{1}{2}|x_1 y_2-x_2 y_1|$$

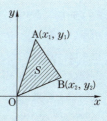

注 数学Ⅱ・B 161 参考 参照.

演習問題 4

(1) 座標平面上の点 $P(x, y)$ と $F(0, \sqrt{5})$ との距離が, P と直線 $y=\dfrac{4}{\sqrt{5}}$ との距離の $\dfrac{\sqrt{5}}{2}$ 倍に等しいとき, P の軌跡は双曲線になることを示せ.

(2) (1)の双曲線上の任意の点 $P(p, q)$ における接線と, 漸近線との交点を Q, R とするとき, P は線分 QR の中点であることを示せ.

5 放物線 (I)

次の問いに答えよ．
(1) $2x = y^2 + 2y$ で表される放物線の焦点の座標と準線の方程式を求めよ．
(2) 定点 A(0, 2) との距離と x 軸までの距離が等しくなるような点 P の軌跡の方程式を求めよ．

精講

放物線については，次の知識が必要です．

〈定義〉
定点 A と定直線 l までの距離が等しい点 P の軌跡．
(A を焦点，l を準線という)

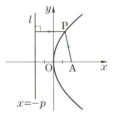

〈標準形〉 (主軸 x 軸)
$4px = y^2$ $(p \neq 0)$ で表される図形は放物線で
- 頂点は $(0, 0)$
- 焦点は $(p, 0)$
- 準線は $x = -p$
- 放物線上の点 (x_1, y_1) における接線の方程式は
  $2p(x + x_1) = y_1 y$

解答

(1) $2x = y^2 + 2y \iff 2x = (y+1)^2 - 1$

$\iff 2x + 1 = (y+1)^2 \iff 2\left(x + \dfrac{1}{2}\right) = (y+1)^2$

$\iff 4 \cdot \dfrac{1}{2}\left(x + \dfrac{1}{2}\right) = (y+1)^2$ ……①

ここで，①を x 軸の正方向に $\dfrac{1}{2}$，y 軸の正方向に 1 平行移動すると，

$4 \cdot \dfrac{1}{2} x = y^2$ となり，この放物線の焦点は $\left(\dfrac{1}{2}, 0\right)$，準線は

$x = -\dfrac{1}{2}$

よって，①について

焦点は $(0, -1)$, 準線は $x=-1$

(2) A(焦点)からx軸(準線)におろした垂線の足は原点で, OA の中点 $(0, 1)$ が求める放物線の頂点.

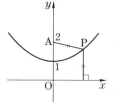

よって, 求める放物線をy軸の正方向に -1 だけ平行移動した放物線は,
$$4py = x^2 \quad (p>0)$$
と表せる. この放物線の焦点は $(0, 1)$ だから
$$p=1 \quad \therefore \quad 4y = x^2$$
よって, 求める放物線は
$$4(y-1) = x^2$$

注 放物線は, だ円や双曲線に比べて焦点や方程式が求めにくいのですが, **ポイント**にかいてあることをしっかり頭に入れておけば大丈夫です.

ポイント 放物線において
 I. 方程式から焦点や準線を求めるとき
  「2乗の項の係数=1」を保ちながら標準形へ
 II. 焦点や準線から方程式を求めるとき
  まず, 頂点を求め, それが原点に移るような平行移動を考える

演習問題 5

放物線 $C: y = x^2$ がある.

(1) 焦点Fの座標と準線lの方程式を求めよ.
(2) C上の点 $P(t, t^2)$ $(t \neq 0)$ と焦点Fを通る直線mの方程式を求めよ.
(3) $t > 0$ のとき, 直線mとCのP以外の交点をQとする. Qのx座標をtで表せ.
(4) 線分PQの長さをtで表せ.
(5) 線分PQの長さの最小値を求めよ.

6 放物線（Ⅱ）

放物線 $y=ax^2$ $(a>0)$ の焦点を F，準線を h とするとき，次の問いに答えよ．

(1) F の座標，h の方程式を求めよ．
(2) $y=ax^2$ 上の点 $P(t, at^2)$ $(t>0)$ における接線 l と y 軸との交点を Q，P から h におろした垂線の足を H とするとき，PF＝FQ であることを示せ．
(3) l は $\angle$FPH を 2 等分することを示せ．

(3)は放物線のもつきれいな性質の1つです．様々な証明方法がありますが，(2)がその誘導になっています．着眼点は四角形 PFQH の形状です．

また， としてベクトルを用いた証明もかいておきました．

解 答

(1) $4 \cdot \dfrac{1}{4a} y = x^2$ より

　焦点 F は $\left(0, \dfrac{1}{4a}\right)$，

　準線 h は $\boldsymbol{y = -\dfrac{1}{4a}}$

(2) $y' = 2ax$ より，$P(t, at^2)$ における

　接線は $y - at^2 = 2at(x-t)$

　$\therefore\ l : y = 2atx - at^2$

　よって，$Q(0, -at^2)$

　$\therefore\ FQ = \dfrac{1}{4a} + at^2$

　また，図より

　$PF = PH = \dfrac{1}{4a} + at^2$ （定義より）

　よって，PF＝FQ

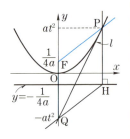

(3) $\vec{FQ}=\vec{PH}$ だから，四角形 PFQH は平行四辺形．
また，(2)の PF＝FQ より，四角形 PFQH はひし形．
よって，∠FPQ＝∠HPQ となり，
l は，∠FPH を 2 等分する．

$\vec{PF}=\left(-t,\ \dfrac{1}{4a}-at^2\right)$,

$\vec{PH}=\left(0,\ -\dfrac{1}{4a}-at^2\right)$

∴ $\vec{PF}+\vec{PH}=(-t,\ -2at^2)$
$=-t(1,\ 2at)$

また，$\vec{PQ}/\!/(1,\ 2at)$ だから ◀注

$\vec{PF}+\vec{PH}/\!/\vec{PQ}$

定義より，$|\vec{PF}|=|\vec{PH}|$ だから
$\vec{PF}+\vec{PH}$ は ∠FPH を 2 等分するベクトルを
表す．(⇨数学Ⅱ・B **146**)

よって，$\vec{PQ}$ は ∠FPH を 2 等分する．
すなわち，l は ∠FPH を 2 等分する．

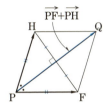

注 傾き m の直線はベクトル $(1,\ m)$ に平行です．

> **ポイント** 放物線の定義には，「長さが等しい」という部分があり，必ず二等辺三角形がつくれるので，幾何的性質が有効であることが多い

演習問題 6

放物線 $4py=x^2$ があって，その焦点Fは $(0,\ 1)$ であるとき，次の問いに答えよ．
(1) p の値と準線の方程式を求めよ．
(2) 放物線上に，x 座標が t である点Tをとる (ただし，$t>0$)．T から準線におろした垂線の足を H とするとき，△FTH が正三角形になるような t の値と，そのときの △FTH の面積を求めよ．

7 極座標（Ⅰ）

(1) 直交座標で表された次の点を，原点を極，x軸の正の部分を始線とする極座標で表せ．　(イ) $(1,\ \sqrt{3})$　　(ロ) $(-1,\ -1)$

(2) 原点を極，x軸の正の部分を始線とする極座標で表された次の点を直交座標で表せ．　(イ) $\left(1,\ \dfrac{\pi}{3}\right)$　　(ロ) $\left(\sqrt{2},\ \dfrac{3\pi}{4}\right)$

点の位置を定める方法として直交座標（x軸，y軸）を使ってきましたが，ここで新しい考え方，「**極座標**」を勉強します．極座標では，基準軸1本と，基準点1つを用います．基準軸を **始線**，基準点を **極** といい，点Pの極からの距離がr，始線から測った角がθのとき，P$(r,\ \theta)$と表します．そして直交座標と極座標の間には**ポイント**にかいてある関係式が存在します．

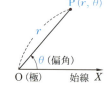

解 答

(1) (イ) $\left(2,\ \dfrac{\pi}{3}\right)$　　(ロ) $\left(\sqrt{2},\ \dfrac{5\pi}{4}\right)$

(2) (イ) $\left(\cos\dfrac{\pi}{3},\ \sin\dfrac{\pi}{3}\right)$ より $\left(\dfrac{1}{2},\ \dfrac{\sqrt{3}}{2}\right)$

(ロ) $\left(\sqrt{2}\cos\dfrac{3\pi}{4},\ \sqrt{2}\sin\dfrac{3\pi}{4}\right)$ より $(-1,\ 1)$

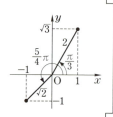

ポイント　原点を極，x軸の正の部分を始線とする極座標$(r,\ \theta)$と直交座標$(x,\ y)$は，次の関係式をみたす
Ⅰ．$x = r\cos\theta,\ y = r\sin\theta$　　Ⅱ．$r^2 = x^2 + y^2$

演習問題 7

直交座標$(1,\ 0)$，$(-\sqrt{3},\ -1)$を，原点を極，始線をx軸の正の部分とする極座標で表し，極座標$\left(2,\ -\dfrac{\pi}{3}\right)$を直交座標で表せ．

8 極座標（Ⅱ）

Oを極とする極座標で表された点，$A\left(\sqrt{3}, \dfrac{\pi}{6}\right)$, $B\left(2, \dfrac{\pi}{3}\right)$ があるとき，次の値を求めよ．
(1) ABの長さ　(2) △OABの面積 S
(3) △OABの外接円の半径 R

精講　極座標では長さと角度が与えてあるので，数学Ⅰの三角比，数学Ⅱの加法定理などが使えることがあります．

解答

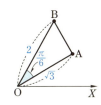

(1) 余弦定理より
$$AB^2 = 3 + 4 - 2\cdot\sqrt{3}\cdot 2\cdot\cos\dfrac{\pi}{6} = 1$$
∴　$AB = 1$

(2) $S = \dfrac{1}{2}\cdot 2\cdot\sqrt{3}\cdot\sin\dfrac{\pi}{6} = \dfrac{\sqrt{3}}{2}$

(3) 正弦定理より　$\dfrac{AB}{\sin\dfrac{\pi}{6}} = 2R$　∴　$R = 1$

ポイント　極 O, $A(r_1, \theta_1)$, $B(r_2, \theta_2)$ のとき
$$\triangle OAB = \dfrac{1}{2}r_1 r_2 |\sin(\theta_1 - \theta_2)|$$
（ただし，$r_1 > 0, r_2 > 0$）

演習問題 8

極座標で表された点 $A\left(\sqrt{3}, \dfrac{\pi}{6}\right)$, $B\left(2, \dfrac{\pi}{3}\right)$, $C\left(2\sqrt{2}, \dfrac{7\pi}{12}\right)$ があるとき，
(1) AB, BC の長さを求めよ．
(2) △ABC の面積を求めよ．

9 極方程式（Ⅰ）

次の極方程式で表される直線を図示せよ．
(1) $r\cos\left(\theta+\dfrac{\pi}{3}\right)=2$　　(2) $r\cos\theta=-1$

精講

極を通らない直線 l に極Oからおろした垂線の足が $H(h,\ \alpha)$ で表されるとき，直線 l は

$$r\cos(\theta-\alpha)=h \quad (h>0)$$

と表せます．（右図参照）

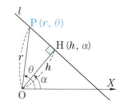

解答

(1) $r\cos\left\{\theta-\left(-\dfrac{\pi}{3}\right)\right\}=2$ 　よって，点 $A\left(2,\ -\dfrac{\pi}{3}\right)$ を通り，OA に垂直な直線．下図〈図Ⅰ〉．

(2) $r\cos\theta=-1 \iff r(-\cos\theta)=1 \iff r\cos(\theta-\pi)=1$

よって，点 $B(1,\ \pi)$ を通り，OB に垂直な直線．下図〈図Ⅱ〉．

注 右辺を正にするところがコツです．

〈図Ⅰ〉　〈図Ⅱ〉

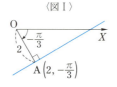

◎ポイント 極からおろした垂線の足の極座標が $(h,\ \alpha)$ で表される直線の極方程式は，$r\cos(\theta-\alpha)=h$

演習問題 9

極からおろした垂線の足が極座標で $H\left(2,\ \dfrac{\pi}{4}\right)$ と表される直線の極方程式を求めよ．

10 極方程式（Ⅱ）

極方程式 $r=\sin\theta+\sqrt{3}\cos\theta$ で表される図形は，円であることを示し，その中心の極座標と半径を求めよ．

直交座標になおすことができればどんな円でも中心や半径を知ることができます．問題はその手段ですが，**7 ポイント**になります．

解答

$r=\sin\theta+\sqrt{3}\cos\theta$ の両辺に r をかけると
$r^2 = r\sin\theta + \sqrt{3}\,r\cos\theta$
ここで，$r^2=x^2+y^2$, $r\sin\theta=y$, $r\cos\theta=x$ だから
$x^2+y^2=\sqrt{3}\,x+y \iff \left(x-\dfrac{\sqrt{3}}{2}\right)^2+\left(y-\dfrac{1}{2}\right)^2=1$

これは，中心 $\left(\dfrac{\sqrt{3}}{2},\ \dfrac{1}{2}\right)$, すなわち，点 $\left(1,\ \dfrac{\pi}{6}\right)$ を中心とする **半径 1 の円を表す．**

 右図より，極 O を通る，中心 (a,α) の円は $r=2a\cos(\theta-\alpha)$ と表せます．
この考え方によれば与式は，
$r=2\cos\left(\theta-\dfrac{\pi}{6}\right)$ と変形できて極 O を通る，中心 $\left(1,\ \dfrac{\pi}{6}\right)$, 半径 1 の円とわかります．

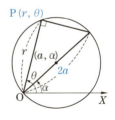

● ポイント　極方程式は
$r^2=x^2+y^2$, $x=r\cos\theta$, $y=r\sin\theta$
を用いて，直交座標での方程式に変形できる

演習問題 10

極方程式 $r^2(7\cos^2\theta+9)=144$ を直交座標における方程式に変形し，そのグラフをかけ．

11 極方程式（Ⅲ）

xy 平面上に 2 点 $A(a, 0)$, $B(-a, 0)$ $(a>0)$ が与えられているとき，次の問いに答えよ．

(1) 点 $P(x, y)$ が $PA \cdot PB = a^2$ をみたすとき，x, y の関係式を求めよ．

(2) 原点を極，x 軸の正の部分を始線とする極座標を考えるとき，(1)における点 P が描く曲線の極方程式を求めよ．

(3) (1)で求めた P の軌跡は $x^2+y^2 \leqq 2a^2$ が表す領域に含まれることを示せ．

(2) 7 ポイントⅠを利用すれば直交座標 (x, y) で表された図形は，極座標 (r, θ) を用いて表せます．

(3) 「$x^2+y^2 \leqq 2a^2$ に含まれる」とは何を示せばよいのでしょうか？ 7 ポイントⅡによれば $r^2 = x^2+y^2$ ですから，「$r^2 \leqq 2a^2$ を示す」ことになりそうです．

解答

(1) $PA = \sqrt{(x-a)^2+y^2}$, $PB = \sqrt{(x+a)^2+y^2}$ だから，
$PA \cdot PB = a^2$ より

$$\{(x-a)^2+y^2\}\{(x+a)^2+y^2\} = a^4$$
$$\iff \{(x^2+y^2)+(a^2-2ax)\}\{(x^2+y^2)+(a^2+2ax)\} = a^4$$
$$\iff (x^2+y^2)^2 + 2a^2(x^2+y^2) + a^4 - 4a^2x^2 = a^4$$
$$\iff \boldsymbol{(x^2+y^2)^2 - 2a^2(x^2-y^2) = 0} \quad \cdots\cdots(*)$$

注 うかつに展開してはいけません．x^2+y^2 を keep しながら変形していくところがコツで，極方程式に変形するつもりなら絶対です．

(2) $x = r\cos\theta$, $y = r\sin\theta$ とおくと
$$x^2+y^2 = r^2,\quad x^2-y^2 = r^2(\cos^2\theta - \sin^2\theta) = r^2\cos 2\theta$$
$\therefore\ r^4 - 2a^2 r^2 \cos 2\theta = 0 \iff r^2(r^2 - 2a^2\cos 2\theta) = 0$ ◀(*)に代入

ゆえに，$r^2 = 0$ または $r^2 = 2a^2\cos 2\theta$

ここで，$r^2 = 0$ は，$r^2 = 2a^2\cos 2\theta$ に含まれるので
$$\boldsymbol{r^2 = 2a^2\cos 2\theta}$$

注 無理して，「$r=$ 」の形にする必要はありません．

(3) $r^2=2a^2\cos 2\theta$ において，$\cos 2\theta \leq 1$ だから，$r^2 \leq 2a^2$
すなわち，$x^2+y^2 \leq 2a^2$

参考 $-\dfrac{\pi}{4} \leq \theta \leq \dfrac{\pi}{4}$ に限定して，大ざっぱなグラフをかいてみましょう．

$r=\sqrt{2}\,a\sqrt{\cos 2\theta}$ だから，$-\dfrac{\pi}{4}<\theta<\dfrac{\pi}{4}$ のとき

$$r'=\dfrac{-\sqrt{2}\,a\sin 2\theta}{\sqrt{\cos 2\theta}}$$

よって，増減は下表のようになる．

θ	$-\dfrac{\pi}{4}$	$\cdots$	0	$\cdots$	$\dfrac{\pi}{4}$
r'		$+$	0	$-$	
r	0	↗	$\sqrt{2}\,a$	↘	0

ゆえに，xy 平面において，Pの軌跡は右図のようになる．

> **ポイント** 直交座標 (x, y) で表された図形を極方程式で表すつもりならば，x^2+y^2 は大切にもってまわる

演習問題 11

右図のように，Oを極として，定点Aの極座標を $(1, \pi)$ とする．極座標を (r, θ) とする動点Pは，PAの長さがPOの長さ r より，定数 a だけ長いような点とする．
ただし，$r>0$，$0<a<1$ とする．

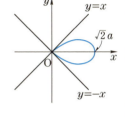

(1) 動点Pの描く曲線の極方程式を求めよ．
(2) PAの長さが最小となる点Pの極座標を求めよ．

12 極方程式（Ⅳ）

次の問いに答えよ．

(1) 直交座標において，点 $A(\sqrt{3}, 0)$ と直線 $l : x = \dfrac{4}{\sqrt{3}}$ からの距離の比が $\sqrt{3} : 2$ である点 $P(x, y)$ の軌跡を求めよ．

(2) (1)における A を極，x 軸の正の部分を始線とする極座標を定める．このとき，P の軌跡を $r = f(\theta)$ の形で表せ．
ただし，$0 \leqq \theta < 2\pi$，$r > 0$ とする．

(3) A を通る任意の直線と(1)で求めた曲線との交点を R，Q とするとき，$\dfrac{1}{QA} + \dfrac{1}{RA}$ は一定であることを示せ．

(2) 極が原点ではないので「$x = r\cos\theta$, $y = r\sin\theta$」とおくことはできません．そこでベクトル化して $\overrightarrow{OP} = \overrightarrow{OA} + \overrightarrow{AP}$ と考えると，$\overrightarrow{AP} = (r\cos\theta, r\sin\theta)$ とおくことができます．

(3) (2)で極方程式を用意してあり，QA と RA，すなわち，極からの距離がテーマであることを考えれば，R と Q の極座標ということになりそうですが，ポイントは，R，A，Q が同一直線上にあるということです．右図からわかるように，$Q(r_1, \theta)$ とおけば，$R(r_2, \pi + \theta)$ と表せます．ここがポイントになるところです．

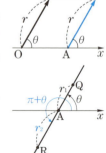

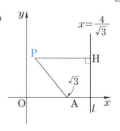

解答

(1) P から直線 l におろした垂線の足を H とすると，$PH = \left| x - \dfrac{4}{\sqrt{3}} \right|$

また，$PA = \sqrt{(x - \sqrt{3})^2 + y^2}$

$PA^2 : PH^2 = 3 : 4$ だから

$3PH^2 = 4PA^2$

$\therefore \ 3\left(x - \dfrac{4}{\sqrt{3}}\right)^2 = 4\{(x - \sqrt{3})^2 + y^2\}$

$\iff x^2 + 4y^2 = 4$ （だ円） ……(*)

(2) $\overrightarrow{OP} = \overrightarrow{OA} + \overrightarrow{AP} = (\sqrt{3}, 0) + (r\cos\theta, r\sin\theta)$

∴ $x = \sqrt{3} + r\cos\theta,\ y = r\sin\theta$

(∗)に代入すると

$(\sqrt{3} + r\cos\theta)^2 + 4r^2\sin^2\theta = 4$

$\iff 3 + 2\sqrt{3}r\cos\theta + r^2\cos^2\theta + 4r^2\sin^2\theta = 4$

$\iff (4 - 3\cos^2\theta)r^2 + 2\sqrt{3}r\cos\theta - 1 = 0$

$\iff \{(2+\sqrt{3}\cos\theta)r - 1\}\{(2-\sqrt{3}\cos\theta)r + 1\} = 0$

$r > 0$ だから,$r = \dfrac{1}{2+\sqrt{3}\cos\theta}$

(別解) $\sqrt{3}\,\mathrm{PH} = 2\mathrm{AP}$ だから,右図より

$\sqrt{3}\left(\dfrac{\sqrt{3}}{3} - r\cos\theta\right) = 2r$

$\iff (2+\sqrt{3}\cos\theta)r = 1$

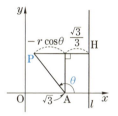

(3) $Q(r_1, \alpha)$ とおくと,$R(r_2, \pi+\alpha)$ とおける.ゆえに,(2)より

$\dfrac{1}{\mathrm{QA}} = \dfrac{1}{r_1} = 2 + \sqrt{3}\cos\alpha$

$\dfrac{1}{\mathrm{RA}} = \dfrac{1}{r_2} = 2 + \sqrt{3}\cos(\pi+\alpha)$

$= 2 - \sqrt{3}\cos\alpha$

よって,$\dfrac{1}{\mathrm{QA}} + \dfrac{1}{\mathrm{RA}} = 4$(一定)

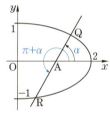

ポイント 直交座標の,原点以外の点を極として極座標を考えるとき,ベクトルを利用

演習問題 12

放物線 $C: 4px = y^2\ (p>0)$ において,$F(p, 0)$ を通る直線 l と C が異なる2点 P,Q で交わるとき,次の問いに答えよ.

(1) F を極,x 軸の正の部分を始線とする極座標を考えるとき,C の極方程式を求めよ.ただし,$0 \leq \theta < 2\pi,\ r > 0$ とする.

(2) $\dfrac{1}{\mathrm{FP}} + \dfrac{1}{\mathrm{FQ}}$ は一定であることを示せ.

第2章 複素数平面

13 極形式

(1) $z=1-\sqrt{3}\,i$ を極形式で表せ．

(2) $\left|\dfrac{z+1}{z}\right|=2$, $\arg\left(\dfrac{z+1}{z}\right)=60°$ をみたすとき，複素数 z を極形式で表せ．

数学Ⅱで学んだように，複素数は実数 a, b を用いて $a+bi$ の形で表され，a を**実部**，b を**虚部**とよんでいました．ここでは複素数の新しい表現方法である**極形式**について勉強しましょう．

複素数 $a+bi$（この表現方法を**直交形式**といいます）は，2つの実数 a, b を決めるとただ1つ決まります．この a, b を (a, b) と表すと，座標平面上の点 $P(a, b)$ と複素数 $a+bi$ とが対応します．

そこで，$z=a+bi$ のとき，この点 P を点 z とよぶことにし，このように各点が複素数を表していると考えた座標平面を，特に**複素数平面**（または，**ガウス平面**）といいます．

このとき，$OP=\sqrt{a^2+b^2}$ を z の**絶対値**といい，記号 $|z|$ で表します．動径 OP と x 軸の正方向とのなす角 θ を z の**偏角**といい，記号 $\arg z$ で表します．
$|z|=r$ とおくと $a=r\cos\theta$, $b=r\sin\theta$ だから，

$\quad z=r(\cos\theta+i\sin\theta)$

と表すこともでき，この形を z の**極形式**とよびます．

ここで気を付けないといけないことは，

$$\text{「偏角は1つに決まるわけではない」}$$

ということです．

仮に，z の偏角の1つを θ とすると，$\theta+360°\times n$（n：整数）で表せる角も動径 OP の位置は同じなので，この式で表せる角もすべて z の偏角といえます．偏角の目的は，

「動径がx軸の正方向からどれだけ回転しているか」
を示すものですから,特に断わりがない限りは,$0° \leq \theta < 360°$ で考えます.

以上のことからわかるように,複素数を極形式の形で扱うときは,三角関数(数学Ⅱ)の知識が必要になります.

解答

(1) $|z| = \sqrt{1+3} = 2$ だから, ◀絶対値を求める

$$z = 2\left\{\frac{1}{2} + \left(-\frac{\sqrt{3}}{2}i\right)\right\}$$ ◀絶対値でくくる

$$= 2(\cos 300° + i\sin 300°)$$

注 $z = 2(\cos 60° - i\sin 60°)$ は極形式ではありません.それは,定義によると $\cos\theta$ と $i\sin\theta$ は**符号+**でつながなければならないからです.

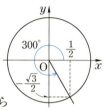

(2) $w = \dfrac{z+1}{z}$ とおくと,$|w| = 2$,$\arg w = 60°$ だから

$$w = 2(\cos 60° + i\sin 60°) = 1 + \sqrt{3}\,i$$

∴ $\dfrac{z+1}{z} = 1 + \sqrt{3}\,i \iff 1 + \dfrac{1}{z} = 1 + \sqrt{3}\,i \iff \dfrac{1}{z} = \sqrt{3}\,i$

∴ $z = \dfrac{1}{\sqrt{3}\,i} = -\dfrac{\sqrt{3}}{3}i = \dfrac{\sqrt{3}}{3}\{0 + (-i)\}$ ◀きちんと極形式の形にあわせる

よって,$z = \dfrac{\sqrt{3}}{3}(\cos 270° + i\sin 270°)$ ◀$\cos\theta = 0$,$\sin\theta = -1$ をみたす θ は $270°$

ポイント

複素数 z について,$|z| = r$,$\arg z = \theta$ のとき,
$z = r(\cos\theta + i\sin\theta)$ と表せる

演習問題 13

(1) $z = \dfrac{\sqrt{2}}{1+i}$ を極形式で表せ.ただし,$0° \leq \arg z < 360°$ とする.

(2) $\left|\dfrac{2z-1}{z}\right| = 2$,$\arg\left(\dfrac{2z-1}{z}\right) = 120°$ のとき,z を極形式で表せ.

14 共役な複素数

(1) $z = 1 + i$ のとき，$2\bar{z}$ を極形式で表せ．

(2) 2つの複素数 α, β について，
$|\alpha| = |\beta| = 1$ のとき，$|\alpha + \beta| = \left|\dfrac{1}{\alpha} + \dfrac{1}{\beta}\right|$ を示せ．

精講

複素数 $z = a + bi$ に対して，$a - bi$ を z と**共役な複素数**といい，記号 $\bar{z}$ で表します．ここでは，z, $\bar{z}$ を極形式で表すことで z と $\bar{z}$ の関係について学びます．

$z = r(\cos\theta + i\sin\theta)$ のとき，
$$\bar{z} = r(\cos\theta - i\sin\theta)$$
$$= r\{\cos(-\theta) + i\sin(-\theta)\}$$

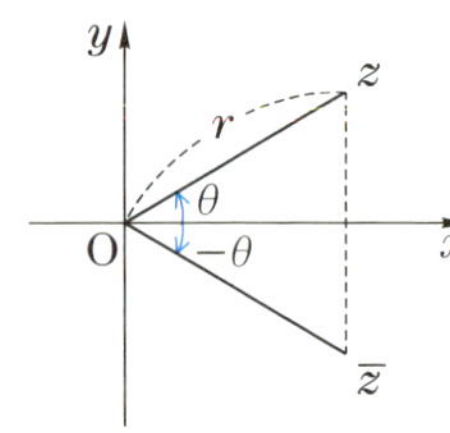

だから右図より複素数平面上で z と $\bar{z}$ は**実軸に関して対称**です．

また，$z\bar{z} = r^2(\cos\theta + i\sin\theta)(\cos\theta - i\sin\theta)$
$$= r^2(\cos^2\theta - i^2\sin^2\theta) = r^2(\cos^2\theta + \sin^2\theta) = r^2$$

よって，$z\bar{z} = |z|^2$ ……(*)

関係式(*)はとても重要で，

> 絶対値の条件式を $z = a + bi$ とおかずに，わざわざ
> $|z|$ を $|z|^2$ にして，$z\bar{z}$ でおきかえる

という使い方をすることで，大幅に計算の負担を減らしてくれる．

極論すればこれを使いこなせるようになれば，複素数平面は卒業といってもよいくらいで，このあとの**基礎問**でもたびたび使うことになります．早くこの感覚が身につくように練習をしてください．

解答

(1) （**解Ⅰ**） $z = 1 + i$ より，

$2\bar{z} = 2 - 2i = 2\sqrt{2}\left\{\dfrac{1}{\sqrt{2}} + \left(-\dfrac{1}{\sqrt{2}}\right)i\right\}$ ◀ $|2\bar{z}| = 2\sqrt{2}$

$= 2\sqrt{2}(\cos 315° + i\sin 315°)$

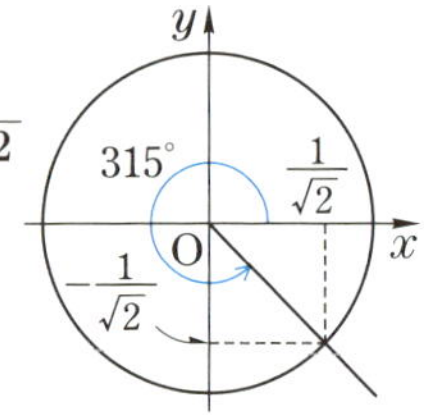

29

（解Ⅱ）

$|z|=\sqrt{2}$ だから，

$$z=\sqrt{2}\left(\dfrac{1}{\sqrt{2}}+\dfrac{1}{\sqrt{2}}i\right)=\sqrt{2}\left(\cos 45°+i\sin 45°\right)$$

$$\therefore \quad 2\bar{z}=2\sqrt{2}\left\{\cos(-45°)+i\sin(-45°)\right\}$$

$$=2\sqrt{2}\left(\cos 315°+i\sin 315°\right)$$

注 この問題では $2\sqrt{2}\left\{\cos(-45°)+i\sin(-45°)\right\}$ と答えても間違いではありません．それは，**演習問題13**のように $0°\leqq\arg 2\bar{z}<360°$ などの条件がついていないからです．

しかし，$2\sqrt{2}\left(\cos 45°-i\sin 45°\right)$ は間違いです．（⇨ **13**(1)）

もし，$-180°<\arg 2\bar{z}\leqq 180°$ と条件があったら，

$2\sqrt{2}\left\{\cos(-45°)+i\sin(-45°)\right\}$ だけが正解になります．

(2) $|\alpha|=|\beta|=1$ だから，$|\alpha|^2=|\beta|^2=1$

すなわち，$\alpha\bar{\alpha}=\beta\bar{\beta}=1$

よって，$\bar{\alpha}=\dfrac{1}{\alpha}$，$\bar{\beta}=\dfrac{1}{\beta}$ と表せて

右辺 $=\left|\dfrac{1}{\alpha}+\dfrac{1}{\beta}\right|=|\bar{\alpha}+\bar{\beta}|=|\overline{\alpha+\beta}|=|\alpha+\beta|=$ 左辺 　◀ポイント参照

よって，$|\alpha+\beta|=\left|\dfrac{1}{\alpha}+\dfrac{1}{\beta}\right|$

第2章

🌀 **ポイント**　z と共役な複素数を $\bar{z}$ で表すとき，
次の性質が成りたつ

Ⅰ．$|z|=|\bar{z}|$

Ⅱ．$\overline{z_1\pm z_2}=\bar{z}_1\pm\bar{z}_2$ 　（複号同順）

Ⅲ．$z\bar{z}=|z|^2$

演習問題 14

α，z は複素数で，$|z-\alpha|=|1-\bar{\alpha}z|$ のとき，$|z|$ の値を求めよ．
ただし，$|\alpha|\neq 1$ とする．

15 積と商

次の問いに答えよ．

(1) $z_1=1+\sqrt{3}\,i$, $z_2=1+i$ とするとき，z_1z_2, $\dfrac{z_1}{z_2}$ の絶対値と偏角をそれぞれ求めよ．

(2) $z=\dfrac{1+\sqrt{3}\,i}{1+i}$ を計算し，$\sin 15°$ の値を求めよ．

 複素数の積や商の計算には，極形式が有効に働きます．それは，次のような関係式が成りたっているからです．

$z_1=r_1(\cos\theta_1+i\sin\theta_1)$, $z_2=r_2(\cos\theta_2+i\sin\theta_2)$ と表されているとき，
$z_1z_2=r_1r_2\{\cos(\theta_1+\theta_2)+i\sin(\theta_1+\theta_2)\}$
$\dfrac{z_1}{z_2}=\dfrac{r_1}{r_2}\{\cos(\theta_1-\theta_2)+i\sin(\theta_1-\theta_2)\}$　（ただし，$z_2\ne 0$）

このことは，次のように表すこともできます．

Ⅰ．$|z_1z_2|=|z_1||z_2|$,
　$\arg(z_1z_2)=\arg z_1+\arg z_2$
Ⅱ．$\left|\dfrac{z_1}{z_2}\right|=\dfrac{|z_1|}{|z_2|}$, $\arg\left(\dfrac{z_1}{z_2}\right)=\arg z_1-\arg z_2$

注 偏角の公式の表す意味は次の通りです．

13 で学んだ様に，偏角は無数に存在していますから，z_1z_2 の偏角と (z_1 の偏角＋z_2 の偏角) が一致するとは限りません．たとえば，$\arg z_1=200°$, $\arg z_2=300°$ とすると $\arg z_1+\arg z_2=500°$ です．しかしこのようなとき，13 の 精講 によれば $140°(=500°-360°)$ と答えてよいので，$\arg z_1z_2=140°$ と答えるわけです．すなわち，この公式は
　　「z_1 の偏角＋z_2 の偏角＝z_1z_2 の偏角のうちのどれか１つ」
という意味をもっているのです．

31

解　答

(1) $z_1 = 2(\cos 60° + i\sin 60°)$, $z_2 = \sqrt{2}(\cos 45° + i\sin 45°)$ より

$|z_1| = 2$, $\arg z_1 = 60°$, $|z_2| = \sqrt{2}$, $\arg z_2 = 45°$

$\therefore$ $|z_1 z_2| = |z_1||z_2| = 2\sqrt{2}$　　　　◀ $|z_1 z_2| = |z_1||z_2|$

$\arg(z_1 z_2) = \arg z_1 + \arg z_2 = \mathbf{105°}$　　◀ $\arg(z_1 z_2) = \arg z_1 + \arg z_2$

また, $\left|\dfrac{z_1}{z_2}\right| = \dfrac{|z_1|}{|z_2|} = \dfrac{2}{\sqrt{2}} = \sqrt{2}$　　◀ $\left|\dfrac{z_1}{z_2}\right| = \dfrac{|z_1|}{|z_2|}$

$\arg z_1 - \arg z_2 = 60° - 45° = 15°$

$\therefore$ $\arg\left(\dfrac{z_1}{z_2}\right) = \mathbf{15°}$　　　　◀ $\arg\left(\dfrac{z_1}{z_2}\right) = \arg z_1 - \arg z_2$

(2) $z = \dfrac{1 + \sqrt{3}\,i}{1 + i} = \dfrac{(1 + \sqrt{3}\,i)(1 - i)}{(1 + i)(1 - i)} = \dfrac{(\sqrt{3} + 1) + (\sqrt{3} - 1)i}{2}$

$= \sqrt{2}\left(\dfrac{\sqrt{6} + \sqrt{2}}{4} + \dfrac{\sqrt{6} - \sqrt{2}}{4}i\right)$　……①

また, (1)より, $z = \dfrac{z_1}{z_2}$ だから,

$z = \sqrt{2}(\cos 15° + i\sin 15°)$　　　　……②

①, ②より

$\sin 15° = \dfrac{\sqrt{6} - \sqrt{2}}{4}$

🌀 **ポイント**

Ⅰ. $|z_1 z_2| = |z_1||z_2|$,

　　$\arg(z_1 z_2) = \arg z_1 + \arg z_2$

Ⅱ. $\left|\dfrac{z_1}{z_2}\right| = \dfrac{|z_1|}{|z_2|}$,

　　$\arg\left(\dfrac{z_1}{z_2}\right) = \arg z_1 - \arg z_2$

演習問題 15

$\alpha = 1 + i$, $\beta = \sqrt{3} + i$ について,

(1) $|\overline{\alpha}|$, $\arg\overline{\alpha}$ を求めよ. ただし, $0° \leqq \arg\overline{\alpha} < 360°$ とする.

(2) $\gamma = \dfrac{\beta}{\alpha}$ とおくとき, $|\gamma|$, $\arg\gamma$ を求めよ. ただし,

$-180° \leqq \arg\gamma < 180°$ とする.

16 ド・モアブルの定理 (I)

次の問いに答えよ．

(1) $(\sqrt{3}+i)^8$ の値を求めよ．

(2) $\left(\dfrac{\sqrt{3}+i}{1+i}\right)^{12}$ の値を求めよ．

精講

ふつうの数でも8乗，10乗の計算はタイヘンですから，複素数はもっとタイヘンかと思いきや，**ド・モアブルの定理**なるものがあって，あっさりと計算できます．

〈ド・モアブルの定理〉
$z=\cos\theta+i\sin\theta$ のとき，整数 n に対して
$$z^n=\cos n\theta+i\sin n\theta \quad \cdots\cdots ①$$

これは **15** の複素数の積，商を拡張したものです．ここでは，n が自然数のときを示しておきます．その他の場合は各自確認しておきましょう．

(証明)

(i) $n=1$ のとき

 ①は $z=\cos\theta+i\sin\theta$ と表され，適する．

(ii) $n=k$ $(k\geqq 1)$ のとき

 $z^k=\cos k\theta+i\sin k\theta$ が成りたつと仮定すると，

 $z^{k+1}=z^k z=(\cos k\theta+i\sin k\theta)(\cos\theta+i\sin\theta)$
 $=(\cos k\theta\cos\theta-\sin k\theta\sin\theta)+(\sin k\theta\cos\theta+\cos k\theta\sin\theta)i$
 $=\cos(k+1)\theta+i\sin(k+1)\theta$ ◁加法定理

 よって，①は $n=k+1$ でも成立する．

(i)，(ii)より，すべての自然数 n について，①は成立する．

次に，この定理より，次の2つの性質も成りたつ．

 (イ) $|z^n|=|z|^n$ (ロ) $\arg z^n = n\arg z$

ここで，**15** の偏角に関する公式と上の(ロ)は対数の計算公式

$$\log MN=\log M+\log N, \quad \log\dfrac{M}{N}=\log M-\log N, \quad \log M^n=n\log M$$

と，そっくりであることも注意しておきましょう．

解　答

(1) $z_1=\sqrt{3}+i$ とおくと，$|z_1|=2$ だから
$z_1=2(\cos 30°+i\sin 30°)$
∴ $z_1^8=2^8(\cos 240°+i\sin 240°)$ ◀ $|z^n|=|z|^n,\ \arg z^n=n\arg z$
$=2^8\left(-\dfrac{1}{2}-\dfrac{\sqrt{3}}{2}i\right)=2^7(-1-\sqrt{3}\,i)$

(2) $z_1=\sqrt{3}+i,\ z_2=1+i$ とおくと

(1)より，$z_1^{12}=2^{12}(\cos 360°+i\sin 360°)=2^{12}$ ◀ $(\cos\theta+i\sin\theta)^n$
$=\cos n\theta+i\sin n\theta$

次に，$|z_2|=\sqrt{2}$ だから
$z_2=\sqrt{2}(\cos 45°+i\sin 45°)$
∴ $z_2^{12}=\sqrt{2}^{12}(\cos 540°+i\sin 540°)=2^6(\cos 180°+i\sin 180°)=-2^6$

よって，$\left(\dfrac{z_1}{z_2}\right)^{12}=\dfrac{2^{12}}{-2^6}=-2^6=\boldsymbol{-64}$

(2)において，
$$\dfrac{\sqrt{3}+i}{1+i}=\dfrac{(\sqrt{3}+i)(1-i)}{(1+i)(1-i)}=\dfrac{(\sqrt{3}+1)+(-\sqrt{3}+1)i}{2}$$

としてしまうと，偏角が有名角になりません．

実際は，$-15°$，すなわち，$345°$ となり，$\sin 15°$，$\cos 15°$ の値が必要になります．だから，z_1，z_2 の積や商の形の n 乗は

　I．z_1^n，z_2^n を先に用意する

　II．$z_1z_2\left(\text{または，}\dfrac{z_1}{z_2}\right)$ を先に用意する

の2つの手段があり，どちらを選択するかは，

① $\arg z_1$，$\arg z_2$ が有名角なら，z_1^n，z_2^n を先に計算

② $\arg z_1$，$\arg z_2$ が有名角でなかったら，z_1z_2 または $\dfrac{z_1}{z_2}$ を先に計算

となります．

◎ポイント　$(\cos\theta+i\sin\theta)^n=\cos n\theta+i\sin n\theta$

$(1+i)^n+(1-i)^n=32$ をみたす正の整数 n を求めよ．

17 ド・モアブルの定理（Ⅱ）

(1) $x^2+px+q=0$ (p, q：実数) が虚数解をもつとき，その1つを α とする．$|\alpha|$ を求めよ．

(2) $z+\dfrac{4}{z}=2$ をみたす複素数 z について，$|z|$ を求め，z を極形式で表せ．ただし，$0°\leqq \arg z \leqq 180°$ とする．

(3) (2)の z について，z^n が実数となる最小の自然数 n を求めよ．

(1) 2次方程式（係数は実数）が虚数解をもつとき，それらは $\alpha, \overline{\alpha}$ と表せます．$|\alpha|^2=\alpha\overline{\alpha}$（⇦ 14 ）を思い出せば，**解と係数の関係**（⇦数学Ⅱ・B 21 ）で解決です．

(2) 分母を払えば2次方程式ですから，解の公式で z を求めておいて，$0°\leqq \arg z \leqq 180°$ となる方を選ぶだけです．

(3) z^n が実数とは，「$\boldsymbol{z^n}$ **の虚部**$=\boldsymbol{0}$」ということです．

解 答

(1) $x^2+px+q=0$ の2解は $\alpha, \overline{\alpha}$ と表せるので解と係数の関係より，
$\alpha\overline{\alpha}=q$ ∴ $|\alpha|^2=\alpha\overline{\alpha}=q$ よって，$|\alpha|=\sqrt{q}$

注 $q\leqq 0$ のときを心配する必要はありません．

$q\leqq 0$ のとき，$D=p^2-4q\geqq 0$ だから，$x^2+px+q=0$ は実数解をもちます．すなわち，

「$q\leqq 0 \longrightarrow x^2+px+q=0$ は実数解をもつ」は真．

対偶を考えると（⇨数学Ⅰ・A 23 ）

「$x^2+px+q=0$ が虚数解をもつ $\longrightarrow q>0$」も真．

(2) $z+\dfrac{4}{z}=2$ より，$z^2-2z+4=0$

解と係数の関係より，$|z|^2=z\overline{z}=4$

$|z|>0$ だから，$|z|=\boldsymbol{2}$

また，$z=1\pm\sqrt{3}\,i=2\left(\dfrac{1}{2}\pm\dfrac{\sqrt{3}}{2}i\right)$

$0°\leqq \arg z \leqq 180°$ より，z の虚部は正だから

$$z=2\left(\frac{1}{2}+\frac{\sqrt{3}}{2}i\right)=2(\cos 60°+i\sin 60°)$$

注 解と係数の関係を使わずに，$z=1\pm\sqrt{3}\,i$ を出したあと $|z|$，$\arg z$ を求めてもよい．

(3) $z=2(\cos 60°+i\sin 60°)$ より，

$z^n=2^n\{\cos(60°\times n)+i\sin(60°\times n)\}$

これが実数を表すとき，虚部＝0 だから

$\sin(60°\times n)=0$

∴ $60°\times n=180°\times m$ （m は自然数）（⇐一般角）

∴ $n=3m$

よって，最小の自然数は $n=3$

注 $\sin(60°\times n)=0$ をみたす最小の自然数くらいなら答えは一目でわかるので，速攻で $n=3$ としてしまうのはよくありません．それは**最小の自然数** n とかいてあるからで，$n=1$，$n=2$ のときはダメであることがハッキリしたときに $n=3$ は正解です．だから，次のような表現なら問題はありません．

> $\sin 60°\neq 0$，$\sin 120°\neq 0$，$\sin 180°=0$ だから最小の自然数は $n=3$

しかし，もし $n=10$ ぐらいの答えだったらタイヘンなことになるのでこの方法はオススメできません．

ポイント

z が実数 $\Longleftrightarrow$ z の虚部＝0

演習問題 17

$z+\dfrac{1}{z}=2\cos\theta\ (0°<\theta<90°)$ について，次の問いに答えよ．

(1) z は虚数であることを示せ．

(2) $|z|$ を求めよ．

(3) z を極形式で表せ．ただし，$0°\leqq\arg z\leqq 180°$ とする．

(4) $z^n+\dfrac{1}{z^n}$ を n と θ で表せ．

18 二項方程式

方程式 $x^6+1=0$ を解け．

 $z^n = \alpha$ 型の方程式を**二項方程式**といいますが，この形の方程式では，複素数の**極形式を用いる**と計算がラクになります．

解答

$x^6 = -1$ より，$|x|^6 = 1$　∴　$|x| = 1$

よって，$x = \cos\theta + i\sin\theta$ $(0° \leq \theta < 360°)$
とおける．

∴　$x^6 = \cos 6\theta + i\sin 6\theta$　∴　$\begin{cases} \cos 6\theta = -1 \\ \sin 6\theta = 0 \end{cases}$

◀二項方程式と 16 精講 $|z^n| = |z|^n$

◀ド・モアブルの定理

$0° \leq 6\theta < 2160°$ だから

$6\theta = 180°,\ 540°,\ 900°,\ 1260°,\ 1620°,\ 1980°$

∴　$\theta = 30°,\ 90°,\ 150°,\ 210°,\ 270°,\ 330°$

よって，$x = \pm i,\ \dfrac{\sqrt{3}}{2} \pm \dfrac{1}{2}i,\ -\dfrac{\sqrt{3}}{2} \pm \dfrac{1}{2}i$

参考　x^6+1 は次のように因数分解できます．

$x^6+1 = (x^2)^3 + 1^3 = (x^2+1)(x^4-x^2+1)$
$= (x^2+1)\{(x^2+1)^2 - (\sqrt{3}\,x)^2\}$
$= (x^2+1)(x^2+\sqrt{3}\,x+1)(x^2-\sqrt{3}\,x+1)$

あとは，解の公式で終わりです．

ポイント

二項方程式 $z^n = \alpha$ は，まず $|z|$ を求め，そのあと $\arg z$ を求める

$z^4 = 8(-1+\sqrt{3}\,i)$ をみたす複素数 z を $a+bi$ (a, b は実数) の形で表せ．

19 複素数とベクトル

複素数平面上の3点 $z_1=-2i$, $z_2=1+2i$, $z_3=3-i$ と z_4 を順に結んでできる四角形が平行四辺形になるような複素数 z_4 を求めよ.

$z_1=x_1+y_1i$, $z_2=x_2+y_2i$ とすると
$z_1+z_2=(x_1+x_2)+(y_1+y_2)i$ と表せるので,
$P_1(x_1, y_1)$, $P_2(x_2, y_2)$ とおけば z_1+z_2 と $\overrightarrow{OP_1}+\overrightarrow{OP_2}$ は同じ意味をもつことがわかります(右図参照). z_1-z_2 についても同様です. だから, 複素数平面上で複素数の和, 差, 実数倍はベクトルのイメージで解決をねらいます. **複素数は, 複素数平面上では「矢印のついていないベクトル」**といえます.

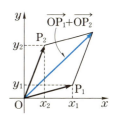

解 答

四角形 $z_1z_2z_3z_4$ が平行四辺形だから
$\overrightarrow{z_1z_2}=\overrightarrow{z_4z_3} \iff \overrightarrow{Oz_2}-\overrightarrow{Oz_1}=\overrightarrow{Oz_3}-\overrightarrow{Oz_4}$
$\iff \overrightarrow{Oz_4}=\overrightarrow{Oz_1}-\overrightarrow{Oz_2}+\overrightarrow{Oz_3}$

∴ $z_4=z_1-z_2+z_3=-2i-(1+2i)+3-i$
　　　$=2-5i$

注 線分 z_1z_3 の中点＝線分 z_2z_4 の中点 と考えてもよい.

◀ z_1 は複素数を表すだけではなく, 点を表す記号としても使っている

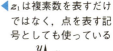

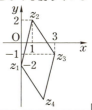

ポイント
複素数の和, 差, 実数倍はベクトル

演習問題 19

複素数平面上に2点, $z_1=2+3i$, $z_2=1-4i$ が与えられているとき, 原点O, z_1, z_2 を3頂点とする平行四辺形の第4頂点は3個ある. これらをすべて求めよ.

20 複素数と分点の座標

複素数平面上に3点 $A(z_1)$, $B(z_2)$, $C(z_3)$ があり，$z_1=1+2i$, $z_2=3+4i$, $z_3=2-3i$ とする．

このとき，次の問いに答えよ．

(1) 線分 AB の中点をMとするとき，Mを表す複素数 α を求めよ．

(2) 線分 CM を $2:1$ に内分する点Gを表す複素数 β を求めよ．

精講

$z=a+bi$ は点 $P(a, b)$ と対応するので，z_1, z_2, z_3 はそれぞれ $A(1, 2)$, $B(3, 4)$, $C(2, -3)$ と対応します．だから，数学Ⅱの図形と方程式で学んだ分点公式がそのまま使えることになります．

解答

(1) $\alpha = \dfrac{z_1+z_2}{2} = \dfrac{(1+2i)+(3+4i)}{2}$

$= 2+3i$

(2) $\beta = \dfrac{z_3+2\alpha}{3} = \dfrac{(2-3i)+(4+6i)}{3}$

$= 2+i$

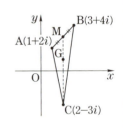

注 Gは，もちろん $\triangle ABC$ の重心ですから

$$\beta = \dfrac{z_1+z_2+z_3}{3}$$

とかけます．

○ポイント 複素数平面上の分点は，座標平面上の分点公式がそのまま使える

演習問題 20

2点 $A(z_1)$, $B(z_2)$ があり，$z_1=2+i$, $z_2=-1+2i$ とする．

(1) 線分 AB を $1:2$ に内分する点Cを表す複素数 α を求めよ．

(2) 線分 AB を $1:2$ に外分する点Dを表す複素数 β を求めよ．

21 複素数平面上の距離

複素数平面上に 3 点 $A(z_1)$, $B(z_2)$, $C(z_3)$ があり, $z_1=1+2i$, $z_2=-2+i$, $z_3=2-i$ とする.
このとき, 次の問いに答えよ.
(1) 3つの線分 AB, BC, CA の長さを求めよ.
(2) △ABC はどのような三角形であるか.

精講

複素数平面上の 2 点 $A(z_1)$, $B(z_2)$ の距離 AB は, $z_1=a+bi$, $z_2=c+di$ とおくと, 座標平面上では $A(a, b)$, $B(c, d)$ と表せるので, $AB^2=(c-a)^2+(d-b)^2$
また, $z_2-z_1=(c-a)+(d-b)i$ だから $|z_2-z_1|^2=(c-a)^2+(d-b)^2$
よって, $\mathbf{AB^2=|z_2-z_1|^2}$ となります.

解答

(1) $AB^2=|z_2-z_1|^2=|-3-i|^2=9+1=10$ ∴ $AB=\sqrt{10}$
  $BC^2=|z_3-z_2|^2=|4-2i|^2=16+4=20$ ∴ $BC=2\sqrt{5}$
  $CA^2=|z_1-z_3|^2=|-1+3i|^2=1+9=10$ ∴ $CA=\sqrt{10}$

(2) (1)より, $AB^2+CA^2=BC^2$ だから
  △ABC は, $\angle A=90°$ をみたす直角二等辺三角形.

ポイント

2 点 z_1, z_2 を結ぶ線分の長さは $|z_2-z_1|$ で求められる

演習問題 21

複素数平面上に 3 点 $z_1=1+i$, $z_2=2+3i$, $z_3=6+i$ がある.
△$z_1z_2z_3$ はどのような三角形であるか.

22 複素数と回転（Ⅰ）

複素数平面上の点 $z=2+2i$ を次のように移動した点は，どのような複素数を表すか．
(1) 原点中心に $30°$ 回転
(2) 原点中心に $90°$ 回転

精講

によれば，$z=\cos\theta+i\sin\theta$ に $w=\cos\alpha+i\sin\alpha$ をかけると
$zw=\cos(\alpha+\theta)+i\sin(\alpha+\theta)$ となりますが，これを図で確認すると z を原点中心に α だけ回転させた点が zw です．このことから，**複素数 z を原点まわりに α 回転させた点は，z に $\cos\alpha+i\sin\alpha$ をかけて得られる点**といえます．

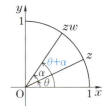

解答

(1) $z(\cos 30°+i\sin 30°)=(1+i)(\sqrt{3}+i)$ ◀ $\cos\alpha+i\sin\alpha$ をかける
$\qquad =(\sqrt{3}-1)+(\sqrt{3}+1)i$

(2) $z(\cos 90°+i\sin 90°)=(2+2i)i$
$\qquad =-2+2i$

ポイント 複素数 $r(\cos\theta+i\sin\theta)$ をかけることは原点まわりに θ 回転し，r 倍することを意味する

演習問題 22

複素数平面上で，次の点と z の位置関係を調べよ．
(1) iz
(2) $\dfrac{\sqrt{2}}{1-i}z$

23 平行移動

複素数平面上の点 $z=1+2i$ を実軸方向に 1,虚軸方向に -1 平行移動した点は,どのような複素数を表すか.

精講

13 によれば,$x+yi$ と点 (x, y) は同一視することができます.だから $x+yi$ を平行移動するというのは,**点 (x, y) を平行移動すること**を意味しています.(右図参照)

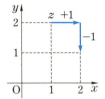

解答

z を実軸方向に 1,虚軸方向に -1 平行移動するので z に $1-i$ を加えればよい.

$\therefore \quad z+(1-i)$
$=(1+2i)+(1-i)$
$=2+i$

◀ $z+p+qi$

ポイント

複素数平面上で,複素数 z を実軸方向に p,虚軸方向に q だけ平行移動した点は
$$z+p+qi$$
で表される

演習問題 23

$z=1-i$ を原点のまわりに $90°$ 回転し,z だけ平行移動した複素数 α と,z だけ平行移動したあと原点のまわりに $90°$ 回転した複素数 β を求めよ.

24 複素数平面上の角

複素数平面上に 3 点 $z_1=2+i$, $z_2=5+2i$, $z_3=3+3i$ が与えられているとき，$\angle z_2 z_1 z_3$ を求めよ．

$z_2-z_1=\alpha$, $z_3-z_1=\beta$ とおくと，
$\angle z_2 z_1 z_3 = \angle \alpha O \beta$ と表せます（右図）．ここで，**15** によれば，

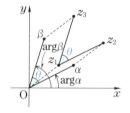

$\angle \alpha O \beta = \arg \beta - \arg \alpha$
$= \arg \dfrac{\beta}{\alpha}$ となり，

$\angle z_2 z_1 z_3 = \arg \dfrac{z_3-z_1}{z_2-z_1}$ で求められることがわかります．

ところで，図では $\arg \alpha < \arg \beta$ であるような設定になっていますが，逆の大小関係もありえます．このときは，計算上 $\angle z_2 z_1 z_3$ は負の値になるので，「－」記号をはずして答えにするか，絶対値記号をつけて $\left| \arg \dfrac{z_3-z_1}{z_2-z_1} \right|$ として，－がとれるようにしておくのも 1 手です．

解　答

$\arg \dfrac{z_3-z_1}{z_2-z_1} = \arg \dfrac{1+2i}{3+i}$

$= \arg \dfrac{5+5i}{10} = \arg \dfrac{1+i}{2}$

$= \arg(1+i) - \arg 2$

ここで，$1+i = \sqrt{2}(\cos 45° + i \sin 45°)$ より，
$\arg(1+i) = 45°$
また，$\arg 2 = 0°$
よって，$\angle z_2 z_1 z_3 = 45° - 0° = \mathbf{45°}$

◀ とりあえず $\arg \dfrac{z_3-z_1}{z_2-z_1}$ を計算する

◀ 対数計算のイメージ

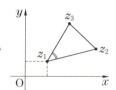

◀「＋」になったのでそのまま答えにする

注 $\arg(1+i)=45°$ であることを示すとき，すぐ $45°$ が頭に浮かんでくるようであれば，いちいち極形式に変形する必要はありません．

3つの線分の長さ z_1z_2, z_2z_3, z_3z_1 を求め，余弦定理を使うこともできます．

ポイント

A(α)，B(β)，C(γ) のとき
$$\angle ABC = \left|\arg\frac{\gamma-\beta}{\alpha-\beta}\right|$$

ポイントの事実から，次のような事実が導けます．これは，ポイントと同じくらい大切なことです．
しっかり覚えておきましょう．

I．3点 A，B，C が一直線上にある
$\iff \dfrac{\gamma-\beta}{\alpha-\beta}$ は実数

II．$\angle ABC = 90° \iff \dfrac{\gamma-\beta}{\alpha-\beta}$ は純虚数

I．は，「$\arg\dfrac{\gamma-\beta}{\alpha-\beta}=0°$ または $180°$」から，

II．は，「$\arg\dfrac{\gamma-\beta}{\alpha-\beta}=90°$ または $-90°(270°)$」

から，すぐに導けます．

注 I．は $\dfrac{\gamma-\beta}{\alpha-\beta} = \overline{\left(\dfrac{\gamma-\beta}{\alpha-\beta}\right)}$ とかけます．

また，複素数 z の虚部を $\mathrm{Im}\,z$ と表せば，$\mathrm{Im}\dfrac{\gamma-\beta}{\alpha-\beta}=0$ とかくこともできます．

II．は複素数 z の実部を $\mathrm{Re}\,z$ と表せば，$\mathrm{Re}\dfrac{\gamma-\beta}{\alpha-\beta}=0$ とかくこともできます．

演習問題 24

$z_1 = \dfrac{\sqrt{3}+i}{2}$, $z_2 = \dfrac{1+\sqrt{3}}{2}(1+i)$, $z_3 = \dfrac{1+\sqrt{3}\,i}{2}$ で表される点をそれぞれ，P_1, P_2, P_3 とするとき，$\angle P_1P_2P_3$ の大きさを $0°$ 以上 $180°$ 以下の範囲で求めよ．

25 複素数と回転（Ⅱ）

複素数平面上の点 $z=3+2i$ を点 $\alpha=1+i$ のまわりに $60°$ 回転した点を z' とするとき，z' を表す複素数を求めよ．

精講

22 は，原点のまわりに回転することがテーマでしたが，今度は，原点以外のまわりで回転させることを学びます．

回転の中心を原点に持ってくるために，P(z)，A(α)，P′(z') とおき，ベクトルのイメージにかきかえると，

$\overrightarrow{AP}$ を原点のまわりに $60°$ 回転すると $\overrightarrow{AP'}$ になるということ

$\overrightarrow{AP} \rightleftarrows z-\alpha$，$\overrightarrow{AP'} \rightleftarrows z'-\alpha$

と考えればよいので，25 ポイントの公式がつくれます．

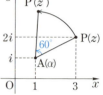

解答

$z'-\alpha=(z-\alpha)(\cos 60° + i\sin 60°)$ だから，

$z'=\alpha+(z-\alpha)(\cos 60° + i\sin 60°)$

$=1+i+(2+i)\dfrac{1+\sqrt{3}i}{2}$

$=\dfrac{4-\sqrt{3}}{2}+\dfrac{3+2\sqrt{3}}{2}i$

ポイント

点 z を点 α のまわりに θ 回転してできる点を z' とすると，

$$z'-\alpha=(z-\alpha)(\cos\theta+i\sin\theta)$$

が成りたつ

演習問題 25

複素数平面の原点を点 $\alpha=1+2i$ のまわりに，$45°$ 回転してできる点 z を表す複素数を求めよ．

26 正三角形

複素数平面上に 2 点 $z_1=1+i$, $z_2=2-i$ が与えられている．
$\triangle z_1z_2z_3$ が正三角形となるような z_3 をすべて求めよ．

精講

$z_3=a+bi$ とおいて，線分の長さの式
$z_1z_2=z_2z_3=z_3z_1$ から a, b の連立方程式を
つくっても答えはでてきますが，**25** の「複素
数と回転」の関係を利用すれば，スンナリと答えがでてき
ます．ただし，z_3 は 2 つあることに注意してください．

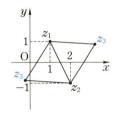

解 答

原点まわりの $\pm 60°$ 回転を表す複素数は

$$\frac{1}{2} \pm \frac{\sqrt{3}}{2}i \quad (\text{複号同順})$$

$\therefore \quad z_3-z_1=(z_2-z_1)\left(\dfrac{1}{2} \pm \dfrac{\sqrt{3}}{2}i\right)$ ◀ $z_3-z_1=(z_2-z_1)(\cos\theta+i\sin\theta)$

$\iff z_3=(1+i)+(1-2i)\left(\dfrac{1}{2} \pm \dfrac{\sqrt{3}}{2}i\right)$

$\therefore \quad z_3=\dfrac{(3+2\sqrt{3})+\sqrt{3}\,i}{2},\ \dfrac{(3-2\sqrt{3})-\sqrt{3}\,i}{2}$

注 「2 つの z_3 の中点 $=z_1z_2$ の中点」を利用して吟味ができます．

ポイント z_1 のまわりに z_2 を θ 回転した点 z_3 は
$z_3-z_1=(z_2-z_1)(\cos\theta+i\sin\theta)$ で表せる

演習問題 26

複素数平面上に 2 点 $z_1=2+i$, $z_2=-1+2i$ があり，点 z_3 をと
る．$A(z_1)$, $B(z_2)$, $C(z_3)$ とおくとき，$\angle ACB=120°$ の二等辺三角
形をつくる．このとき，次の問いに答えよ．
(1) 線分 AC の長さを求めよ．
(2) z_3 を表す複素数を求めよ．

27 直線（Ⅰ）

(1) $z = x + yi$ のとき，x, y を $z, \bar{z}$ を用いて表せ．
(2) xy 平面上の直線 $y = 2x + 1$ が，複素数平面上では，ある複素数 α を用いて，$\alpha z + \bar{\alpha}\bar{z} = 1$ と表せるとき，α を求めよ．

(1) この結果が z と (x, y) をつなぐ関係式で，xy 平面と複素数平面を行ったり来たりするとき重要な役割を果たします．
(2) (1)を利用して x, y を消去します．

解答

(1) $\begin{cases} z = x + yi \\ \bar{z} = x - yi \end{cases}$ より，$x = \dfrac{z + \bar{z}}{2}$, $y = \dfrac{z - \bar{z}}{2i}$

 24 の 注 の表記法によれば，(1)は

$\operatorname{Re} z = \dfrac{z + \bar{z}}{2}$, $\operatorname{Im} z = \dfrac{z - \bar{z}}{2i}$ とかけます．

(2) $y = 2x + 1 \iff -2x + y = 1$

$\iff -(z + \bar{z}) + \dfrac{z - \bar{z}}{2i} = 1$ ◀ $x = \dfrac{z + \bar{z}}{2}$, $y = \dfrac{z - \bar{z}}{2i}$

$\iff \left(-1 + \dfrac{1}{2i}\right)z + \left(-1 - \dfrac{1}{2i}\right)\bar{z} = 1$

$\iff \left(-1 - \dfrac{1}{2}i\right)z + \left(-1 + \dfrac{1}{2}i\right)\bar{z} = 1$ ∴ $\alpha = -1 - \dfrac{1}{2}i$

ポイント

$z = x + yi$ のとき $x = \dfrac{z + \bar{z}}{2}$, $y = \dfrac{z - \bar{z}}{2i}$

演習問題 27

「複素数 z が実数 $\iff \operatorname{Im} z = 0$」を利用して「$z \neq -1$ のとき，$\dfrac{z}{z+1}$ が実数ならば，z も実数である」ことを示せ．

28 直線（Ⅱ）

複素数平面上に 2 点 $\alpha=1+2i$, $\beta=2+i$ が与えられている．この 2 点を通る直線上の点 z は，実数 t を用いて，$z=(1+t)+(2-t)i$ と表せることを示せ．

精講　xy 平面で考えると α とは $(1, 2)$ のことで，β とは $(2, 1)$ のことだから，求める直線は，2 点 $(1, 2)$, $(2, 1)$ を通る直線になります．このイメージで解答をつくっていけばよいのです．

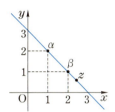

解答

$z-\alpha=t(\beta-\alpha)$ より，　　◀ $\overrightarrow{\alpha z}=t\overrightarrow{\alpha\beta}$ のイメージ

$z=\alpha+(\beta-\alpha)t$
$=(1+2i)+(1-i)t$
$=(1+t)+(2-t)i$

注　この結果を逆に考えれば，$z=x+yi$ において，x, y がパラメータ t の 1 次式で表されていると z は直線上を動いていて，z を t について整理すれば $z=p+qt$（p, q：複素数）と表せ，z の軌跡は点 p を通り，傾き q 方向に動いてできる直線になります．

（⇨演習問題 28）

◉ポイント　複素数平面上の 2 点 α, β を通る直線は
$z=\alpha+(\beta-\alpha)t$（t：実数）と表せる

演習問題 28

$z=(2-3t)+(1+2t)i$ で表される複素数 z は，t がすべての実数値をとるとき，複素数平面上で，どのような図形をえがくか．

基礎問

29 円（Ⅰ）

複素数 z は $|z-(1+i)|=1$ ……① をみたしている．このとき，次の問いに答えよ．
(1) 点 z は複素数平面上で，どのような図形をえがくか．
(2) $|z-2|$ の最大値，最小値とそれらを与える z を求めよ．

精 講
(1) ①は**点 $1+i$ と点 z の距離はつねに 1 であることを示しています．**
(2) $|z-2|$ は**点 z と点 2 の距離を表します．**

解 答

(1) 点 z と点 $1+i$ の距離は 1 だから，
z は**点 $1+i$ を中心とする半径 1 の円をえがく．**

(2) $P(z)$, $A(2)$ とおくと，$|z-2|$ は線分 AP の長さを表すので，A と $1+i$ を通る直線と円 $|z-(1+i)|=1$ の交点を図のように B, C とすると，AP の最大値は AC で，最小値は AB
よって，最大値は $\sqrt{2}+1$，最小値は $\sqrt{2}-1$
次に，$\alpha=1+i$, $\beta=1-i$ とおくと，最大値を与える z は

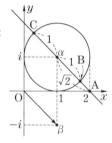

$$\alpha+\frac{1}{\sqrt{2}}(-\beta)=1+i-\frac{1-i}{\sqrt{2}}=\frac{(\sqrt{2}-1)+(\sqrt{2}+1)i}{\sqrt{2}}$$
$$=\frac{(2-\sqrt{2})+(2+\sqrt{2})i}{2}$$

また，最小値を与える z は
$$\alpha+\frac{1}{\sqrt{2}}\beta=1+i+\frac{1-i}{\sqrt{2}}=\frac{(\sqrt{2}+1)+(\sqrt{2}-1)i}{\sqrt{2}}$$
$$=\frac{(2+\sqrt{2})+(2-\sqrt{2})i}{2}$$

注 最大値，最小値を与える z はベクトルのイメージ（19）で求めています．右図のように，$D(1+i)$, $E(1-i)$ とおくと，

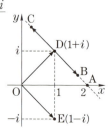

$\vec{DC} = -\dfrac{1}{\sqrt{2}}\vec{OE}$ だから，$\vec{OC} = \vec{OD} + \vec{DC} = \vec{OD} - \dfrac{1}{\sqrt{2}}\vec{OE}$

これを複素数で表示すると，$D(\alpha)$，$E(\beta)$ だから最大値を与える点 z は $z = \alpha - \dfrac{1}{\sqrt{2}}\beta$ と表せます．

この考え方以外にも，点 B は線分 AD を $(\sqrt{2}-1):1$ に内分する点と考えて，最小値を与える点 z を

$$z = \dfrac{1 \cdot 2 + (\sqrt{2}-1)(1+i)}{\sqrt{2}-1+1} = \dfrac{(\sqrt{2}+1)+(\sqrt{2}-1)i}{\sqrt{2}}$$ と

計算することもできます．

同様に，C は線分 AD を $(\sqrt{2}+1):1$ に外分する点と考えることができます．

ポイント

複素数 z が $|z-\alpha| = r$ をみたすとき，
z は α 中心，半径 r の円をえがく
(α：複素数，r：正の実数)

演習問題 29

複素数 z_1, z_2 が $|z_1 - 4| = 1$, $|z_2| = 1$ という関係式をみたすとき，
(1) 点 z_1，点 z_2 がえがく図形を同じ複素数平面上に図示せよ．
(2) $|z_1 - z_2|$ のとりうる値の範囲を求めよ．

30 円（Ⅱ）

$|z+2i|=2|z-i|$ をみたす複素数 z は，複素数平面上でどのような図形をえがくか．

精講

考え方は 3 つあります．
Ⅰ．$z\bar{z}=|z|^2$ の利用
Ⅱ．$z=x+yi$ とおく
Ⅲ．式の図形的意味を考える

解答

（解Ⅰ）（$z\bar{z}=|z|^2$ の利用）
$|z+2i|^2=4|z-i|^2$
$\iff (z+2i)(\bar{z}+\overline{2i})=4(z-i)(\bar{z}-\bar{i})$
$\iff z\bar{z}+2i\bar{z}-2iz+4=4(z\bar{z}-i\bar{z}+iz+1)$
$\iff 3z\bar{z}-6i\bar{z}+6iz=0 \iff z\bar{z}-2i\bar{z}+2iz=0 \iff (z-2i)(\bar{z}+2i)=4$
$\iff (z-2i)(\overline{z-2i})=4 \iff |z-2i|^2=4$ ◀注
$\iff |z-2i|=2$ （⇐ 29）

よって，z は**点 $2i$ を中心とする半径 2 の円**をえがく．

（解Ⅱ）（$z=x+yi$ とおく）
$z=x+yi$ とおくと
　$z+2i=x+(y+2)i, \; z-i=x+(y-1)i$
よって，$|z+2i|^2=x^2+(y+2)^2$
　　　　$|z-i|^2=x^2+(y-1)^2$
$|z+2i|^2=4|z-i|^2$ だから
　$x^2+(y+2)^2=4x^2+4(y-1)^2$
$\iff 3x^2+3y^2-12y=0$
$\iff x^2+y^2-4y=0$
$\iff x^2+(y-2)^2=4$

これは，xy 平面上で $(0, 2)$ 中心，半径 2 の円を表すので複素数平面上では，点 $2i$ を中心とする半径 2 の円を表す．

（解Ⅲ）（式の図形的意味を考えて）
P(z)，A($-2i$)，B(i) とおくと，
　与式 ⟺ AP=2BP ⟺ AP：BP=2：1
よって，Pは線分 AB を 2：1 に内分および外分する点
を直径の両端とする円をえがく．
(⇨数学Ⅱ・B 43 アポロニウスの円)
内分する点はO，外分する点は $4i$ だから，
z は点 $2i$ を中心とする半径 2 の円をえがく．

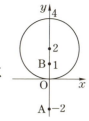

注　同じ要領で計算すると $z\bar{z}-\bar{\alpha}z-\alpha\bar{z}=0$ は
　　$(z-\alpha)(\bar{z}-\bar{\alpha})=\alpha\bar{\alpha}$
　　$|z-\alpha|^2=|\alpha|^2$，すなわち
　　$|z-\alpha|=|\alpha|$　と変形できます．
　よって，点 z は点 α を中心とする半径 $|\alpha|$ の円をえがくことがわかり
ます．この変形は 35，36 でも行われます．

> **ポイント**　複素数平面上の2点 A，B からの距離の比が $m：n$
> （$m \neq n$）である点Pは，線分 AB を $m：n$ に内分する
> 点と外分する点を直径の両端とする円をえがく

演習問題 30

　$\left|\dfrac{z-i}{z-1}\right|=2$ をみたす点 z はどのような図形をえがくか．

31 円（Ⅲ）

2つの複素数 z, w があって，2つの式 $|z-i|=1$, $w=(1+i)z$ が成りたっている．このとき，次の問いに答えよ．
(1) z は複素数平面上で，どのような図形をえがくか．
(2) w は複素数平面上で，どのような図形をえがくか．

(1) $|z-i|=1$ は，点 z と点 i との距離が z の位置にかかわらず 1 という意味です．

(2) 解答は2つありますが，いずれも考え方は数学Ⅱの軌跡の考え方（⇨数学Ⅱ・B 45 精講 ）を使っています．すなわち，他の変数を消去という考え方です．

Ⅰ．$z=x+yi$, $w=u+vi$ とおいて，u, v の関係式を求める方法（⇨ 30 ）
Ⅱ．$|z-i|=1$ を利用して，$|w-α|=r$ 型を目指す方法

2つとも解答にしてみますが，できるだけⅡを使えるようになってください．

解 答

(1) $|z-i|=1$ より，点 z と点 i の距離はつねに 1．
よって，z は**点 i を中心とする半径 1 の円**をえがく．

(2) （解Ⅰ）
$z=x+yi$, $w=u+vi$ とおくと，
$(1+i)z=(1+i)(x+yi)=(x-y)+(x+y)i$ だから
$w=(1+i)z$ より，$u=x-y$, $v=x+y$
∴ $x=\dfrac{1}{2}(u+v)$, $y=\dfrac{1}{2}(v-u)$ ……(*)

ここで，$|z-i|=1$ より
$|x+(y-1)i|=1 \iff x^2+(y-1)^2=1$

(*)を代入して，$\dfrac{1}{4}(u+v)^2+\dfrac{1}{4}(v-u-2)^2=1$

$\iff (u+v)^2+(v-u)^2-4(v-u)+4=4$
$\iff 2u^2+2v^2-4v+4u=0$

$\iff u^2+2u+v^2-2v=0$

$\iff (u+1)^2+(v-1)^2=2$

よって，(u, v) は

中心 $(-1, 1)$，半径 $\sqrt{2}$ の円をえがく．

すなわち，複素数 w は

点 $-1+i$ を中心とする半径 $\sqrt{2}$ の円をえがく．

（解Ⅱ）

$w=(1+i)z \iff \dfrac{w}{1+i}=z$

◀複素数 z を消去するために $z-i$ をつくっておく

$\iff \dfrac{w}{1+i}-i=z-i$

$\iff w-i(1+i)=(1+i)(z-i)$

$\therefore |w-(-1+i)|=|(1+i)(z-i)|$

$\iff |w-(-1+i)|=|1+i||z-i|$

$\iff |w-(-1+i)|=\sqrt{2}$ Ⅱ

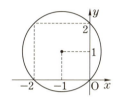

よって，w は点 $-1+i$ 中心，半径 $\sqrt{2}$ の円をえがく．

> **ポイント**　複素数平面上の動点 w が動点 z で表されているとき，z を消去することによって w の関係式をつくる

演習問題 31

複素数 z, w に対し，2つの式 $|z-1|=1$，$w=(1-i)z$ が成りたつとき，w は複素数平面上でどのような図形をえがくか．

基礎問

32 領域（I）

$|z-1|>|z-i|$ をみたす複素数平面上の点 z の存在する領域を図示せよ．

精講　複素数平面上の点の軌跡は，$z=x+yi$ とおくか，おかないかで，2通り考えられます．これは条件式が等号であるか不等号であるかは関係ありません．

（解I）でおくタイプ，（解II）でおかないタイプを考えてみますが，（解II）ができるようにがんばりましょう．

解答

（解I）（$z=x+yi$ とおくタイプ）

$|z-1|>|z-i| \iff |z-1|^2>|z-i|^2$

ここで，$z=x+yi$ とおくと

$$\begin{cases} 左辺=|(x-1)+yi|^2=(x-1)^2+y^2 \\ 右辺=|x+(y-1)i|^2=x^2+(y-1)^2 \end{cases}$$

∴ $(x-1)^2+y^2>x^2+(y-1)^2$

$\iff -2x>-2y$

$\iff y>x$

これは，z が 2 点 O，$1+i$ を結ぶ直線より上側に存在することを意味する．

よって，点 z の存在する領域は右図の斜線部．ただし，境界は含まない．

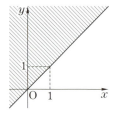

注　複素数平面ではなく，普通の xy 平面と考えれば「$y>x$」の表す領域はわかるはずです．

（解II）（$z=x+yi$ とおかないタイプ）

P(z)，A(1)，B(i) とおくと，

$|z-1|=$AP，$|z-i|=$BP を表すので，

$|z-1|>|z-i| \iff $ AP＞BP

ここで，AP=BP となる点Pは，線分 AB の垂直二等分線上を動くので，

AP>BP をみたす点は，この垂直二等分線で分けられる2つの部分のうち，Bを含む側．よって，点Pの存在する領域は図の斜線部．ただし，境界は含まない．

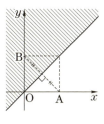

 一般に，次のことが成りたちます．
しっかり頭に入れておきましょう．

> ① $|z-\alpha|$ は複素数 α と複素数 z を結んだ**線分の長さ**を表す．
> ② P(z), A(α), B(β)（A≠B）とおくと，$|z-\alpha|=|z-\beta|$ をみたす点 z は，**線分 AB の垂直二等分線上を動く**．

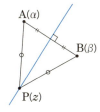

注 ②は証明できることも必要でしょうが，「2つの定点からの距離が等しい点は定点を結ぶ線分の垂直二等分線上にある」という事実がすぐに浮かんでこなければ，大学入試のレベルではまずいと思います．

ポイント P(z), A(α), B(β)（A≠B）に対して $|z-\alpha|=|z-\beta|$ が成りたつとき，Pは線分 AB の垂直二等分線をえがく

演習問題 32

複素数平面上の点 z が不等式 $2|z-2| \leqq |z-5| \leqq |z+1|$ をみたしているとき，点 z がえがく図形を D とする．このとき，次の問いに答えよ．

(1) 領域 D を図示せよ．
(2) 領域 D の面積 S を求めよ．
(3) $\arg z = \theta \left(-\dfrac{\pi}{2} < \theta < \dfrac{\pi}{2} \right)$ とするとき，$\tan \theta$ のとりうる値の範囲を求めよ．

33 領域（Ⅱ）

不等式 $|z| \leq 1$, $(1-i)z+(1+i)\bar{z} \geq 2$ を同時にみたす z の存在する領域を D とする．このとき，次の問いに答えよ．
(1) D を図示せよ．　(2) $|z|$ の最小値を求めよ．

精講

32 と同様に，2つの手段が存在しますが，$(1-i)z+(1+i)\bar{z}=2$ の図形的意味がよくわからないので，$z=x+yi$ とおきましょう．

解答

(1) $z=x+yi$ とおくと
$$|z| \leq 1 \iff |x+yi| \leq 1 \iff x^2+y^2 \leq 1 \quad \cdots\cdots ①$$
また，$(1-i)z+(1+i)\bar{z} \geq 2$
$$\iff (1-i)(x+yi)+(1+i)(x-yi) \geq 2$$
$$\iff x+y \geq 1 \quad \cdots\cdots ②$$
①，②をともにみたす (x, y) は右図の斜線部を表す．ただし，境界も含む．

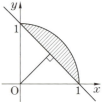

(2) $|z|$ は原点と領域 D 内の点との距離を表すので，最小値は z が O から直線 $x+y=1$ におろした垂線の足と一致するとき．
よって，求める最小値は $\dfrac{1}{\sqrt{2}}$

ポイント　複素数平面上の点 z の軌跡は $z=x+yi$ とおいて，x と y の関係式を求める手段が最後の切り札

演習問題 33

不等式 $|z-1| \leq 1$, $(1-2i)z+(1+2i)\bar{z} \leq 6$ を同時にみたす z の存在する領域を D とする．
(1) D を図示せよ．　(2) $|z-i|$ の最大値，最小値を求めよ．

57

34 変換 $w = \dfrac{az+b}{cz+d}$ （Ⅰ）

第2章

複素数 z が，$1+i$ を中心とする半径 1 の円周上を動くとき，$w = \dfrac{1-iz}{1+iz}$ で表される点 w はどのような図形をえがくか．

精 講 $w = \dfrac{az+b}{cz+d}$ で表される式は，点 z がある規則で点 w にうつると考えられるので，変換を表しているといえます．このとき，z を消去することによって w の関係式をつくることができます．

解 答

まず，$|z-(1+i)|=1$ ……①

次に，$w = \dfrac{1-iz}{1+iz} \Longleftrightarrow w = \dfrac{i+z}{i-z}$ ◀分子・分母に i をかけている

$\Longleftrightarrow w+1 = \dfrac{-2i}{z-i} \Longleftrightarrow z = i - \dfrac{2i}{w+1}$ ◀ $z-(1+i)$ をつくるための準備

$\Longleftrightarrow z-(1+i) = \dfrac{-2i}{w+1} - 1$

①より，$\left| \dfrac{2i}{w+1} + 1 \right| = 1 \Longleftrightarrow \left| \dfrac{w-(-1-2i)}{w+1} \right| = 1$

$\Longleftrightarrow |w+1| = |w-(-1-2i)|$

よって，w は 2 点 -1，$-1-2i$ を結ぶ線分の ◀**32** ポイント
垂直二等分線をえがく．

🌙 **ポイント** $w = f(z)$ で表される点 w の軌跡は逆変換 $z = f^{-1}(w)$ を利用する

演習問題 34

複素数 z が $|z|=1$ をみたすとき，$w = \dfrac{1+iz}{1+z}$ で表される点 w はどのような図形をえがくか．

35 変換 $w = \dfrac{az+b}{cz+d}$ (Ⅱ)

複素数 z が $|z|=2$ をみたしながら動くとき，$w=\dfrac{1}{z+1}$ で表される点 w は，複素数平面上でどのような図形をえがくか．

精講

34 の方針ですすみますが，そう単純ではありません．14 のポイントにかいてある 3 つの公式をフル活用して，29 の形をねらいます．

解答

$w=\dfrac{1}{z+1}$ より，$z=\dfrac{1}{w}-1=\dfrac{1-w}{w}$ ◀ 34 逆変換の利用

$|z|=2$ に代入して

$\left|\dfrac{1-w}{w}\right|=2 \iff \dfrac{|w-1|}{|w|}=2$ ◀ $\left|\dfrac{z_1}{z_2}\right|=\dfrac{|z_1|}{|z_2|}$

$\iff |w-1|=2|w|$

両辺を平方して，

$|w-1|^2=4|w|^2$

$\iff (w-1)\overline{(w-1)}=4w\overline{w}$ ◀ $z\overline{z}=|z|^2$

$\iff (w-1)(\overline{w}-1)=4w\overline{w}$ ◀ $\overline{z_1+z_2}=\overline{z_1}+\overline{z_2}$

$\iff w\overline{w}-w-\overline{w}+1=4w\overline{w}$

$\iff 3w\overline{w}+w+\overline{w}=1$

$\iff w\overline{w}+\dfrac{1}{3}w+\dfrac{1}{3}\overline{w}=\dfrac{1}{3}$

$\iff \left(w+\dfrac{1}{3}\right)\left(\overline{w}+\dfrac{1}{3}\right)=\dfrac{4}{9}$ ◀ この変形がポイント

$\iff \left(w+\dfrac{1}{3}\right)\overline{\left(w+\dfrac{1}{3}\right)}=\dfrac{4}{9}$

$\iff \left|w+\dfrac{1}{3}\right|^2=\left(\dfrac{2}{3}\right)^2 \iff \left|w+\dfrac{1}{3}\right|=\dfrac{2}{3}$

よって，点 w は

点 $-\dfrac{1}{3}$ を中心とする半径 $\dfrac{2}{3}$ の円をえがく．

Ⅰ．$|w-1|=2|w|$ は 30 (アポロニウスの円) の形です．そのことに気がつけば，次のような解答もあるでしょう．

(別解)

$|w-1|=2|w| \iff |w|:|w-1|=1:2$

ここで，P(w)，A(1)，O(0) とおくと

OP：AP＝1：2 だから，

点Pは線分 OA を 1：2 に内分する点と外分する点を直径の両端とする円をえがく．

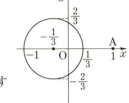

Ⅱ．$|z|=2$ より，$z=x+yi$ $(x^2+y^2=4)$ とおけます．

このあと，$w=u+vi$ とおいて，31 (2)(解Ⅰ)の方針で押していくと，次の (別解) となります．

(別解) (途中の計算は若干省略してあります)

$z = \dfrac{1}{w} - 1 = \dfrac{\overline{w}}{|w|^2} - 1 = \dfrac{\overline{w}-|w|^2}{|w|^2}$ ◀ $w\overline{w}=|w|^2$

$= \dfrac{(u-vi)-(u^2+v^2)}{u^2+v^2} = \dfrac{\{u-(u^2+v^2)\}-vi}{u^2+v^2}$

∴ $x = \dfrac{u-(u^2+v^2)}{u^2+v^2}$, $y = \dfrac{-v}{u^2+v^2}$

$x^2+y^2=4$ に代入して，$3(u^2+v^2)=1-2u$

∴ $\left(u+\dfrac{1}{3}\right)^2+v^2=\dfrac{4}{9}$

ポイント

$w = \dfrac{az+b}{cz+d}$ で表される変換で，z が円周上を動くと，w は直線上または円周上を動く

演習問題 35

不等式 $|z|\leqq 1$, $(1-i)z+(1+i)\overline{z}\leqq 2$ をみたす z に対して，$w=\dfrac{2i}{z+1}$ で表される点 w の存在する領域を図示せよ．

36 変換 $w=\dfrac{az+b}{cz+d}$ (Ⅲ)

$w=\dfrac{(i-1)z}{i(z-2)}$ で表される複素数 w は実数である．このとき，複素数 z は，どのような図形をえがくか．

精講

複素数 w が実数という条件を，

　Ⅰ．$w=u+vi$ (u, v：実数) の形に表したとき，$v=0$

と考えることもできますが，このように考えると，z も $z=x+yi$ という形で表すことになり，文字の数が2個から4個に増えてしまい，負担が重くなります．一方，27 のポイントによれば，

　Ⅱ．$w=\bar{w}$

とも考えることができます．

解答

まず，$z \neq 2$

このとき，$\bar{w}=\overline{\left\{\dfrac{(i-1)z}{i(z-2)}\right\}}=\dfrac{(-1-i)\bar{z}}{-i(\bar{z}-2)}$ であり， ◀14

w が実数のとき，$w=\bar{w}$ が成りたつ．

よって，$\dfrac{(i-1)z}{i(z-2)}=\dfrac{(i+1)\bar{z}}{i(\bar{z}-2)}$ より

$(i-1)z(\bar{z}-2)=(i+1)\bar{z}(z-2)$

$\iff 2z\bar{z}+2(i-1)z-2(i+1)\bar{z}=0$

$\iff z\bar{z}-(1-i)z-(1+i)\bar{z}=0$

$\iff \{z-(1+i)\}\{\bar{z}-(1-i)\}=(1+i)(1-i)$ ◀この変形がポイント

$\iff \{z-(1+i)\}\{\overline{z-(1+i)}\}=2$ 　30 注

$\iff |z-(1+i)|^2=2$

$\iff |z-(1+i)|=\sqrt{2}$

ここで，$z \neq 2$ だから，点2は除かれる． ◀注

以上のことより，z は，

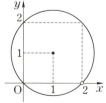

点 $1+i$ を中心とする半径 $\sqrt{2}$ の円周上から点 2 を除いた部分をえがく.

(別解)（Ⅰ の方針ですすむと……）

$z=x+yi$ とおくと,

$$\frac{(i-1)z}{i(z-2)}=\frac{(1+i)z}{z-2}=\frac{(1+i)z(\overline{z-2})}{|z-2|^2}$$

分子 $=(1+i)z(\overline{z-2})$

$\qquad =(1+i)(|z|^2-2z)$　◀ 分母はすでに実数になっているので, 分子だけ考えればよい

$\qquad =(1+i)\{(x^2+y^2-2x)-2yi\}$

$\qquad =(x^2+y^2-2x+2y)+(x^2+y^2-2x-2y)i$

よって, $\dfrac{(i-1)z}{i(z-2)}$ が実数のとき, $x^2+y^2-2x-2y=0$

$\therefore\quad (x-1)^2+(y-1)^2=2$

ここで, $z\neq2$ だから, z は, 点 $1+i$ 中心, 半径 $\sqrt{2}$ の円周上から点 2 を除いた部分をえがく.

注 $z\neq2$ である理由は, $\dfrac{(i-1)z}{i(z-2)}$ の分母にあります.

式が分数の形で与えられたとき, 分母 $=0$ となる z は考えてはいけません. ところが, **34** も **35** も同様の形であるにもかかわらず, そのことが答案では触れてありません. それは, **34** においては, $w+1\neq0$ ですが, 点 $w=-1$ は答えの軌跡（垂直二等分線）上にないからで, **35** においても, $w\neq0$ ですが, 点 $w=0$ は答えの軌跡（円）上にないからなのです.

● ポイント

複素数 z が実数 $\rightleftarrows$ $z=\overline{z}$

演習問題 36

$w=\dfrac{(1+i)(z-1)}{z}$ で表される複素数 w が実数であるとき, 複素数 z はどのような図形をえがくか.

第3章 いろいろな関数

37 分数関数

次の問いに答えよ．

(1) $y=\dfrac{2x+1}{x-1}$ のグラフをかけ．

(2) 分数関数 $y=\dfrac{ax+b}{x+c}$ が次の各条件をみたすときの a, b, c をそれぞれ定めよ．

(イ) 3点 $(0, 3)$, $(-2, -1)$, $(1, 2)$ を通る．

(ロ) 漸近線が $x=2$ と $y=-1$ で，点 $(1, -5)$ を通る．

(ハ) $y=2$ が漸近線で，点 $(-2, 3)$ を通り，平行移動すると $y=-\dfrac{1}{x}$ と一致する．

精講

(1) 分数関数のグラフをかくときは，$y=\dfrac{ax+b}{cx+d}$ の形から，わり算によって $y=\dfrac{r}{x-p}+q$ の形に変形しなければなりません．

それはこの形にすれば**漸近線**の方程式 $x=p$, $y=q$ がわかり，すぐにグラフがかけるからです．

(2) 関数の係数を決定するときは，最初のおき方にコツがあります．条件が生きるようなおき方をすると，計算量を減らすことができます．

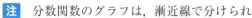
解　答

(1) $y=\dfrac{2x+1}{x-1}=\dfrac{2(x-1)+3}{x-1}$

$=2+\dfrac{3}{x-1}$ ◀ $y=\dfrac{r}{x-p}+q$ の形に

よって，漸近線は $x=1$, $y=2$ で，グラフは右図のようになる．

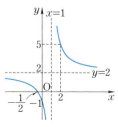

注 分数関数のグラフは，漸近線で分けられた4つの領域のうち，隣り合っていない2つの領域に存在します．

$y=\dfrac{r}{x-p}+q$ において，$r>0$ ならば，右上と左下の部分で，$r<0$ ならば，右下と左上の部分になります．

(2) (イ) $y=\dfrac{ax+b}{x+c}$ に3点の座標を代入して

$b=3c,\ 2a-b-c+2=0,\ a+b-2c-2=0$

よって，$a=1,\ b=3,\ c=1$

(ロ) 漸近線が $x=2,\ y=-1$ だから，題意をみたす分数関数は

$y=-1+\dfrac{p}{x-2}$ とおける．

◀漸近線がわかっているので，このおき方がベスト

$(1,\ -5)$ を代入して，$p=4$

$\therefore\quad y=-1+\dfrac{4}{x-2}=\dfrac{-x+6}{x-2}$

よって，$a=-1,\ b=6,\ c=-2$

(ハ) $y=2$ が漸近線だから，$y=\dfrac{-1}{x}$ を x 軸方向に p，y 軸方向に2だけ平行移動したものが題意をみたす曲線．

◀数学Ⅱ・B 48

よって，$y=\dfrac{-1}{x-p}+2$ とおける．

◀おき方を考える

これが点 $(-2,\ 3)$ を通ることにより

$3=\dfrac{1}{p+2}+2$　よって，$p+2=1$　したがって，$p=-1$

$\therefore\quad y=\dfrac{-1}{x+1}+2 \Longleftrightarrow y=\dfrac{2x+1}{x+1}$

よって，$a=2,\ b=1,\ c=1$

● ポイント

曲線 $y=\dfrac{r}{x-p}+q$ の漸近線は $x=p$ と $y=q$

演習問題 37

次の問いに答えよ．

(1) $y=\dfrac{1}{x-1}$ のグラフをかけ．

(2) $y=\dfrac{1}{x-1}$ と $y=-|x|+k$ のグラフが2個以上の共有点をもつような k の値の範囲を求めよ．

38 無理関数

無理関数 $y=\sqrt{x-1}-1$ ……① について，次の問いに答えよ．
(1) 定義域，値域を調べ，①のグラフの概形をかけ．
(2) $y=-x+1$ と①のグラフの交点の座標を求めよ．
(3) 不等式 $\sqrt{x-1}-1<-x+1$ を解け．

(1) 無理関数 $y=\sqrt{ax-b}+c$ $(a>0)$ の**定義域**は $x \geqq \dfrac{b}{a}$，値域は $y \geqq c$ で，形は放物線を横にしたものの一部です．

(2) $\sqrt{}$ を含んだ方程式は，両辺を平方して $\sqrt{}$ を消しますが，そのとき**両辺の符号を確かめて平方します**．

(3) **不等式 $f(x)>g(x)$ をグラフを利用して解くとき，$y=f(x)$ のグラフが $y=g(x)$ のグラフより上側にあるような x の範囲**を考えます．だから，実質は方程式 $f(x)=g(x)$ が解ければよいのです．

解　答

(1) 根号内は正または0だから
$$x-1 \geqq 0 \quad \therefore \quad x \geqq 1$$
また，$\sqrt{x-1} \geqq 0$ より　$y \geqq -1$
次に，$y+1=\sqrt{x-1}$ を平方して
$$x=(y+1)^2+1 \ (y \geqq -1)$$
ゆえに，グラフは頂点が $(1, -1)$ で
右図のような放物線の一部になる．

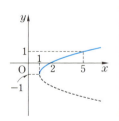

(2) 　$\sqrt{x-1}-1=-x+1$
$\iff \sqrt{x-1}=-x+2$ ……②
$\sqrt{x-1} \geqq 0$ だから　$-x+2 \geqq 0$　$\therefore \ x \leqq 2$
これと(1)より　$1 \leqq x \leqq 2$ ……③
このとき，②の両辺を平方すると
$$x-1=x^2-4x+4 \iff x^2-5x+5=0$$
$\therefore \ x=\dfrac{5-\sqrt{5}}{2}$　（③より）　　◀定義域に注意．$\dfrac{5-\sqrt{5}}{2} \fallingdotseq 1.4$

交点の座標は $\left(\dfrac{5-\sqrt{5}}{2},\ -\dfrac{3-\sqrt{5}}{2}\right)$

(3) $y=-x+1$ ……④ とおくとき，①のグラフが，④のグラフより下側にあるような x の範囲を求めればよい．

よって，右図より

$$1 \leqq x < \dfrac{5-\sqrt{5}}{2}$$

（別解）（(3)をグラフを使わないで解くと…）

$\sqrt{x-1}-1<-x+1$ ……㋐ において
根号内は正または0だから，$x \geqq 1$
次に㋐より $\sqrt{x-1}<-x+2$ ……㋺
$\sqrt{x-1} \geqq 0$ だから，$-x+2>0$ となり，$x<2$
∴ $1 \leqq x < 2$ ……㋩

このとき㋺の両辺は，ともに正または0となるので平方した
$x-1<(-x+2)^2$ と同値である．

したがって $x^2-5x+5>0$

∴ $x<\dfrac{5-\sqrt{5}}{2},\ \dfrac{5+\sqrt{5}}{2}<x$ ……㋥

㋩かつ㋥より $1 \leqq x < \dfrac{5-\sqrt{5}}{2}$

注 ㋥を解としてはいけません．㋩の範囲で考えていたのですから，求める解は㋥かつ㋩としなければいけないのです．

ポイント

不等式 $f(x)>g(x)$ をみたす x の範囲
$\rightleftarrows$ $y=f(x)$ のグラフが $y=g(x)$ のグラフより上側にあるような x の範囲

演習問題 38

2つの曲線 $y=\sqrt{x}$ $(0 \leqq x \leqq 2)$，$y=\sqrt{2-x}$ $(0 \leqq x \leqq 2)$ と x 軸で囲まれた領域に含まれ，1辺を x 軸上にもつ長方形がある．このような長方形の面積 S の最大値を求めよ．

39 合成関数

$f(x)=x^2+x+2$, $g(x)=x-1$ のとき，次の問いに答えよ．

(1) $f(g(x))$ を求めよ．
(2) $f(g(x))\geqq f(1)$ となる x の値の範囲を求めよ．
(3) a を実数とするとき，x の方程式
$$f(g(x))+f(x)-|f(g(x))-f(x)|=a$$
が異なる 4 個の解をもつような a の値の範囲を求めよ．

精講

I．2つの関数 $g(x)$, $f(x)$ に対して，x に，x の g による像 $g(x)$ の，f による像 $f(g(x))$ を対応させる規則を g と f の**合成関数**といい，記号 $(f \circ g)(x)$ で表します．イメージは下図です．

f と g の順序が逆になっていることに注意します．

II．$(f \circ g)(x)$ は $(f \circ g)(x)=f(g(x))$ を用いて計算します．

解答

(1) $f(g(x))=f(x-1)$
$\qquad =(x-1)^2+(x-1)+2$
$\qquad = x^2-x+2$

◀ $f(x)$ の x のところに $g(x)$，すなわち，$x-1$ を代入

(2) $f(1)=4$ だから
$\qquad f(g(x))\geqq f(1) \iff x^2-x+2\geqq 4$
$\qquad \iff x^2-x-2\geqq 0 \iff (x-2)(x+1)\geqq 0$
$\therefore\ x\leqq -1,\ 2\leqq x$

（別解）　右のグラフより
$\qquad f(g(x))\geqq 4$
$\qquad \iff (g(x)+2)(g(x)-1)\geqq 0$
$\qquad \iff g(x)\leqq -2,\ 1\leqq g(x)$
$\qquad \iff x-1\leqq -2,\ 1\leqq x-1$
$\qquad \iff x\leqq -1,\ 2\leqq x$

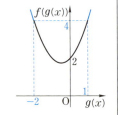

注 $f(g(x)) \geq f(1)$ のかっこ内を比べて $g(x) \geq 1$ としてはいけません.

(3) $y=f(x)$ と $y=f(g(x))$ のグラフは右図のようになっているので

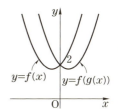

$|f(g(x))-f(x)|$
$= \begin{cases} f(x)-f(g(x)) & (x \geq 0) \\ f(g(x))-f(x) & (x<0) \end{cases}$

よって
$f(g(x))+f(x)-|f(g(x))-f(x)|$
$= \begin{cases} 2f(g(x)) & (x \geq 0) \\ 2f(x) & (x<0) \end{cases}$
$= \begin{cases} 2x^2-2x+4 & (x \geq 0) \\ 2x^2+2x+4 & (x<0) \end{cases}$

$y=f(g(x))+f(x)-|f(g(x))-f(x)|$
のグラフと $y=a$ のグラフが異なる4点で交わればよいので
右図より

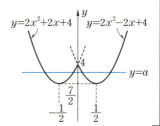

$$\frac{7}{2}<a<4$$

> **ポイント** $f(g(x))$ を求めるとき, $f(x)$ の x のところに $g(x)$ を代入すればよい

演習問題 39

$a>0$, $a \neq 1$, $f(x)=a^{x+b}$, $g(x)=x^2$ とする. x の方程式 $f(g(x))=g(f(x))$ がただ1つの実数解をもつように実数 b の値を求めよ.

40 逆関数

$f(x) = \sqrt{ax-2} - 1 \ \left(a > 0, \ x \geq \dfrac{2}{a}\right)$ とするとき，次の問いに答えよ．

(1) $y = f(x)$ の逆関数 $y = f^{-1}(x)$ を求めよ．

(2) 曲線 $C_1: y = f(x)$ と曲線 $C_2: y = f^{-1}(x)$ が異なる2点で交わるような a の値の範囲を求めよ．

(3) C_1, C_2 の交点の x 座標の差が2であるとき，a の値を求めよ．

〈逆関数の求め方〉

$y = f(x)$ の逆関数を求めるには，この式を

　　$x = (y\text{の式})$ と変形し，x と y を入れかえればよい

〈逆関数のもつ性質〉

Ⅰ．もとの関数と逆関数で，**定義域と値域が入れかわる**

Ⅱ．もとの関数と逆関数のグラフは，**直線 $y = x$ に関して対称**になる

逆関数に関する知識としてはこの3つで十分ですが，実際に問題を解くとき〈逆関数のもつ性質〉を上手に活用することが必要です．この**基礎問**では，Ⅱがポイントになります．

解 答

(1) $y = \sqrt{ax-2} - 1$ とおくと，$\sqrt{ax-2} = y+1$

よって，$y+1 \geq 0$ より，値域は $y \geq -1$　　◀大切!!

ここで，両辺を平方して，

$ax - 2 = (y+1)^2$ 　∴　$x = \dfrac{1}{a}(y+1)^2 + \dfrac{2}{a} \ (y \geq -1)$

よって，$\boldsymbol{f^{-1}(x) = \dfrac{1}{a}(x+1)^2 + \dfrac{2}{a} \ (x \geq -1)}$　　◀定義域と値域は入れかわる

注　「定義域を求めよ」とはかいていないので，「$x \geq -1$」は不要と思う人もいるかもしれませんが，x の値に対して y を決める規則が関数ですから，x の範囲，すなわち，定義域が「すべての実数」でない限りは，そこまで含めて「関数を求める」と考えなければなりません．

(2) $y = f(x)$ と $y = f^{-1}(x)$ のグラフは，凹凸が異なり，かつ，直線

$y=x$ に関して対称だから,「$y=f(x)$ と $y=f^{-1}(x)$ が異なる 2 点で交わる」ことと,
「$y=f^{-1}(x)$ と $y=x$ が異なる 2 点で交わる」ことは同値.

よって, 2 次方程式 $\dfrac{1}{a}(x+1)^2+\dfrac{2}{a}=x$

すなわち, $x^2-(a-2)x+3=0$ は $x\geqq -1$ の範囲で異なる 2 つの実数解をもつ.
そこで, $g(x)=x^2-(a-2)x+3$ とおくと,
この 2 次関数のグラフは右図のようになる.

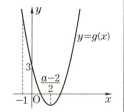

(⇨数学Ⅰ・A 45：解の配置)

$a>0$, $g(-1)\geqq 0$, 軸 >-1, 判別式 >0

$a>0$, $a+2\geqq 0$, $\dfrac{a-2}{2}>-1$, $(a-2)^2-12>0 \iff a>2+2\sqrt{3}$

(3) (2)の 2 つの解を α, β $(\alpha<\beta)$ とおき, 判別式を D とすると

$\beta-\alpha=2 \iff \sqrt{D}=2$ (⇨数学Ⅱ・B 107 参考)

$\iff (a-2)^2-12=4 \iff a=-2, 6$

$a>2+2\sqrt{3}$ より, $a=\mathbf{6}$

(別解) $(\beta-\alpha)^2=4 \iff (\alpha+\beta)^2-4\alpha\beta=4$

ここで, $\alpha+\beta=a-2$, $\alpha\beta=3$ だから, $(a-2)^2-12=4$

$a>2+2\sqrt{3}$ より $a=6$

> **ポイント** $y=f(x)$ と $y=f^{-1}(x)$ のグラフの凹凸が異なるとき, その交点は $y=f^{-1}(x)$ と $y=x$
> (または, $y=f(x)$ と $y=x$) の交点と考える

演習問題 40

関数 $f(x)=ax^2+bx+c$ $\left(a\neq 0, x>-\dfrac{b}{2a}\right)$ の逆関数を $f^{-1}(x)$ で表す. 次のものを求めよ.

(1) $f^{-1}(0)=\dfrac{4}{3}$, $f^{-1}(2)=2$, $f^{-1}(10)=3$ のとき a, b, c の値.

(2) a, b は(1)で求めた値とし, c の値だけ変化させるとき, $y=f(x)$ と $y=f^{-1}(x)$ のグラフが 1 点で接するような c の値.

70 第4章 極　限

基礎問

第4章 極　限

41 数列の極限（Ⅰ）

次の極限値を求めよ.

(1) $\displaystyle\lim_{n\to\infty}\frac{2n-1}{n+1}$

(2) $\displaystyle\lim_{n\to\infty}\frac{n(1+2+\cdots+n)}{1^2+2^2+\cdots+n^2}$

(3) $\displaystyle\lim_{n\to\infty}(\sqrt{n+1}-\sqrt{n-1})$

精講 $\displaystyle\lim_{n\to\infty}a_n$ を考えるときは, n をものすごく大きくした場合に式の値がどうなるかを調べればよいのですが, このとき, 次の4つの形は **不定形** とよばれる形で, このままでは極限値の存在すらはっきりしません.

① $\dfrac{\infty}{\infty}$　② $\dfrac{0}{0}$　③ $\infty-\infty$　④ $\infty\cdot 0$

そこで式を変形することによって, この状態から抜け出すことを考えます. この作業を **不定形の解消** といいますが, 入試にでてくる数列の極限はほとんどこの形に限られています.

そして, 最終的に使われる公式は $\displaystyle\lim_{n\to\infty}\frac{定数}{n}=0$ ですが, 不定形を解消するための作業の内容は問題によって異なります. その作業をマスターすることがこの基礎問のテーマです.

解　答

(1) $\displaystyle\lim_{n\to\infty}\frac{2n-1}{n+1}$　　　　◀ $\dfrac{\infty}{\infty}$ の不定形

$=\displaystyle\lim_{n\to\infty}\frac{2-\dfrac{1}{n}}{1+\dfrac{1}{n}}=2$　　　◀ $\displaystyle\lim_{n\to\infty}\frac{1}{n}=0$

(2) $1+2+\cdots+n=\dfrac{1}{2}n(n+1)$　　◀数学Ⅱ・B **117**

$$1^2+2^2+\cdots+n^2=\frac{1}{6}n(n+1)(2n+1)$$

◀数学Ⅱ・B **117**

$$\therefore \quad 与式=\lim_{n\to\infty}\frac{\frac{1}{2}n^2(n+1)}{\frac{1}{6}n(n+1)(2n+1)}=\lim_{n\to\infty}\frac{3n}{2n+1}$$

◀$\dfrac{\infty}{\infty}$ の不定形

$$=\lim_{n\to\infty}\frac{3}{2+\frac{1}{n}}=\frac{3}{2}$$

◀$\displaystyle\lim_{n\to\infty}\frac{1}{n}=0$

注 「…」がついた状態で **極限値を求めようとしてはいけません.**
まず,**和の計算を実行**します.

(3) $\sqrt{n+1}-\sqrt{n-1}$

◀$\infty-\infty$ の不定形

$$=\frac{(\sqrt{n+1}-\sqrt{n-1})(\sqrt{n+1}+\sqrt{n-1})}{\sqrt{n+1}+\sqrt{n-1}}$$

$$=\frac{2}{\sqrt{n+1}+\sqrt{n-1}}$$

◀和の形にもちこむ

$$\therefore \quad \lim_{n\to\infty}(\sqrt{n+1}-\sqrt{n-1})$$

$$=\lim_{n\to\infty}\frac{2}{\sqrt{n+1}+\sqrt{n-1}}=0$$

◀$\sqrt{\infty}$ も ∞ である

注 ∞＋ 定数, ∞－ 定数 は, いずれも ∞ です.

第4章

◑ ポイント

① $\dfrac{\infty}{\infty}$, $\dfrac{0}{0}$, $\infty-\infty$, $\infty\cdot0$ は不定形

② $\displaystyle\lim_{n\to\infty}\frac{定数}{n}=0$

注 ②の形にするときは,分母の最大次数の項で分子,分母をわります.

演習問題 41

次の極限値を求めよ.

(1) $\displaystyle\lim_{n\to\infty}n\left(\frac{2}{n}+\frac{1}{n+1}\right)$ (2) $\displaystyle\lim_{n\to\infty}\frac{1^3+2^3+\cdots+n^3}{n^4}$

(3) $\displaystyle\lim_{n\to\infty}(\sqrt{n+\sqrt{n}}-\sqrt{n-\sqrt{n}})$

42 数列の極限（Ⅱ）（無限等比数列）

第 n 項が $\dfrac{r^{n+1}}{1+r^n}$ $(r \neq -1)$ で表される数列の収束，発散を次の各場合について調べよ．

(1) $r=1$ (2) $-1<r<1$ (3) $r>1$ (4) $r<-1$

等比数列 $\{r^n\}$ の極限，すなわち，$\displaystyle\lim_{n\to\infty} r^n$ は，r の値によって次のようになります．

$$\lim_{n\to\infty} r^n = \begin{cases} \text{極限値 } 0 \ (-1<r<1) \\ \text{極限値 } 1 \ (r=1) \end{cases} \cdots\cdots \text{収束} \\ \begin{cases} +\infty \quad\quad\quad (r>1) \\ \text{振動する} \ (r\leqq -1) \end{cases} \cdots\cdots \text{発散}$$

この基礎問は誘導がついていますが，このことを頭に入れておけば，自力で場合分けをすることができます．

しかし，この問題は式が分数の形をしていますから，$\displaystyle\lim_{n\to\infty} r^n$, $\displaystyle\lim_{n\to\infty} r^{n+1}$ を求めたとしても不定形になる可能性があります．

解答

$a_n = \dfrac{r^{n+1}}{1+r^n}$ $(r \neq -1)$ とおく．

(1) $r=1$ のとき，$a_n = \dfrac{1}{2}$

    $\therefore \ \displaystyle\lim_{n\to\infty} a_n = \dfrac{1}{2}$ （収束）

(2) $-1<r<1$ のとき，$\displaystyle\lim_{n\to\infty} r^n = \lim_{n\to\infty} r^{n+1} = 0$ だから，

    $\displaystyle\lim_{n\to\infty} a_n = 0$ （収束）   ◀ $\dfrac{0}{0 \text{ 以外の定数}}$ は 0

(3) $r>1$ のとき，$a_n = \dfrac{r}{\left(\dfrac{1}{r}\right)^n + 1}$ ◀ 分子，分母を r^n でわっておく

    $0 < \dfrac{1}{r} < 1$ だから，$\displaystyle\lim_{n\to\infty} \left(\dfrac{1}{r}\right)^n = 0$

$$\therefore \lim_{n\to\infty} a_n = r \quad (収束)$$

注 $r>1$ のとき，$\lim_{n\to\infty} r^n$ は発散しますが，逆数をつくれば $0<\dfrac{1}{r}<1$ となり，$\lim_{n\to\infty}\left(\dfrac{1}{r}\right)^n=0$ と収束させることができます．次の(4)も同じ要領です．

(4) $r<-1$ のとき，$a_n = \dfrac{r}{\left(\dfrac{1}{r}\right)^n + 1}$

$-1 < \dfrac{1}{r} < 0$ だから，$\lim_{n\to\infty}\left(\dfrac{1}{r}\right)^n = 0$

$$\therefore \lim_{n\to\infty} a_n = r \quad (収束)$$

注 極限を求める問題の解答をかくとき，うかつに lim 記号を分配してはいけません．
極限が $\lim_{n\to\infty}(a_n+b_n) = \lim_{n\to\infty} a_n + \lim_{n\to\infty} b_n$ となるのは

$$\lim_{n\to\infty} a_n = \alpha, \ \lim_{n\to\infty} b_n = \beta \ (\alpha, \beta：定数)\ の形のとき$$

すなわち，**数列 $\{a_n\}$ と数列 $\{b_n\}$ がともに収束するとき** です．だから，解答のように各項が収束していることを先に示さなければなりません．

 ポイント

- $\lim_{n\to\infty} r^n = \begin{cases} 極限値\ 0\ (-1<r<1) \\ 極限値\ 1\ (r=1) \\ +\infty \quad (r>1) \\ 振動する\ (r \leqq -1) \end{cases}$ 収束／発散

- うかつに lim 記号を分配しない

演習問題 42

第 n 項が $\dfrac{r^{2n+1}+1}{r^{2n}+1}$ で表される数列の収束，発散を調べよ．

43 漸化式と極限

$a_1 = 1$, $a_{n+1} = \dfrac{1}{3}a_n + 1$ $(n = 1, 2, 3, \cdots)$ で定まる数列 $\{a_n\}$ について，次の問いに答えよ．
(1) 一般項 a_n を求めよ．
(2) 数列 $\{a_n\}$ の極限値を求めよ．

(1) $a_{n+1} = \dfrac{1}{3}a_n + 1$ から，一般項 a_n を求める方法は数学Ⅱ・B **123** で説明してありますが，このように極限の問題を解くためには，数列の知識が不可欠です．忘れていることがあれば，その都度，再確認することが大切です．

$a_{n+1} = pa_n + q$ 型 $(p \neq 1)$ の漸化式では，数列 $\{a_n - \alpha\}$ (α は $x = px + q$ の解) が等比数列になります．だから，**42** の考え方を利用します．

解　答

(1) $a_{n+1} = \dfrac{1}{3}a_n + 1$

　　$\Longleftrightarrow a_{n+1} - \dfrac{3}{2} = \dfrac{1}{3}\left(a_n - \dfrac{3}{2}\right)$ ◀ $x = \dfrac{1}{3}x + 1$ を解くと $x = \dfrac{3}{2}$

$a_1 - \dfrac{3}{2} = 1 - \dfrac{3}{2} = -\dfrac{1}{2}$ より，数列 $\left\{a_n - \dfrac{3}{2}\right\}$ は，

初項 $-\dfrac{1}{2}$，公比 $\dfrac{1}{3}$ の等比数列だから，

$a_n - \dfrac{3}{2} = -\dfrac{1}{2}\left(\dfrac{1}{3}\right)^{n-1}$ ◀ 数学Ⅱ・B **114**

$\therefore\ a_n = \dfrac{3}{2} - \dfrac{1}{2}\left(\dfrac{1}{3}\right)^{n-1}$

(2) $\displaystyle\lim_{n\to\infty}\left(\dfrac{1}{3}\right)^{n-1} = 0$ だから，$\displaystyle\lim_{n\to\infty} a_n = \dfrac{3}{2}$

 (2)の極限値 $\dfrac{3}{2}$ は，(1)で使った方程式 $x = \dfrac{1}{3}x + 1$ の解になっています．これは偶然なのでしょうか？

このことを考えてみましょう.

まず，関数 $f(x) = \dfrac{1}{3}x + 1$ を用意すると，与えられた漸化式は $a_{n+1} = f(a_n)$ と表せます．そこで，横軸 x を a_n に，縦軸 y を a_{n+1} に名称変更してグラフにすると，図のようになります．

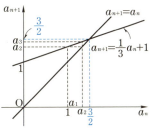

これは，ある項 a_n を横軸上にとると，次の項 a_{n+1} が縦軸上に表されることを示しています．

そこで，直線 $a_{n+1} = a_n$ $(y = x)$ を用意すると $a_n < \dfrac{3}{2}$ のとき，直線 $a_{n+1} = \dfrac{1}{3}a_n + 1$ は不等式 $a_{n+1} > a_n$ $(y > x)$ をみたす領域にあるので，数列 $\{a_n\}$ が増加することを示しています．

実際に $a_1 = 1$ から順にとっていけば，a_n は，2つの直線の交点 $\left(\dfrac{3}{2},\ \dfrac{3}{2}\right)$ の x 座標 $\dfrac{3}{2}$ に近づいていくことが読み取れます．

だから，(2)の結果は，偶然ではないということです.

> **ポイント**
>
> $-1 < r < 1$ のとき，$\displaystyle\lim_{n \to \infty} r^{n-1} = 0$

演習問題 43

$a_1 = 0,\ a_2 = 1,\ a_{n+2} = \dfrac{1}{4}(a_{n+1} + 3a_n)$ $(n = 1,\ 2,\ 3,\ \cdots)$ で定義される数列 $\{a_n\}$ について，次の問いに答えよ．

(1) $b_n = a_{n+1} - a_n$ $(n = 1,\ 2,\ 3,\ \cdots)$ とおくとき，数列 $\{b_n\}$ を，n を用いて表せ．

(2) 数列 $\{a_n\}$ の一般項 a_n を n を用いて表せ．

(3) 極限値 $\displaystyle\lim_{n \to \infty} a_n$ を求めよ．

44 はさみうちの原理（Ⅰ）

次の問いに答えよ．
(1) すべての自然数 n に対して，$2^n > n$ を示せ．
(2) 数列の和 $S_n = \sum_{k=1}^{n} k\left(\dfrac{1}{4}\right)^{k-1}$ を n で表せ．
(3) $\displaystyle\lim_{n\to\infty} S_n$ を求めよ．

精講

(1) 考え方は2つあります．
　Ⅰ．(整数)^n を整式につなげたいとき，2項定理を考えます．
　　　　　　　　　　　　　　　　　　　　　　　（数学Ⅱ・B 4）
　Ⅱ．自然数に関する命題の証明は帰納法．（数学Ⅱ・B 136）

(2) ∑計算では重要なタイプです．（数学Ⅱ・B 120）
　$S = \sum(k\text{の1次式})r^{k+c}$ $(r \neq 1)$ は $S - rS$ を計算します．

(3) 極限が直接求めにくいとき，「**はさみうちの原理**」という考え方を用います．
$$b_n \leqq a_n \leqq c_n \text{ のとき}$$
$$\lim_{n\to\infty} b_n = \lim_{n\to\infty} c_n = \alpha \text{ ならば } \lim_{n\to\infty} a_n = \alpha$$

　この考え方を使う問題は，ほとんどの場合，設問の文章にある特徴があります．（⇨ポイント）

解　答

(1) **（解Ⅰ）**（2項定理を使って示す方法）
　$(x+1)^n = \sum_{k=0}^{n} {}_n\mathrm{C}_k x^k$ に $x=1$ を代入すると
　$2^n = {}_n\mathrm{C}_0 + {}_n\mathrm{C}_1 + {}_n\mathrm{C}_2 + \cdots + {}_n\mathrm{C}_n$
　$n \geqq 1$ だから，$2^n \geqq {}_n\mathrm{C}_0 + {}_n\mathrm{C}_1 = 1 + n > n$
　　∴ $2^n > n$

（解Ⅱ）（数学的帰納法を使って示す方法）
　$2^n > n$ ……①
(i) $n=1$ のとき
　　左辺＝2，右辺＝1 だから，①は成りたつ．

77

(ii) $n=k$ ($k \geqq 1$) のとき, $2^k > k$ と仮定する.

両辺に 2 をかけて, $2^{k+1} > 2k$

ここで, $2k-(k+1)=k-1 \geqq 0$ ($k \geqq 1$ より)

$\therefore$ $2^{k+1} > 2k \geqq k+1$ すなわち, $2^{k+1} > k+1$

よって, $n=k+1$ のとき, ①は成りたつ.

(i), (ii)より, すべての自然数 n について, $2^n > n$ は成りたつ.

(2) $S_n = \dfrac{1}{4^0} + \dfrac{2}{4^1} + \cdots + \dfrac{n}{4^{n-1}}$ $\qquad \cdots\cdots$②

$\dfrac{1}{4}S_n = \qquad \dfrac{1}{4^1} + \cdots + \dfrac{n-1}{4^{n-1}} + \dfrac{n}{4^n}$ $\qquad \cdots\cdots$③

②－③より

$\dfrac{3}{4}S_n = \dfrac{1}{4^0} + \dfrac{1}{4^1} + \cdots + \dfrac{1}{4^{n-1}} - \dfrac{n}{4^n} \Longleftrightarrow \dfrac{3}{4}S_n = \dfrac{1-\left(\dfrac{1}{4}\right)^n}{1-\dfrac{1}{4}} - \dfrac{n}{4^n}$

$\therefore$ $S_n = \dfrac{16}{9}\left\{1 - \left(\dfrac{1}{4}\right)^n\right\} - \dfrac{n}{3 \cdot 4^{n-1}}$

(3) (1)より $2^n > n$ だから, $(2^n)^2 > n^2$

$\therefore$ $4^n > n^2 \Longleftrightarrow 0 < \dfrac{1}{4^n} < \dfrac{1}{n^2} \Longleftrightarrow 0 < \dfrac{n}{4^{n-1}} < \dfrac{4}{n}$

$\displaystyle\lim_{n \to \infty} \dfrac{4}{n} = 0$ だから, はさみうちの原理より $\displaystyle\lim_{n \to \infty} \dfrac{n}{4^{n-1}} = 0$

さらに, $\displaystyle\lim_{n \to \infty}\left(\dfrac{1}{4}\right)^n = 0$ より $\displaystyle\lim_{n \to \infty} S_n = \dfrac{16}{9}$

第4章

ポイント 　極限を求める問題の前に不等式の証明があれば,
はさみうちの原理を想定する

演習問題 44

次の問いに答えよ.

(1) すべての自然数 n について, 不等式 $3^n > n^2$ が成りたつことを数学的帰納法を用いて証明せよ.

(2) $S_n = \displaystyle\sum_{k=1}^{n} \dfrac{k}{3^k}$ ($n=1, 2, \cdots$) とおく. このとき,

$\dfrac{2}{3}S_n = \displaystyle\sum_{k=1}^{n} \dfrac{1}{3^k} - \dfrac{n}{3^{n+1}}$ が成りたつことを示せ.

(3) $\displaystyle\lim_{n \to \infty} S_n$ を求めよ.

45 はさみうちの原理（Ⅱ）

数列 $\{a_n\}$ は $0<a_1<3$, $a_{n+1}=1+\sqrt{1+a_n}$ $(n=1, 2, 3, \cdots)$ をみたすものとする．このとき，次の(1), (2), (3)を示せ．

(1) $n=1, 2, 3, \cdots$ に対して，$0<a_n<3$

(2) $n=1, 2, 3, \cdots$ に対して，$3-a_n \leqq \left(\dfrac{1}{3}\right)^{n-1}(3-a_1)$

(3) $\lim\limits_{n\to\infty} a_n = 3$

精講

(1) 漸化式から一般項を求めないで数列の性質を知りたいとき，まず，**帰納法**と考えて間違いありません．

(2) これも(1)と同様に帰納法で示すこともできますが，「≦」→「＝」としてみると，等比数列の一般項の公式の形になっています．

(3) のポイントの形になっています．臭いプンプンというところでしょう．

解 答

(1) $0<a_n<3$ ……① を帰納法で示す．

(ⅰ) $n=1$ のとき，条件より $0<a_1<3$ だから，①は成りたつ．

(ⅱ) $n=k$ $(k\geqq 1)$ のとき，$0<a_k<3$ と仮定すると，$1<a_k+1<4$

∴ $1<\sqrt{1+a_k}<2 \iff 2<1+\sqrt{1+a_k}<3$
$\iff 2<a_{k+1}<3$

よって，$0<a_{k+1}<3$ が成りたつ．

(ⅰ), (ⅱ)より，すべての自然数 n について，①は成りたつ．

(2) $a_{n+1}=1+\sqrt{1+a_n} \iff 3-a_{n+1}=2-\sqrt{1+a_n}$ ◀まず，左辺に $3-a_{n+1}$ をつくると

右辺 $=\dfrac{(2-\sqrt{1+a_n})(2+\sqrt{1+a_n})}{2+\sqrt{1+a_n}} = \dfrac{3-a_n}{2+\sqrt{1+a_n}}$ ◀右辺にも $3-a_n$ がでてくる

(1)より　$1<\sqrt{1+a_n}<2 \iff 3<2+\sqrt{1+a_n}<4$

$\iff \dfrac{1}{4} < \dfrac{1}{2+\sqrt{1+a_n}} < \dfrac{1}{3}$

$3-a_n>0$ だから，$\dfrac{3-a_n}{2+\sqrt{1+a_n}} < \dfrac{1}{3}(3-a_n)$

∴ $3-a_{n+1} < \dfrac{1}{3}(3-a_n)$

よって，$n \geqq 2$ のとき，
$$3-a_n < \frac{1}{3}(3-a_{n-1}) < \left(\frac{1}{3}\right)^2(3-a_{n-2}) < \cdots < \left(\frac{1}{3}\right)^{n-1}(3-a_1)$$

$n=1$ のときも考えて，　$3-a_n \leqq \left(\frac{1}{3}\right)^{n-1}(3-a_1)$

(3) (1), (2)より　　$0 < 3-a_n \leqq \left(\frac{1}{3}\right)^{n-1}(3-a_1)$

ここで，$\lim_{n \to \infty}\left\{\left(\frac{1}{3}\right)^{n-1}(3-a_1)\right\}=0$ だから，　◀42

はさみうちの原理より　　$\lim_{n \to \infty}(3-a_n)=0$　　∴　$\lim_{n \to \infty}a_n=3$

参考　43 でグラフを利用して数列の極限を考えました．今回は，38 の復習も兼ねて，グラフで考えてみます．
$y=f(x)=1+\sqrt{1+x}$ と $y=x$ のグラフをかき，a_1 を $0<x<3$ をみたすようにとれば，a_2, a_3, …と，どんどん 3 に近づいていく様子が読み取れるはずです．

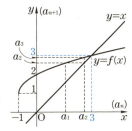

ポイント　一般項が求まらない数列 $\{a_n\}$ に対しても $\lim_{n \to \infty}a_n$ は，次の手順で求めることができる
① a_n のとりうる値の範囲をおさえる
② $\lim_{n \to \infty}a_n(=\alpha)$ を予想する
③ $|a_{n+1}-\alpha| \leqq k|a_n-\alpha|$ $(0<k<1)$ の形に変形して，はさみうち

演習問題 45

$x_1 > \sqrt{2}$，$x_{n+1} = \dfrac{x_n^2 + 2}{2x_n}$ $(n=1, 2, \cdots)$ で表される数列 $\{x_n\}$ について，次の(1), (2), (3)を示せ．

(1) $\sqrt{2} < x_{n+1} < x_n$　　(2) $x_{n+1} - \sqrt{2} < \dfrac{1}{2}(x_n - \sqrt{2})$

(3) $\lim_{n \to \infty} x_n = \sqrt{2}$

46 無限級数

次の無限級数の和を求めよ．

(1) $\dfrac{1}{1\cdot 3}+\dfrac{1}{2\cdot 4}+\dfrac{1}{3\cdot 5}+\cdots$

(2) $\dfrac{3+4}{5}+\dfrac{3^2+4^2}{5^2}+\cdots+\dfrac{3^n+4^n}{5^n}+\cdots$

精講

42 で勉強したのは「無限数列」で，この基礎問で勉強するのは「無限級数」です．

① 無限数列と無限級数の違い

無限数列とは読んで字のごとく，無限に続いている数列，すなわち，$a_1, a_2, \cdots, a_n, \cdots$ のことです．

無限級数とは，無限数列の各項を＋記号でつないだもの，すなわち，$a_1+a_2+\cdots+a_n+\cdots$ のことです．

② 無限級数について

ところで，数列の項を「全部たす」とはいっても，無限にあるので実際はそんなことはできません．そこで次のように約束します．

$S_n = a_1+a_2+\cdots+a_n$ とおくとき，

$\lim\limits_{n\to\infty} S_n = \alpha$ ならば，

$$a_1+a_2+\cdots+a_n+\cdots = \alpha$$

◀この α を無限級数の和という

ここで，S_n は「第 n 部分和」，あるいは単に「部分和」とよばれます．（早い話が数列の和ですが…）

また，$a_1+a_2+\cdots+a_n+\cdots$ は記号 $\sum$ を用いて，$\lim\limits_{n\to\infty}\sum\limits_{k=1}^{n} a_k$ または $\sum\limits_{n=1}^{\infty} a_n$ とかかれることもあります．

③ ②からわかるように無限級数の和がほしければ，部分和 S_n を求めて，$\lim\limits_{n\to\infty} S_n$ を計算すればよいのですが，数列が $-1<r<1$ の等比数列のときは，部分和 S_n を求めなくとも公式で和を求めることができます（⇨ポイント）．

この基礎問では，(2)が無限等比級数です．

解答

(1) 一般項は，$\dfrac{1}{n(n+2)} = \dfrac{1}{2}\left(\dfrac{1}{n}-\dfrac{1}{n+2}\right)$

◀数学Ⅱ・B 119

$$\therefore \sum_{n=1}^{\infty}\frac{1}{n(n+2)}=\frac{1}{2}\sum_{n=1}^{\infty}\left(\frac{1}{n}-\frac{1}{n+2}\right)=\frac{1}{2}\lim_{n\to\infty}\sum_{k=1}^{n}\left(\frac{1}{k}-\frac{1}{k+2}\right)$$

ここで，$\sum_{k=1}^{n}\left(\dfrac{1}{k}-\dfrac{1}{k+2}\right)=\left(1-\dfrac{1}{3}\right)+\left(\dfrac{1}{2}-\dfrac{1}{4}\right)+\left(\dfrac{1}{3}-\dfrac{1}{5}\right)+\cdots$

$$\cdots+\left(\frac{1}{n-1}-\frac{1}{n+1}\right)+\left(\frac{1}{n}-\frac{1}{n+2}\right)$$

$$=1+\frac{1}{2}-\frac{1}{n+1}-\frac{1}{n+2}$$

よって，$\displaystyle\sum_{n=1}^{\infty}\frac{1}{n(n+2)}=\frac{1}{2}\lim_{n\to\infty}\left(\frac{3}{2}-\frac{1}{n+1}-\frac{1}{n+2}\right)=\frac{3}{4}$

(2) $\displaystyle\sum_{n=1}^{\infty}\frac{3^n+4^n}{5^n}=\sum_{n=1}^{\infty}\left\{\left(\frac{3}{5}\right)^n+\left(\frac{4}{5}\right)^n\right\}$ ◀各項は収束する

ここで，$\displaystyle\sum_{n=1}^{\infty}\left(\frac{3}{5}\right)^n$ は，初項 $\dfrac{3}{5}$，公比 $\dfrac{3}{5}$ の無限等比級数で，

$-1<$公比<1 をみたすので，収束し，その和は， ◀注2

$\dfrac{3}{5}\cdot\dfrac{1}{1-\dfrac{3}{5}}=\dfrac{3}{2}$ 　同様にして，$\displaystyle\sum_{n=1}^{\infty}\left(\frac{4}{5}\right)^n=\dfrac{4}{5}\cdot\dfrac{1}{1-\dfrac{4}{5}}=4$ ◀$\dfrac{a}{1-r}$

$$\therefore \sum_{n=1}^{\infty}\frac{3^n+4^n}{5^n}=\frac{3}{2}+4=\boldsymbol{\frac{11}{2}}$$

ポイント　初項 $a\,(\neq 0)$，公比 r の無限等比級数は，

$-1<r<1$ のとき収束し，その和は，$\dfrac{a}{1-r}$

注1　**42** によれば，無限等比数列の収束条件は，$-1<r\leqq 1$ ですから，無限等比級数の収束条件との微妙な違いに注意してください．

注2　$\displaystyle\sum_{n=1}^{\infty}$ は $\displaystyle\lim_{n\to\infty}\sum_{k=1}^{n}$ なので，**42** の**ポイント**にあるように，うかつに $\displaystyle\sum_{n=1}^{\infty}$ を分けてはいけません．もちろん，有限個の数 $\displaystyle\sum_{k=1}^{n}$ なら何のさしつかえもありません．

演習問題 46

無限級数 $\displaystyle\sum_{n=1}^{\infty}\left(\frac{2}{9n^2-1}+\frac{4}{9n^2-4}\right)$ の和を求めよ．

47 無限等比級数の図形への応用

xy 平面上に，2 直線 $l_1: y=x$ と $l_2: y=2x$ とがある．直線 l_1 上の点 $P_0(1, 1)$ を通り l_2 に垂直な直線と l_2 との交点を Q_0 とし，点 Q_0 を通り l_1 に垂直な直線と l_1 との交点を P_1 とする．

以下同様に，l_1 上の点 P_n を通り l_2 に垂直な直線と l_2 との交点を Q_n とし，Q_n を通り l_1 に垂直な直線と l_1 との交点を P_{n+1} として，直線 l_1 上の点 P_0, P_1, P_2, … および直線 l_2 上の点 Q_0, Q_1, Q_2, … を定め，$P_nQ_n=a_n$ $(n=0, 1, …)$ とおく．このとき，次の問いに答えよ．

(1) a_0 を求めよ．
(2) a_{n+1} を a_n で表せ．
(3) $\lim_{n\to\infty} \sum_{k=0}^{n} P_k Q_k$ を求めよ．

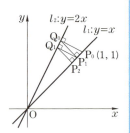

精講

「**以下同様に**」という文章がポイントです．この文章があるときは，**漸化式をつくる** ことになりますが，1つだけ**コツ**があります．それは，**初項を求めるための図とは別に，漸化式をつくるための図をかく**ことです．問題文の図を利用して(1)も(2)も解こうとすると，図がゴチャゴチャしてわかりにくくなります．

また，(3)は，$\lim \sum$ の形からもわかる通り，**無限級数の和** がテーマです．

(⇨ **46**)

解　答

(1) $P_0(1, 1)$ と直線 $2x-y=0$ の距離が a_0 だから，

$$a_0 = \frac{|2-1|}{\sqrt{2^2+(-1)^2}} = \frac{1}{\sqrt{5}}$$

(⇨数学Ⅱ・B **34**：点と直線の距離)

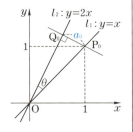

(2) $\angle P_nOQ_n = \theta$ とおくと，(1)より

$$\sin\theta = \frac{a_0}{OP_0} = \frac{1}{\sqrt{10}} \quad \left(0 < \theta < \frac{\pi}{2}\right)$$

次に，$\angle P_nQ_nP_{n+1} = \angle Q_nP_{n+1}Q_{n+1} = \theta$ より

$$\begin{cases} P_nQ_n \cos\theta = Q_nP_{n+1} \\ Q_nP_{n+1} \cos\theta = P_{n+1}Q_{n+1} \end{cases}$$ だから，

Q_nP_{n+1} を消去して

$$P_{n+1}Q_{n+1} = \cos^2\theta \cdot P_nQ_n$$

$$\therefore \quad a_{n+1} = \cos^2\theta \cdot a_n$$

$\cos^2\theta = 1 - \sin^2\theta = 1 - \dfrac{1}{10} = \dfrac{9}{10}$ より

$$a_{n+1} = \frac{9}{10}a_n$$

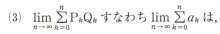

(3) $\displaystyle\lim_{n\to\infty}\sum_{k=0}^{n} P_kQ_k$ すなわち $\displaystyle\lim_{n\to\infty}\sum_{k=0}^{n} a_k$ は，

初項 $\dfrac{1}{\sqrt{5}}$，公比 $\dfrac{9}{10}$ の無限等比級数を表し（⇒ **46** ポイント）

$-1 < \dfrac{9}{10} < 1$ だから，収束して

その和は，$\dfrac{1}{\sqrt{5}} \cdot \dfrac{1}{1 - \dfrac{9}{10}} = 2\sqrt{5}$

○ ポイント　点列ができる図形の問題では，初項を求めるための図と漸化式をつくるための図の2つをかく

演習問題 47

点 P_n $(n=0, 1, 2, \cdots)$ を x 座標が $\dfrac{a}{2^n}$ $(a>0)$ である放物線 $y=x^2$ 上の点とする．2点 P_n と P_{n+1} を結ぶ線分と放物線によって囲まれる部分の面積を A_n とするとき，次の問いに答えよ．

(1) A_0 を a で表せ．

(2) A_n を n と a で表せ．

(3) $\displaystyle\sum_{n=0}^{\infty} A_n$ を a で表せ．

48 関数の極限（I）

次の極限値を求めよ．

(1) $\displaystyle\lim_{x\to 2}\left(\frac{3x+2}{x-2}+\frac{7x-46}{x^2-4}\right)$

(2) $\displaystyle\lim_{x\to 0}\frac{\sqrt{1+x}-\sqrt{1-x}}{x}$

(3) $\displaystyle\lim_{x\to -\infty}(x+1+\sqrt{x^2+1})$

関数の極限は数学 II・B において学習済みですが，II では，微分係数や導関数を定義するために必要な程度にレベルを止めてあります．
III では，極限を求めることが最終目的ですから，扱いも本格的になります．しかし，必要な能力は数学 II・B 80，数学 III 41（数列の極限 I）で学んだ
「不定形の解消」
です．

関数の種類が増える分だけ手間はかかりますが，時間をかけて，確実に自分のものにしておいてほしい分野です．この**基礎問**では，(1), (2)は必ずできなければならない問題です．(3)は盲点をついた問題です．一度経験しておくとよい形です．

解　答

(1) $\dfrac{3x+2}{x-2}+\dfrac{7x-46}{x^2-4}=3+\dfrac{8}{x-2}+\dfrac{7x-46}{x^2-4}$ ◀このままでは $\infty-\infty$ の不定形

$=3+\dfrac{8(x+2)+7x-46}{(x+2)(x-2)}=3+\dfrac{15(x-2)}{(x+2)(x-2)}$ ◀分母を 0 にする因数 $x-2$ を約分で除く

∴ 与式$=\displaystyle\lim_{x\to 2}\left(3+\dfrac{15}{x+2}\right)=\dfrac{27}{4}$

(2) $\dfrac{\sqrt{1+x}-\sqrt{1-x}}{x}=\dfrac{(\sqrt{1+x}-\sqrt{1-x})(\sqrt{1+x}+\sqrt{1-x})}{x(\sqrt{1+x}+\sqrt{1-x})}$

$=\dfrac{2x}{x(\sqrt{1+x}+\sqrt{1-x})}$

∴ 与式$=\displaystyle\lim_{x\to 0}\dfrac{2}{\sqrt{1+x}+\sqrt{1-x}}=1$

注 与えられた式の状態は $\dfrac{0}{0}$ の不定形です．

(3) $x=-t$ とおくと，$x\to-\infty$ のとき $t\to\infty$ ◀ポイント!!

このとき，$x+1+\sqrt{x^2+1}=\sqrt{t^2+1}+1-t$

∴ 与式 $=\displaystyle\lim_{t\to\infty}(\sqrt{t^2+1}+1-t)$　　　◀$\infty-\infty$ の不定形

$=\displaystyle\lim_{t\to\infty}\dfrac{(\sqrt{t^2+1}+1-t)\{\sqrt{t^2+1}-(1-t)\}}{\sqrt{t^2+1}-(1-t)}$

$=\displaystyle\lim_{t\to\infty}\dfrac{(t^2+1)-(1-t)^2}{\sqrt{t^2+1}-1+t}=\lim_{t\to\infty}\dfrac{2t}{\sqrt{t^2+1}-1+t}$

$=\displaystyle\lim_{t\to\infty}\dfrac{2}{\sqrt{1+\dfrac{1}{t^2}}-\dfrac{1}{t}+1}=1$

参考 なぜ，$x=-t$ とおきかえるのでしょうか？
それは，次の 誤答 をみれば一目瞭然です．

$\displaystyle\lim_{x\to-\infty}(x+1+\sqrt{x^2+1})=\lim_{x\to-\infty}\dfrac{(x+1+\sqrt{x^2+1})(x+1-\sqrt{x^2+1})}{x+1-\sqrt{x^2+1}}$

$=\displaystyle\lim_{x\to-\infty}\dfrac{(x+1)^2-(x^2+1)}{x+1-\sqrt{x^2+1}}=\lim_{x\to-\infty}\dfrac{2}{\dfrac{x+1}{x}-\dfrac{\sqrt{x^2+1}}{x}}$

$=\displaystyle\lim_{x\to-\infty}\dfrac{2}{1+\dfrac{1}{x}-\sqrt{1+\dfrac{1}{x^2}}}=-\infty$ 　ここが「＋」にならないといけないのですが，気がつくとは思えません．実は「$x\to-\infty$」より $x<0$ と考えてよいので，

$-\dfrac{\sqrt{x^2+1}}{x}=\left(-\dfrac{1}{x}\right)\sqrt{x^2+1}=+\sqrt{1+\dfrac{1}{x^2}}$

としなければならないのです．

ポイント　$x\to-\infty$ のとき，$x=-t$ とおきかえて
$t\to\infty$ にきりかえる

演習問題 48

次の極限値を求めよ．

(1) $\displaystyle\lim_{x\to 1}\dfrac{\sqrt{x}-1}{x-1}$　　　(2) $\displaystyle\lim_{x\to-\infty}(\sqrt{x^2+2x+4}+x+1)$

第4章

49 関数の極限（Ⅱ）

次の式をみたす a, b の値を求めよ．

(1) $\displaystyle\lim_{x\to 2}\dfrac{a\sqrt{x^2+2x+8}+b}{x-2}=\dfrac{3}{4}$

(2) $\displaystyle\lim_{x\to\infty}\{\sqrt{x^2-2x+4}-(ax+b)\}=0$

このタイプも数学Ⅱ・B 81 で学習済みですが，ポイントになる考え方は，**不定形は「極限値が存在しない」のではなく，「存在する可能性は残っている」**ということです．(1)では，

> $x\to 2$ のとき 分母 $\to 0$．このとき，「分子 $\to 0$ 以外の定数」ならば，極限は $\pm\infty$ となるので，$\dfrac{3}{4}$ にはならない．よって，極限値が $\dfrac{3}{4}$ になるとすれば，「分子 $\to 0$」となる以外に可能性は残されていない．

ただし，この考え方は必要条件になるので，最後に吟味（＝確かめ）を忘れないようにしなければなりません．

解答

(1) $\displaystyle\lim_{x\to 2}(x-2)=0$ だから，与式が成りたつためには，少なくとも，

$$\lim_{x\to 2}(a\sqrt{x^2+2x+8}+b)=0 \iff 4a+b=0$$

このとき，$a\sqrt{x^2+2x+8}+b=a\sqrt{x^2+2x+8}-4a$

$$=\dfrac{a(\sqrt{x^2+2x+8}-4)(\sqrt{x^2+2x+8}+4)}{\sqrt{x^2+2x+8}+4}$$

$$=\dfrac{a(x-2)(x+4)}{\sqrt{x^2+2x+8}+4}$$

∴ $\displaystyle\lim_{x\to 2}\dfrac{a\sqrt{x^2+2x+8}+b}{x-2}=\lim_{x\to 2}\dfrac{a(x+4)}{\sqrt{x^2+2x+8}+4}=\dfrac{3}{4}a$

∴ $a=1$, $b=-4$

このとき，$\displaystyle\lim_{x\to 2}\dfrac{\sqrt{x^2+2x+8}-4}{x-2}=\lim_{x\to 2}\dfrac{x+4}{\sqrt{x^2+2x+8}+4}=\dfrac{3}{4}$

となり確かに適する． ◀吟味

(2) $\lim_{x\to\infty}\sqrt{x^2-2x+4}=+\infty$ だから，与式が成りたつためには，少なくとも，$a>0$．このとき

$\lim_{x\to\infty}\{\sqrt{x^2-2x+4}-(ax+b)\}$

$=\lim_{x\to\infty}\dfrac{\{\sqrt{x^2-2x+4}-(ax+b)\}\{\sqrt{x^2-2x+4}+(ax+b)\}}{\sqrt{x^2-2x+4}+(ax+b)}$

$=\lim_{x\to\infty}\dfrac{(1-a^2)x^2-2(1+ab)x+4-b^2}{\sqrt{x^2-2x+4}+ax+b}$

$=\lim_{x\to\infty}\dfrac{(1-a^2)x-2(1+ab)+\dfrac{4-b^2}{x}}{\sqrt{1-\dfrac{2}{x}+\dfrac{4}{x^2}}+a+\dfrac{b}{x}}$ ……① ◀ $x\to+\infty$ より $x>0$ と考えてよい

この極限値が 0 になるので，$1-a^2=0$，$a>0$ より $a=1$

このとき， ①式 $=-(1+b)=0$ ∴ $b=-1$

逆に，$a=1$，$b=-1$ のとき，

与式の左辺 $=\lim_{x\to\infty}\dfrac{3}{\sqrt{x^2-2x+4}+x-1}=0$

となり確かに適する． ◀吟味

ポイント 不定形は，極限値が存在しないと決まっているのではなく，存在する可能性も残っている

参考 上の事実は，曲線 $y=\sqrt{x^2-2x+4}$ と直線 $y=x-1$ で，大きな x の値に対して「y の値はほぼ同じ」といっています．すなわち，$y=x-1$ は $y=\sqrt{x^2-2x+4}$ の漸近線です（図参照）．

◀ 3 双曲線

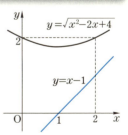

演習問題 49

$f(x)=ax^3+bx^2+cx$ は次の(i)，(ii)，(iii)の条件をみたす．

(i) $\lim_{x\to+\infty}\dfrac{f(x)-2x^3}{x^2}=1$ (ii) $\lim_{x\to 0}\dfrac{f(x)}{x}=-3$

(iii) $\lim_{x\to-1}\dfrac{f(x)+d}{x+1}=e$

このとき，a，b，c，d，e の値を求めよ．

基礎問

50 関数の極限（Ⅲ）

次の極限値を求めよ．

(1) $\displaystyle\lim_{x\to 0}\frac{\sin 2x}{x}$ 　　(2) $\displaystyle\lim_{x\to 0}\frac{1-\cos x}{x^2}$ 　　(3) $\displaystyle\lim_{x\to 0}\frac{1-\cos 2x}{x^2}$

(4) $\displaystyle\lim_{x\to 0}\frac{\sin 2x}{\tan 3x}$ 　　(5) $\displaystyle\lim_{x\to \pi}\frac{x-\pi}{\sin x}$ 　　(6) $\displaystyle\lim_{x\to \infty}\frac{\sin x}{x}$

三角関数が含まれた関数の極限は，角度 →0，角度 →∞ の2つの場合があり，それぞれ手段が異なります．

Ⅰ．角度 →0 のときは次の3つの公式を使いますが，この形で頭に入れるよりは，**ポイント**の形で頭に入れたほうが間違わずにすみ，応用もききます．

$$\lim_{\theta\to 0}\frac{\sin\theta}{\theta}=1,\quad \lim_{\theta\to 0}\frac{\tan\theta}{\theta}=1,\quad \lim_{\theta\to 0}\frac{1-\cos\theta}{\theta^2}=\frac{1}{2}$$

注 ① この公式における角度 θ は**弧度法**で表されたものでなければなりません．

② 2番目と3番目の公式は1番目の公式から導けますが，これらも覚えておきましょう！

Ⅱ．角度 →∞ のときは，**はさみうちの原理**を使います．

―――― 解　答 ――――

(1) $\displaystyle\lim_{x\to 0}\frac{\sin 2x}{x}=\lim_{x\to 0}\frac{\sin x}{x}\cdot 2\cos x=2$ 　　◀2倍角の公式　数学Ⅱ・B 55

（別解）（ポイントを見ると…）

$\displaystyle\lim_{x\to 0}\frac{\sin 2x}{x}=\lim_{2x\to 0}2\cdot\frac{\sin 2x}{2x}=2$ 　　◀$\displaystyle\lim_{\triangle\to 0}\frac{\sin\triangle}{\triangle}=1$

（$x\to 0$ のとき，$2x\to 0$ より）

(2) $\displaystyle\lim_{x\to 0}\frac{1-\cos x}{x^2}=\lim_{x\to 0}\frac{(1-\cos x)(1+\cos x)}{x^2(1+\cos x)}=\lim_{x\to 0}\frac{1-\cos^2 x}{x^2(1+\cos x)}$

$\displaystyle =\lim_{x\to 0}\left(\frac{\sin x}{x}\right)^2\cdot\frac{1}{1+\cos x}=\frac{1}{2}$

(3) $\displaystyle\lim_{x\to 0}\frac{1-\cos 2x}{x^2}=\lim_{x\to 0}\frac{2\sin^2 x}{x^2}$ 　　（$\cos 2x=1-2\sin^2 x$ より）

$$=\lim_{x\to 0}2\left(\frac{\sin x}{x}\right)^2=2$$

（別解）（ポイントを見ると…）

$$\lim_{x\to 0}\frac{1-\cos 2x}{x^2}=\lim_{2x\to 0}4\cdot\frac{1-\cos 2x}{(2x)^2}=2$$

◀ $\lim_{\triangle\to 0}\dfrac{1-\cos\triangle}{\triangle^2}=\dfrac{1}{2}$

(4) $\displaystyle\lim_{x\to 0}\frac{\sin 2x}{\tan 3x}=\lim_{x\to 0}\frac{\sin 2x}{2x}\cdot\frac{3x}{\tan 3x}\cdot\frac{2}{3}=\frac{2}{3}$

注 $\displaystyle\lim_{\theta\to 0}\frac{\theta}{\tan\theta}=\lim_{\theta\to 0}\frac{1}{\dfrac{\tan\theta}{\theta}}=1$ です. 同様に, $\displaystyle\lim_{\theta\to 0}\frac{\theta}{\sin\theta}=1$ です.

(5) $x-\pi=t$ とおくと, $x\to\pi$ のとき $t\to 0$

また, $\sin x=\sin(\pi+t)=-\sin t$

∴ $\displaystyle\lim_{x\to\pi}\frac{x-\pi}{\sin x}=\lim_{t\to 0}\frac{t}{-\sin t}=-\lim_{t\to 0}\frac{t}{\sin t}=-1$

注 $x-\pi=t$ とおく理由は「角度→0」とするためです. **精講** の公式をよくながめてください. すべて「**角度 → 0**」でなければ使えないのです. ということは, 分子を見ておきかえたのではなく「**$x\to\pi$**」を見ておきかえたということです.

(6) $-1\leq\sin x\leq 1$ だから, $x>0$ のとき, $-\dfrac{1}{x}\leq\dfrac{\sin x}{x}\leq\dfrac{1}{x}$

$\displaystyle\lim_{x\to\infty}\frac{1}{x}=0$ だから, はさみうちの原理より $\displaystyle\lim_{x\to\infty}\frac{\sin x}{x}=0$

🌙 **ポイント**

$$\lim_{\triangle\to 0}\frac{\sin\triangle}{\triangle}=1, \quad \lim_{\triangle\to 0}\frac{\tan\triangle}{\triangle}=1,$$

$$\lim_{\triangle\to 0}\frac{1-\cos\triangle}{\triangle^2}=\frac{1}{2}$$

（△のところは, すべて同じもので, ラジアン表示された角）

演習問題 50

$f(\theta)=a\cos^3\theta+b\cos^2\theta-12\cos\theta+5 \ (0<\theta<\pi)$ が

$\displaystyle\lim_{\theta\to\frac{\pi}{3}}\frac{f(\theta)}{\theta-\dfrac{\pi}{3}}=3\sqrt{3}$ をみたすとき, a, b の値を求めよ.

51 数列・関数の極限

数列 $\{a_n\}$ は，$a_1 = \dfrac{1}{2}$, $(n+2)a_{n+1} = na_n$ $(n=1, 2, \cdots)$ をみたしている．

(1) 一般項 a_n を n で表せ．

(2) $S_n = \sum\limits_{k=1}^{n} a_k$ を n で表せ．

(3) $\lim\limits_{n \to \infty} (S_n)^n$ を求めよ．ただし，$\lim\limits_{n \to \infty}\left(1+\dfrac{1}{n}\right)^n = e$ を用いてよい．

  典型的な極限の問題です．
(1)は数学Bの範囲ですが，漸化式のなかでは，難しいほうに入ります．（数学Ⅱ・Bの**基礎問**では扱っていません．）

そこで，次のパターンを覚えておくことになります．

〈$a_{n+1} = f(n)a_n$ ($f(n)$：分数式) 型漸化式の解き方〉

$\dfrac{a_{k+1}}{a_k} = f(k)$ として，k に $1, 2, \cdots, n-1$ を代入して辺々かける．（ただし，$n \geq 2$）

(3)のただしがきにある「$\lim\limits_{n \to \infty}\left(1+\dfrac{1}{n}\right)^n = e$」は受験生が正しく使えない公式の代表格ですが，大切な公式です．使い方にコツがあるので，**ポイント**をよくみてください．

解 答

(1) $(n+2)a_{n+1} = na_n$ より $\dfrac{a_{k+1}}{a_k} = \dfrac{k}{k+2}$

$k = 1, 2, \cdots, n-1$ を代入して，辺々かけると
$n \geq 2$ のとき，

$$\dfrac{a_2}{a_1} \cdot \dfrac{a_3}{a_2} \cdot \cdots \cdot \dfrac{a_n}{a_{n-1}} = \dfrac{1}{3} \cdot \dfrac{2}{4} \cdot \dfrac{3}{5} \cdot \cdots \cdot \dfrac{n-2}{n} \cdot \dfrac{n-1}{n+1}$$

◀ かけ終わり ≧ かけ初めより，$n-1 \geq 1$ これから，$n \geq 2$

◀ 辺々かける

∴ $\dfrac{a_n}{a_1} = \dfrac{2}{n(n+1)}$ よって，$a_n = \dfrac{1}{n(n+1)}$ $\left(a_1 = \dfrac{1}{2} \text{ より}\right)$

これは，$n=1$ のときも含むので，

$$a_n = \frac{1}{n(n+1)}$$

(**別解**)（かなり速いのですが，理解しにくいかもしれません）

$(n+2)a_{n+1} = na_n$ の両辺に $n+1$ をかけると，

$$(n+2)(n+1)a_{n+1} = (n+1)na_n$$

ゆえに，数列 $\{(n+1)na_n\}$ は，初項 $2 \cdot 1 \cdot a_1 = 1$，公比 1 の等比数列．

よって，$n(n+1)a_n = 1$ ∴ $a_n = \dfrac{1}{n(n+1)}$

(2) （⇨数学II・B 119）

$$S_n = \sum_{k=1}^{n} \frac{1}{k(k+1)} = \sum_{k=1}^{n}\left(\frac{1}{k} - \frac{1}{k+1}\right) = 1 - \frac{1}{n+1} = \boldsymbol{\frac{n}{n+1}}$$

(3) $(S_n)^n = \left(\dfrac{n}{n+1}\right)^n = \left(\dfrac{n+1}{n}\right)^{-n} = \left\{\left(1+\dfrac{1}{n}\right)^n\right\}^{-1}$

（⇨数学II・B 64：指数の計算）

∴ $\displaystyle\lim_{n\to\infty}(S_n)^n = \lim_{n\to\infty}\left\{\left(1+\frac{1}{n}\right)^n\right\}^{-1} = e^{-1} = \boldsymbol{\frac{1}{e}}$

(**別解**) $(S_n)^n = \left(1 - \dfrac{1}{n+1}\right)^n$ において，$-(n+1) = N$ とおくと，

$$(S_n)^n = \left(1+\frac{1}{N}\right)^{-N-1} = \left(1+\frac{1}{N}\right)^{-N}\left(1+\frac{1}{N}\right)^{-1} = \left\{\left(1+\frac{1}{N}\right)^N\right\}^{-1}\left(1+\frac{1}{N}\right)^{-1}$$

$n \to \infty$ のとき，$N \to -\infty$ だから，

$$\lim_{n\to\infty}(S_n)^n = \lim_{N\to -\infty}\left\{\left(1+\frac{1}{N}\right)^N\right\}^{-1}\left(1+\frac{1}{N}\right)^{-1} = e^{-1} = \frac{1}{e}$$

ポイント

$$\lim_{\triangle \to \pm\infty}\left(1+\frac{1}{\triangle}\right)^{\triangle} = e$$

（△はすべて同じもの）

注 この公式は「$\triangle \to \pm\infty$」で成りたちます．

次の極限値を求めよ．

(1) $\displaystyle\lim_{n\to\infty}\left(\frac{2n}{2n+1}\right)^n$ 　　(2) $\displaystyle\lim_{n\to\infty}\left(1+\frac{1}{2n}\right)^{3n}$

52 左側極限・右側極限

次の極限値を求めよ.

(1) (ア) $\lim_{x \to 1+0} \dfrac{|x^2-1|}{x-1}$ (イ) $\lim_{x \to 1-0} \dfrac{|x^2-1|}{x-1}$

(2) (ア) $\lim_{x \to 2+0} [x]$ (イ) $\lim_{x \to 2-0} [x]$

ただし，$[x]$ は x を超えない最大の整数を表す．

精講

(1) $\lim_{x \to a+0}$ は，x を右側から a に近づけるという意味で

$\lim_{x \to a-0}$ は，x を左側から a に近づける

という意味の記号です．$x=1$ の付近では,

$|x^2-1| = \begin{cases} (x+1)(x-1) & (x \geq 1) \\ -(x+1)(x-1) & (x < 1) \end{cases}$ ですから，$\lim_{x \to 1+0}$ のときと，$\lim_{x \to 1-0}$ のと

きで与えられた式の分子の式が異なります.

(2) $\lim_{x \to a}$ とは，x が a という値をとらないで，a に近づくことを表す記号です．だから，(ア)，(イ)とも，x に2を代入して $\lim_{x \to 2+0}[x] = \lim_{x \to 2-0}[x] = 2$ という答えは誤りです．

$[x]$ のイメージは小数点以下を切り捨てることでした．(⇨数学Ⅰ・A 96)
このことを念頭におくと，答えは自然と求まります.

解答

(1) $x=1$ の付近では,

$|x^2-1| = \begin{cases} x^2-1 & (x \geq 1) \\ -(x^2-1) & (x < 1) \end{cases}$

$= \begin{cases} (x+1)(x-1) & (x \geq 1) \\ -(x+1)(x-1) & (x < 1) \end{cases}$

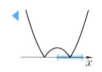

(ア) $\lim_{x \to 1+0} \dfrac{|x^2-1|}{x-1} = \lim_{x \to 1+0} \dfrac{(x+1)(x-1)}{x-1}$

$= \lim_{x \to 1+0} (x+1) = 2$

(イ) $\displaystyle\lim_{x \to 1-0} \frac{|x^2-1|}{x-1} = -\lim_{x \to 1-0} \frac{(x+1)(x-1)}{(x-1)}$
$= -\displaystyle\lim_{x \to 1-0}(x+1) = -2$

(2) (ア) $2 \leqq x < 3$ のとき，$[x] = 2$

よって，$\displaystyle\lim_{x \to 2+0}[x] = 2$

◀ x の小数点以下を切り捨てる

(イ) $1 \leqq x < 2$ のとき，$[x] = 1$

よって，$\displaystyle\lim_{x \to 2-0}[x] = 1$

Ⅰ. $n \leqq x < n+1$ (n：整数) のとき，$[x] = n$ です．
このことから，$f(x) = [x]$ のグラフは，右図のようになるので，上の結果は当然です．

また，$y = f(x)$ のグラフは $x = n$ でつながっていません．(⇨ 数学Ⅰ・A 96)

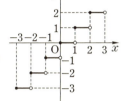

Ⅱ. $\displaystyle\lim_{x \to a+0} f(x) \neq \lim_{x \to a-0} f(x)$ のとき，

$\displaystyle\lim_{x \to a} f(x)$ は存在しません．

これがこの基礎問で学ぶべきことです．(⇨ ポイント)

ポイント

$\displaystyle\lim_{x \to a+0} f(x) = \lim_{x \to a-0} f(x) = p$ のとき，$\displaystyle\lim_{x \to a} f(x)$ は存在して $\displaystyle\lim_{x \to a} f(x) = p$

演習問題 52

$f(x) = [2x] - [x]$ とする．

ただし，$[x]$ は x を超えない最大の整数を表す．

(1) $\displaystyle\lim_{x \to 2+0} f(x)$，$\displaystyle\lim_{x \to 2-0} f(x)$ を求めよ．

(2) $\displaystyle\lim_{x \to 2} f(x)$ は存在するか．

(3) $\displaystyle\lim_{x \to \frac{3}{2}} f(x)$ は存在するか．

53 関数の連続（I）

> 関数 $f(x)$ を次のように定める．
> $$f(x)=\begin{cases} \dfrac{x^2+ax}{x-1} & (x<1) \\ [x] & (1\leqq x<2) \\ x^2+bx+a & (2\leqq x) \end{cases}$$
> ただし，$[x]$ は x を超えない最大の整数を表す．
> このとき，$f(x)$ がすべての x で連続となるような a, b を求めよ．

関数 $f(x)$ が $x=a$ で連続であるとは，
$$\lim_{x\to a}f(x)=f(a)$$
が成りたつこととして定義されますが，$\lim_{x\to 1}f(x)$ は，x が右から1に近づくときと，左から近づくときで **$f(x)$ の式が異なる**ので，52 で学習したように左側極限と右側極限が $f(1)$ に一致すると考えます．

解　答

$x\neq 1$, $x\neq 2$ のとき連続だから，$x=1,\ 2$ のときを考える．

i） $x=1$ における連続性

$f(1)=1$ であり，

$\lim_{x\to 1+0}f(x)=\lim_{x\to 1+0}[x]=1$ だから，$\lim_{x\to 1-0}f(x)=1$ であればよい．

$\lim_{x\to 1-0}f(x)=\lim_{x\to 1-0}\dfrac{x^2+ax}{x-1}=1$ となるためには，$\lim_{x\to 1-0}(x-1)=0$ だから

$$\lim_{x\to 1-0}(x^2+ax)=0$$　　　　　　　　　　　　◀49

であることが必要．

∴　$1+a=0$　　　よって，$a=-1$

このとき，$\lim_{x\to 1-0}f(x)=\lim_{x\to 1-0}\dfrac{x^2-x}{x-1}=\lim_{x\to 1-0}x=1$　　◀吟味が必要

となり，確かに適する．

ii) $x=2$ における連続性

$f(2)=4+2b+a=3+2b$ であり,

$\lim_{x \to 2+0} f(x) = \lim_{x \to 2+0} (x^2+bx-1) = 4+2b-1 = f(2)$ だから,

$\lim_{x \to 2-0} f(x) = 3+2b$

であればよい.

$\lim_{x \to 2-0} f(x) = \lim_{x \to 2-0} [x] = 1$ であるから,

$3+2b=1$

∴ $b=-1$

以上のことより, $a=-1$, $b=-1$

ポイント 関数 $f(x)$ が
$x=a$ で連続である $\iff \lim_{x \to a} f(x) = f(a)$

注 $y=[x]$ ($1 \leq x < 3$) のグラフは右図のようになるので, $\lim_{x \to 2-0}[x]=1$, $\lim_{x \to 2+0}[x]=2$ となって, $x=2$ で連続になっていません.

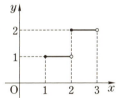

演習問題 53

(1) はさみうちの原理を用いて, $\lim_{x \to 0} x \sin \dfrac{1}{x} = 0$ を示せ.

(2) 関数 $f(x)$ を次のように定める.

$$f(x) = \begin{cases} a & (x=0) \\ x\sin\dfrac{1}{x} + \dfrac{1}{x}\sin x & (x \neq 0) \end{cases}$$

このとき, $f(x)$ が $x=0$ で連続となるような a の値を求めよ.

54 関数の連続（Ⅱ）

関数 $f(x) = \lim_{n \to \infty} \dfrac{ax^{2n-1} - x^2 + bx + c}{x^{2n} + 1}$ について，次の問いに答えよ．
ただし，$a > 0$ とする．
(1) x の範囲によって場合分けをして $f(x)$ を求めよ．
(2) $f(x)$ がすべての x で連続となるような a，b，c の条件を求めよ．

(1) 2つの極限値 $\lim_{n \to \infty} x^{2n-1}$，$\lim_{n \to \infty} x^{2n}$ がわかれば，$f(x)$ は求まります．実際は，$\lim_{n \to \infty} (x^2)^n$ がわかれば十分ですが，これは **42** の

にかいてある性質を使います．

(2) (1)で場合分けをしたときの境界以外では連続だから，継ぎ目の x での連続性だけを調べれば十分です．だから，**ポイント**にある連続の定義を使えば解決します．

解　答

(1) $\lim_{n \to \infty} (x^2)^n = \begin{cases} \infty & (x^2 > 1) \\ 1 & (x^2 = 1) \\ 0 & (0 \le x^2 < 1) \end{cases}$ だから　　◀ **42**

ⅰ) $x^2 > 1$，すなわち，$x < -1$，$1 < x$ のとき

$$f(x) = \lim_{n \to \infty} \dfrac{a - \dfrac{1}{x^{2n-3}} + \dfrac{b}{x^{2n-2}} + \dfrac{c}{x^{2n-1}}}{x + \dfrac{1}{x^{2n-1}}} = \dfrac{a}{x}$$

ⅱ) $x^2 = 1$，すなわち，$x = \pm 1$ のとき

$$f(1) = \dfrac{1}{2}(a - 1 + b + c) = \dfrac{1}{2}(a + b + c - 1)$$

$$f(-1) = \dfrac{1}{2}(-a - 1 - b + c) = \dfrac{1}{2}(-a - b + c - 1)$$

ⅲ) $0 \le x^2 < 1$，すなわち，$-1 < x < 1$ のとき

$$f(x) = \lim_{n \to \infty} \dfrac{ax^{2n-1} - x^2 + bx + c}{x^{2n} + 1}$$
$$= -x^2 + bx + c$$

まとめると

$$f(x)=\begin{cases} \dfrac{a}{x} & (x<-1,\ 1<x) \\[2mm] \dfrac{1}{2}(a+b+c-1) & (x=1) \\[2mm] \dfrac{1}{2}(-a-b+c-1) & (x=-1) \\[2mm] -x^2+bx+c & (-1<x<1) \end{cases}$$

(2) (1)より $x=-1$, $x=1$ で連続であればよい.

$x=-1$ で連続のとき

$$\lim_{x\to-1+0}f(x)=\lim_{x\to-1-0}f(x)=f(-1)$$

$$-1-b+c=-a=\frac{1}{2}(-a-b+c-1)$$

$$\therefore\quad 1+b-c=a=\frac{1}{2}(a+b-c+1)\quad\cdots\cdots①$$

$x=1$ で連続のとき

$$\lim_{x\to1+0}f(x)=\lim_{x\to1-0}f(x)=f(1)$$

$$a=-1+b+c=\frac{1}{2}(a+b+c-1)\quad\cdots\cdots②$$

①, ②より $a=b$, $c=1$

ポイント 関数 $f(x)$ が

$$x=a\ \text{で連続である}\ \Longleftrightarrow\ \lim_{x\to a}f(x)=f(a)$$

演習問題 54

関数 $f(x)=\displaystyle\lim_{n\to\infty}\dfrac{x^{2n}-x^{2n-1}+ax^2+bx}{x^{2n}+1}$ がすべての x で連続となるような定数 a, b の値を求めよ.

55 複素数列

次の式で定義される数列 $\{z_n\}$ ($n=1, 2, 3, \cdots$) の一般項 z_n と，$\sum_{k=1}^{n} z_k$ を n で表せ．

(1) $z_1 = 1$, $z_{n+1} = z_n + (1-i)$
(2) $z_1 = 1$, $z_{n+1} = (1+i)z_n$
(3) $z_1 = 0$, $z_{n+1} = (1-i)z_n + 1 + i$

形だけみると，(1)は数学Ⅱ・B 122 (1)と，(2)は同じく(2)と，(3)は数学Ⅱ・B 123 と同じです．係数が虚数になっても，四則演算の定義から，公式や考え方はそのまま使うことができます．

解 答

(1) 数列 $\{z_n\}$ は初項 1，公差 $1-i$ の等差数列だから

$z_n = z_1 + (n-1)(1-i)$ ◀等差数列の一般項の公式
$= 1 - (1-i) + (1-i)n$
$= \boldsymbol{i + (1-i)n}$

また，$\sum_{k=1}^{n} z_k = \dfrac{n}{2}(z_1 + z_n)$ ◀等差数列の和の公式

$= \dfrac{\boldsymbol{n}}{\boldsymbol{2}} \boldsymbol{\{1 + i + (1-i)n\}}$

(2) 数列 $\{z_n\}$ は初項 1，公比 $1+i$ の等比数列だから

$z_n = z_1 \cdot (1+i)^{n-1} = \boldsymbol{(1+i)^{n-1}}$ ◀等比数列の一般項の公式

また，公比 $\neq 1$ だから ◀等比数列の和の公式は，公比 $=1$，公比 $\neq 1$ で違う形をしている

$\sum_{k=1}^{n} z_k = \dfrac{1 - (1+i)^n}{1 - (1+i)}$

$= \dfrac{1 - (1+i)^n}{-i} = \dfrac{i\{1 - (1+i)^n\}}{-i^2}$

$= \boldsymbol{i\{1 - (1+i)^n\}}$ ◀$i^2 = -1$

(3) $z_{n+1} = (1-i)z_n + 1 + i$ ……① に対して，
$\alpha = (1-i)\alpha + 1 + i$ ……② をみたす α を
考えると ◀数学Ⅱ・B 123

$i\alpha = 1+i$　　∴　$\alpha = 1-i$　　◀両辺に $-i$ をかける

よって，①−②より
$$z_{n+1} - \alpha = (1-i)(z_n - \alpha)$$
∴　$z_n - \alpha = (z_1 - \alpha)(1-i)^{n-1}$
$$z_n = \alpha - \alpha(1-i)^{n-1}$$
$$= (1-i)\{1-(1-i)^{n-1}\}$$

また，$\displaystyle\sum_{k=1}^{n} z_k = (1-i)\sum_{k=1}^{n}\{1-(1-i)^{k-1}\}$
$$= (1-i)\left\{n - \frac{1-(1-i)^n}{1-(1-i)}\right\} = (1-i)\left\{n - \frac{1-(1-i)^n}{i}\right\}$$
$$= (1-i)n + (1-i)i\{1-(1-i)^n\}$$

 ポイント　各項が虚数の数列であっても，
一般項や和の求め方は，実数のときと同じ

参考　小学校以来，自然数，整数，有理数，無理数など，いくつかの数体系を学んできましたが，これらでは，つねに大小を考えることができました．このとき，数直線というアイテムを使って，「左側にある数<右側にある数」と考えました．下の例では，$-1.5 < 0 < \frac{1}{2} < \sqrt{2}$ です．

ところが，虚数 $x+yi$ ($y \neq 0$) は，座標平面上の点 (x, y) と対応しているので，$1+2i$ は点 $(1, 2)$ に，$2+i$ は点 $(2, 1)$ に対応していて，2点 $(1, 2)$，$(2, 1)$ に大小を考えたことはないので，虚数には大小が存在しないことになります．このことから，「$z^2 - (a-1)z - i = 0$ が実数解 z をもつ」といわれたとき，「$D = (a-1)^2 + 4i \geq 0$」とは**できない**のです．

演習問題 55

$z_1 = 1+i$, $z_{n+1} = iz_n + i$ ($n = 1, 2, 3, \cdots$) をみたす数列 $\{z_n\}$ の一般項 z_n を求めよ．

56 複素数列と極限

次の問いに答えよ．

(1) $w_1=1$, $w_{n+1}=\dfrac{1+i}{2}w_n$ $(n=1,\ 2,\ 3,\ \cdots\cdots)$ をみたす数列 $\{w_n\}$ について，w_n を n で表し，$n\to\infty$ のとき，w_n が近づく点を求めよ．

(2) $z_1=1+2i$, $z_{n+1}=\dfrac{1+i}{2}z_n+1+i$ $(n=1,\ 2,\ 3,\ \cdots)$ をみたす数列 $\{z_n\}$ について，z_n を n で表し，$n\to\infty$ のとき，z_n が近づく点を求めよ．

55 (2)と同じ形の漸化式なので，w_n はすぐに求まりますが，極限は実数と虚数で同じように考えてよいのでしょうか？

複素数 x_n+y_ni $(x_n,\ y_n:実数)$ は点 $(x_n,\ y_n)$ と対応していることから，$w_n=x_n+y_ni$ において，$x_n\to\alpha$, $y_n\to\beta$ $(n\to\infty)$ ならば，$w_n\to\alpha+\beta i$ $(n\to\infty)$ と考えられます．

だから，複素数列の漸化式は，$w_n=x_n+y_ni$ とおけば，2つの実数の数列 $\{x_n\}$, $\{y_n\}$ の極限を考えることと同じです．しかし，こうすると2つの数列 $\{x_n\}$, $\{y_n\}$ を考えることになり時間が2倍かかります．そこで，この**基礎問**を通して，$\{w_n\}$ のまま処理して，$n\to\infty$ のとき，w_n の近づく点を求めることを学びましょう．

解 答

(1) 数列 $\{w_n\}$ は，初項 1，公比 $\dfrac{1+i}{2}$ の等比数列だから，

$$w_n=1\cdot\left(\dfrac{1+i}{2}\right)^{n-1}=\left(\dfrac{1+i}{2}\right)^{n-1}$$

ここで，$\left|\dfrac{1+i}{2}\right|=\sqrt{\dfrac{1}{4}+\dfrac{1}{4}}=\dfrac{1}{\sqrt{2}}$ だから，$|w_n|=\left(\dfrac{1}{\sqrt{2}}\right)^{n-1}$

∴ $n\to\infty$ のとき，$|w_n|\to 0$

すなわち，$n\to\infty$ のとき w_n は**原点に近づく**．

 $\dfrac{1+i}{2}=\dfrac{1}{\sqrt{2}}\left(\cos\dfrac{\pi}{4}+i\sin\dfrac{\pi}{4}\right)$ より，

点 w_n を原点のまわりに $\frac{\pi}{4}$ 回転して $\frac{1}{\sqrt{2}}$ 倍に縮小した点が点 w_{n+1}. よって，右図のように，原点に近づいていくことになります．

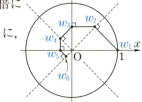

(2) $z_{n+1}=\frac{1+i}{2}z_n+1+i$ ……① に対して

$\alpha=\frac{1+i}{2}\alpha+1+i$ ……② をみたす α を考えると，

①－②より，$z_{n+1}-\alpha=\frac{1+i}{2}(z_n-\alpha)$ ……③

$\alpha=2i$ だから $z_n-2i=w_n$ とおくと，

$w_1=1$，$w_{n+1}=\frac{1+i}{2}w_n$

(1)より， $z_n=w_n+2i=2i+\left(\frac{1+i}{2}\right)^{n-1}$

また，$n\to\infty$ のとき，$w_n\to 0$ だから，$z_n\to 2i$

よって，z_n は**点 $2i$** に近づく．

 $P_n(z_n)$，$A(2i)$ とおくと，③は点 P_n を点Aのまわりに $\frac{\pi}{4}$ 回転して $\frac{1}{\sqrt{2}}$ 倍した点が P_{n+1} であることを示しています．

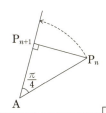

ポイント
① 数列 $\{w_n\}$ が漸化式 $w_{n+1}=\alpha w_n$，$|\alpha|<1$ をみたすとき，$\lim_{n\to\infty}w_n=0$

② 数列 $\{z_n\}$ が漸化式 $z_{n+1}=\alpha z_n+\beta$，$|\alpha|<1$ をみたすとき，$\lim_{n\to\infty}z_n=r$
ただし，r は $r=\alpha r+\beta$ をみたす

演習問題 56

$z_1=\frac{4-\sqrt{3}\,i}{3}$，$z_{n+1}=\frac{2+\sqrt{3}\,i}{3}z_n+1$ $(n=1,\ 2,\ 3,\ \cdots)$ をみたす数列 $\{z_n\}$ について，$\lim_{n\to\infty}z_n$ を求めよ．

基礎問

102 第5章 微 分 法

第5章 微 分 法

57 微分係数

---

(1) 関数 $f(x)$ が微分可能なとき，$x=a$ における微分係数 $f'(a)$ の定義をかけ.

(2) 関数 $f(x)$ は微分可能とする．a を定数として，

$$A=\lim_{h \to 0} \frac{f(a+2h)-f(a)}{h} \ \text{を} \ f'(a) \ \text{で表せ．}$$

精 講　数学Ⅱで，$f'(a)$ が「**関数 $f(x)$ の $x=a$ における微分係数**」とよばれることは学習済みです（数学Ⅱ・B **83** ▶参考 ）．定義の式は(1)の答えですから，**解答**を見てもらえばよいのですが，この式も**ポイント**の形で頭に入れておく方がよいでしょう．

解　答

(1) $f'(a)=\lim_{h \to 0} \dfrac{f(a+h)-f(a)}{h}$ または $\lim_{x \to a} \dfrac{f(x)-f(a)}{x-a}$

(2) $A=\lim_{2h \to 0} \dfrac{f(a+2h)-f(a)}{2h} \times 2 = 2f'(a)$ ◀ $h \to 0$ のとき $2h \to 0$

🔴 **ポイント**

$$f'(a)=\lim_{\triangle \to 0} \frac{f(a+\triangle)-f(a)}{\triangle}$$

（△はすべて同じもの）

演習問題 57

関数 $f(x)$ は微分可能とする．a を定数として，

$$\lim_{h \to 0} \frac{f(a+h)-f(a-h)}{h} \ \text{を} \ f'(a) \ \text{で表せ．}$$

58 導関数

(1) 関数 $f(x)$ が微分可能のとき，導関数 $f'(x)$ の定義をかけ．
(2) (1)と $\lim_{x \to 0} \dfrac{\sin x}{x} = 1$ のみを用いて，$f(x) = \cos x$ の導関数を求めよ．

精講

導関数の定義は**解答**の(1)を見てもらうことにして，ここでも(1)の答えの形ではなく，**ポイント**の形で頭に入れておく方がよいでしょう．

解答

(1) $f'(x) = \lim_{h \to 0} \dfrac{f(x+h) - f(x)}{h}$

(2) $f(x+h) - f(x) = \cos(x+h) - \cos x$

$$= -2\sin\left(x + \dfrac{h}{2}\right)\sin\dfrac{h}{2}$$

◀ 注 参照

∴ $\dfrac{f(x+h) - f(x)}{h} = -\sin\left(x + \dfrac{h}{2}\right) \dfrac{\sin\dfrac{h}{2}}{\dfrac{h}{2}}$

よって，$\lim_{h \to 0} \dfrac{f(x+h) - f(x)}{h} = -\sin x$ $\left(\lim_{h \to 0} \dfrac{\sin\dfrac{h}{2}}{\dfrac{h}{2}} = 1 \text{ より}\right)$

∴ $f'(x) = -\sin x$

注 $\cos A - \cos B = -2\sin\dfrac{A+B}{2}\sin\dfrac{A-B}{2}$

ポイント

$f'(x) = \lim_{\triangle \to 0} \dfrac{f(x + \triangle) - f(x)}{\triangle}$ （△はすべて同じもの）

演習問題 58

定義にしたがって，次の導関数を求めよ．

(1) $y = \sqrt{x+1}$ $(x > -1)$ (2) $y = \dfrac{x+2}{x+1}$

59 微分可能性

関数 $f(x)$ を次のように定める.
$$f(x) = \begin{cases} \dfrac{\log x}{x} & (x \geq 1) \\ x^2 + ax + b & (x < 1) \end{cases}$$
このとき，関数 $f(x)$ が $x=1$ で微分可能であるように，a, b を定めよ．ただし，$\displaystyle\lim_{h \to 0}\dfrac{\log(1+h)}{h}=1$ は用いてよい．

$f(x)$ が $x=a$ で微分可能とは，$f'(a)$ が存在することを意味しますから，ここでは $f'(1)$ が存在することを示します．

定義によると $\displaystyle\lim_{h \to 0}\dfrac{f(1+h)-f(1)}{h}=f'(1)$ ですが，$1+h$ と 1 の大小，すなわち，$h>0$ と $h<0$ のときで $f(1+h)$ の式が異なるので，$h \to +0$，$h \to -0$ の2つの場合を考え，

$$\lim_{h \to +0}\dfrac{f(1+h)-f(1)}{h}=\lim_{h \to -0}\dfrac{f(1+h)-f(1)}{h}$$

◀ 52 左側極限, 右側極限

が成りたてば

$$\lim_{h \to 0}\dfrac{f(1+h)-f(1)}{h} \text{ が存在する}$$

ことになり，目標達成です．これだけで a, b の値は求められますが，**ポイント**にある性質と，連続の定義を利用して a と b の式を1つ用意しておくと，ラクに a, b の値を求められます．

◀ 53

解 答

まず，$x=1$ で連続だから，$\displaystyle\lim_{x \to 1}f(x)=f(1)$ が成りたつ.

∴ $\displaystyle\lim_{x \to 1-0}(x^2+ax+b)=0$　　　　◀ $\dfrac{\log 1}{1}=0$

∴ $1+a+b=0$ ……①

このとき，

$$\lim_{h \to +0}\dfrac{f(1+h)-f(1)}{h}=\lim_{h \to +0}\dfrac{1}{h}\left\{\dfrac{\log(1+h)}{1+h}-0\right\}$$

$$= \lim_{h \to +0} \frac{1}{1+h} \cdot \frac{\log(1+h)}{h} = 1$$

また，$\displaystyle \lim_{h \to -0} \frac{f(1+h)-f(1)}{h} = \lim_{h \to -0} \frac{(1+h)^2+a(1+h)+b}{h}$ ◀ $f(1)=0$

$$= \lim_{h \to -0} \frac{h^2+(a+2)h+a+b+1}{h}$$ ◀ $1+a+b=0$

$$= \lim_{h \to -0}(h+a+2) = a+2$$

$f'(1)$ が存在するので，$a+2=1$ ……②

①，②より，$a=-1$，$b=0$

 $\displaystyle \lim_{h \to 0} \frac{\log(1+h)}{h} = 1$ は次のようにして証明します．

$f(x) = \log x$ とおくと

$$\lim_{h \to 0} \frac{\log(1+h)}{h} = \lim_{h \to 0} \frac{f(1+h)-f(1)}{h} = f'(1)$$ ◀微分係数の定義

$f'(x) = \dfrac{1}{x}$ だから，$f'(1) = 1$

よって，$\displaystyle \lim_{h \to 0} \frac{\log(1+h)}{h} = 1$

注　$\displaystyle \lim_{h \to 0} \frac{e^h-1}{h} = 1$ も同様にして示せます．

ポイント　関数 $f(x)$ が $x=a$ で微分可能
　　　　　　$\Longrightarrow$ $f(x)$ は $x=a$ で連続

注　逆は成りたちません．

 $y=f(x)$ のグラフをかくと右図のようになり，継ぎ目の $x=1$ でなめらかにつながっている様子が読みとれます．これが，微分可能をビジュアルにとらえた状態です．

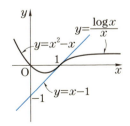

演習問題 59　関数 $f(x)=|x|\sin x$ は，$x=0$ で微分可能かどうか調べよ．

60 積・商の微分

次の関数を微分せよ．
(1) $y=(x+1)(x+2)$
(2) $y=(x+1)(x+2)(x+3)$
(3) $y=\dfrac{x+2}{x+1}$

(1), (2)は展開すれば数学Ⅱの範囲で微分できますが，ここでは展開しないで，すなわち，積の形のままで微分する方法(積の微分)を勉強します．

また，(3)は数学Ⅲで初めて出てくる形の微分(商の微分)です．どちらも確実に使えるようになってください．

〈積の微分〉
・$\{f(x)g(x)\}'=f'(x)g(x)+f(x)g'(x)$
・$\{f(x)g(x)h(x)\}'=f'(x)g(x)h(x)+f(x)g'(x)h(x)+f(x)g(x)h'(x)$

〈商の微分〉
・$\left\{\dfrac{f(x)}{g(x)}\right\}'=\dfrac{f'(x)g(x)-f(x)g'(x)}{\{g(x)\}^2}$

特に，$\left\{\dfrac{1}{f(x)}\right\}'=-\dfrac{f'(x)}{\{f(x)\}^2}$

これが公式ですが，**ポイント**の形の方が覚えやすいでしょう．

解 答

(1) $y'=(x+1)'(x+2)+(x+1)(x+2)'$ ◀ $(x+1)'=1$, $(x+2)'=1$
$=(x+2)+(x+1)$
$=2x+3$

(2) $y'=(x+1)'(x+2)(x+3)+(x+1)(x+2)'(x+3)$
$\qquad +(x+1)(x+2)(x+3)'$
$=(x+2)(x+3)+(x+1)(x+3)+(x+1)(x+2)$
$=(x^2+5x+6)+(x^2+4x+3)+(x^2+3x+2)$
$=3x^2+12x+11$

注 あとの **62**（数学Ⅱ・B **82**）で学ぶ「合成関数の微分」を使うと次のようにすることもできます.

（別解）（$x+2$ に着目すると…）

$$y=(x+2-1)(x+2)(x+2+1)=(x+2)\{(x+2)^2-1\}$$
$$=(x+2)^3-(x+2)$$
$$\therefore\quad y'=3(x+2)^2(x+2)'-1=3(x+2)^2-1 \qquad \blacktriangleleft (u^n)'=nu^{n-1}u'$$
$$=3x^2+12x+11$$

(3) $y'=\dfrac{(x+2)'(x+1)-(x+2)(x+1)'}{(x+1)^2}$ $\qquad \blacktriangleleft \left(\dfrac{u}{v}\right)'=\dfrac{u'v-uv'}{v^2}$

$\qquad =\dfrac{(x+1)-(x+2)}{(x+1)^2}=-\dfrac{1}{(x+1)^2}$

注（分子の次数 $\geqq$ 分母の次数）の形の分数式を微分するとき，分子 $\div$ 分母 の計算をして，「**次数を下げる**」と微分の負担が軽くなります.

（別解） $y=1+\dfrac{1}{x+1}$ より $\qquad y'=-\dfrac{1}{(x+1)^2}$ $\qquad \blacktriangleleft \left(\dfrac{1}{v}\right)'=-\dfrac{v'}{v^2}$

第5章

🌙 **ポイント**

- $(uv)'=u'v+uv'$
- $(uvw)'=u'vw+uv'w+uvw'$
- $\left(\dfrac{u}{v}\right)'=\dfrac{u'v-uv'}{v^2}$

  特に，$\left(\dfrac{1}{v}\right)'=-\dfrac{v'}{v^2}$

注 上の積の微分で $u=v$ とおくと，

$$(u^2)'=u'u+uu'=2uu'$$

同様に，$u=v=w$ とおくと，$(u^3)'=3u^2u'$

演習問題 60

次の関数を微分せよ.

(1) $y=(x-1)(x+1)(x+3)$ $\qquad$ (2) $y=\dfrac{x^2+1}{x-1}$

61 基本関数の微分

次の関数を微分せよ．

(1) $y = x\sqrt[3]{x}$ (2) $y = \sin x + 2\cos x + 3\tan x$
(3) $y = 2^x \sin x$ (4) $y = \log_3 3x$ (5) $y = \log_2 |x^2 - 4|$

ここでは，基本になる関数の微分公式とその使い方を勉強します．□内の公式は，使えるようになるまでしっかり練習しましょう．

① $(x^p)' = px^{p-1}$ （$p：x$に無関係な定数）
② $(\sin x)' = \cos x$
③ $(\cos x)' = -\sin x$
④ $(\tan x)' = \dfrac{1}{\cos^2 x}$
⑤ $(a^x)' = a^x \log_e a$ （$a > 0,\ a \neq 1$）
⑥ $(e^x)' = e^x$
⑦ $(\log_a |x|)' = \dfrac{1}{x \log_e a}$ （$a > 0,\ a \neq 1$）
⑧ $(\log_e |x|)' = \dfrac{1}{x}$

ここで，e は $2.718\cdots$ となる無理数で，**51** で定義されています．この e を底にすると，微分（あとで出てくる積分も含めて）が簡単になります．これからは，底が e の対数（これを**自然対数**という）は，誤解が生じない限り $\log x$ というように，底を省略して扱ってかまいません．

解　答

(1) $y = x\sqrt[3]{x} = x \cdot x^{\frac{1}{3}} = x^{\frac{4}{3}}$ ◀指数法則

$\therefore\ y' = \dfrac{4}{3} \cdot x^{\frac{4}{3}-1} = \dfrac{4}{3} x^{\frac{1}{3}} = \dfrac{4}{3} \sqrt[3]{x}$ ◀$(x^p)' = px^{p-1}$

(2) $y' = (\sin x)' + (2\cos x)' + (3\tan x)'$

$= \cos x - 2\sin x + \dfrac{3}{\cos^2 x}$ ◀三角関数の微分法

109

(3) $\quad y' = (2^x)' \sin x + 2^x (\sin x)'$ ◀ 積の微分 **60**

$\qquad = 2^x \log 2 \cdot \sin x + 2^x \cos x$ ◀ 底 e は省略

注 $\quad 2^x \log 2 \cdot \sin x$ の $\log 2$ と $\sin x$ の間には「・」を入れておかないと，$\log(2 \sin x)$ の意味にとられます．

$\quad$ 同じように，$2^x \cos x$ の部分を $\cos x \cdot 2^x$ とかくのはかまいませんが，$\cos x 2^x$ とかくと $\cos(x 2^x)$ と誤解されます．

(4) $\quad y = \log_3 3 + \log_3 x = 1 + \log_3 x$

$\qquad \therefore \quad y' = \dfrac{1}{x \log 3}$ ◀ $(\log_a |x|)' = \dfrac{1}{x \log a}$

(5) $\quad y = \log_2 |(x-2)(x+2)| = \log_2 |x-2| + \log_2 |x+2|$

$\qquad \therefore \quad y' = \dfrac{1}{(x-2) \log 2} + \dfrac{1}{(x+2) \log 2}$

$\qquad\qquad = \left(\dfrac{1}{x-2} + \dfrac{1}{x+2} \right) \dfrac{1}{\log 2}$

$\qquad\qquad = \dfrac{2x}{(x^2 - 4) \log 2}$

注 $\quad$ (4)，(5)は **62** の「合成関数の微分」を用いてもできます．

演習問題 62(1)，(2)で各自確認してください．

第5章

🌙 **ポイント** $\quad$ 基本関数の微分のなかで，次の3つは忘れやすいので要注意

$$(\tan x)' = \dfrac{1}{\cos^2 x}, \quad (\log_a |x|)' = \dfrac{1}{x \log a}$$

$$(a^x)' = a^x \log a$$

演習問題 61

$\quad$ 次の関数を微分せよ．

(1) $\quad y = \left(x + \dfrac{1}{\sqrt{x}} \right)^2$ $\qquad$ (2) $\quad y = 2^x \cos x$ $\qquad$ (3) $\quad y = \log_2 \left| \dfrac{x-1}{x+1} \right|$

基礎問

110 第5章 微分法

62 合成関数の微分

次の関数を微分せよ.

(1) $y=(2x+1)^2$

(2) $y=e^{2x}$

(3) $y=(\log x)^3$

(4) $y=\log(\log x)$ （$x>1$）

(5) $y=(x^2+x)e^{-x}$

(6) $y=\sin(1+\log x)$

(7) $y=\log(x+\sqrt{x^2+1})$

精 講

ここでは,「**合成関数の微分**」について勉強します. このとき使う公式は, 下にかいてありますが, 公式を丸覚えするのではなく, **ポイント**にあるように, 言葉で頭に入れておき, 無意識のうちに正しく作業ができるようになるまで練習をしなければなりません.

微分がうまくできない人のほとんどは, この作業がネックになっているのです.

〈**合成関数の微分**〉

$$\{f(g(x))\}' = f'(g(x))g'(x)$$

解 答

(1) $y'=2(2x+1)(2x+1)'=4(2x+1)$

　　　　　　　→$2x+1$ をひとまとめに考え, その微分をかけておく

注 $(2x+1)'$ の部分がないとまずいということは, 次の結果をみると一目瞭然です.

$y=4x^2+4x+1$ だから, $y'=8x+4=4(2x+1)$

(2) $y'=e^{2x}\cdot(2x)'=2e^{2x}$

　　　　　　→$2x$ をひとまとめに考える

(3) $y'=3(\log x)^2(\log x)'=\dfrac{3(\log x)^2}{x}$ 　　　　◀$(\log x)'=\dfrac{1}{x}$

　　　　　　→$\log x$ をひとまとめに考える

(4) $y'=\dfrac{1}{\log x}(\log x)'=\dfrac{1}{x\log x}$ 　　　　◀$(\log x)'=\dfrac{1}{x}$

　　　　　　→$\log x$ をひとまとめに考える

111

(5) $y'=(x^2+x)'e^{-x}+(x^2+x)(e^{-x})'$ ◀積の微分

$\qquad =(2x+1)e^{-x}+(x^2+x)(e^{-x})(-x)'$

$\qquad\qquad\qquad\qquad\underset{\rightarrow -x をひとまとめに考える}{\wwave{}}$

$\qquad =(-x^2+x+1)e^{-x}$

(6) $y'=\cos(1+\log x)\cdot(1+\log x)'$

$\qquad\qquad\qquad\underset{\rightarrow 1+\log x をひとまとめに考える}{\wwave{}}$

$\qquad\quad =\dfrac{\cos(1+\log x)}{x}$

(7) $y'=\dfrac{1}{x+\sqrt{x^2+1}}(x+\sqrt{x^2+1})'$

$\qquad\qquad\qquad\underset{\rightarrow x+\sqrt{x^2+1} をひとまとめに考える}{\wwave{}}$

ここで, $(x+\sqrt{x^2+1})'=1+\{(x^2+1)^{\frac{1}{2}}\}'$

$\qquad =1+\dfrac{1}{2}(x^2+1)^{\frac{1}{2}-1}(x^2+1)'=1+x(x^2+1)^{-\frac{1}{2}}$

$\qquad\qquad\qquad\quad\underset{\rightarrow x^2+1 をひとまとめに考える}{\wwave{}}$

$\qquad =1+\dfrac{x}{\sqrt{x^2+1}}=\dfrac{x+\sqrt{x^2+1}}{\sqrt{x^2+1}}$

よって, $y'=\dfrac{1}{x+\sqrt{x^2+1}}\cdot\dfrac{x+\sqrt{x^2+1}}{\sqrt{x^2+1}}$

$\qquad\quad =\dfrac{1}{\sqrt{x^2+1}}$

ポイント 何かをひとまとめに考えて微分するとき，ひとまとめにしたものの微分をかける

第5章

演習問題 62

次の関数を微分せよ．

(1) $y=\log_3 3x$ 　　(2) $y=\log_2|x^2-4|$ 　　(3) $y=(x^3+2x)^3$

(4) $y=\left(x-\dfrac{1}{x}\right)^3$ 　　(5) $y=\cos(\sin x)$ 　　(6) $y=\log|\cos x|$

(7) $y=\left(\dfrac{x}{x^2-1}\right)^2$

63 対数微分法

$y = x^x \ (x>0)$ を微分せよ．

精講 の①の公式を使って，$y' = x \cdot x^{x-1}$ としてはいけません．公式①の p は x に無関係な定数でなければなりませんし，また，⑤の公式を使って，$y' = x^x \log x$ としてもいけません．公式⑤の a は x に無関係な正の定数です．

このような形のとき「**対数微分法**」といわれる手段を用います．「対数微分法」を用いなければ微分できない関数は，大学入試ではあまり見かけないのですが，これを利用すると計算の負担が軽くなる問題は珍しくありません．

一般に，積や累乗の形をしているものに対しては有効です．たとえば，**演習問題 62**(7)などもその例です．参考のところで確認してください．

〈対数微分法〉
$y = \{f(x)\}^p \{g(x)\}^q$ のとき，**両辺の絶対値の自然対数をとると**
$\log|y| = p \log|f(x)| + q \log|g(x)|$
両辺を x で微分すると $\quad \dfrac{y'}{y} = \dfrac{pf'(x)}{f(x)} + \dfrac{qg'(x)}{g(x)}$

注 $\log|y|$ の両辺を x で微分するとき，y は x に無関係な定数ではなく，x で表された式です．だから，合成関数の微分の要領で，y をひとまとめに考えて微分したものに「y を x で微分したもの」，すなわち，y' をかけておかなければならないのです．これを 64 注 1 を用いて表現すると

$$\dfrac{d}{dx}\log|y| = \dfrac{dy}{dx} \cdot \dfrac{d}{dy}\log|y| = \dfrac{y'}{y}$$

となります．

解答

$y = x^x \ (x > 0)$ の両辺の対数をとると，$\log y = \log x^x$ ◀両辺正なので絶対値を考えなくてよい
$\therefore \quad \log y = x \log x$
両辺を x で微分すると

$$\frac{y'}{y} = (x)'\log x + x(\log x)'$$
$$\therefore \quad y' = y(\log x + 1) = \boldsymbol{x^x(\log x + 1)}$$

 $y = \left(\dfrac{x}{x^2-1}\right)^2$ $(x \neq 0, \pm 1)$ の両辺の対数をとると

$$\log y = \log\left(\frac{x}{x^2-1}\right)^2 \Longleftrightarrow \log y = 2\log\left|\frac{x}{(x+1)(x-1)}\right|$$

◀下の 注

$$\Longleftrightarrow \log y = 2(\log|x| - \log|x+1| - \log|x-1|)$$

両辺を x で微分して，

$$\frac{y'}{y} = 2\left(\frac{1}{x} - \frac{1}{x+1} - \frac{1}{x-1}\right) = \frac{-2(x^2+1)}{x(x+1)(x-1)}$$

$$\therefore \quad y' = y \cdot \frac{-2(x^2+1)}{x(x^2-1)} = \frac{-2x(x^2+1)}{(x^2-1)^3}$$

> **ポイント**
> 対数微分法を用いるとき，次の 2 点に注意
> ① $\log MN \to \log|M| + \log|N|$
> $\log M^n \to n\log|M|$
> ② $\log|y|$ を x で微分すると，$\dfrac{y'}{y}$

注 数学Ⅱの教科書には，次の記述があります．

> $M > 0$, $N > 0$ のとき，$\log_a MN = \log_a M + \log_a N$

真数条件を考えれば，$\log_a M + \log_a N$ を $\log_a MN$ とかきなおすことはよいのですが，$\log_a MN$ を $\log_a M + \log_a N$ と，だまってかいてはいけません．$\log_a MN$ についている真数条件は「$MN > 0$」ですから，「$M < 0$, $N < 0$」も含まれているのです．したがって，たとえば，

$\log(-2)(-3) = \log(-2) + \log(-3)$ はおかしいですが

$\log(-2)(-3) = \log|-2| + \log|-3|$ ならおかしくありません．

演習問題 63

対数微分法を用いて，次の関数を微分せよ．

(1) $y = x^{\sqrt{x}}$ $(x > 0)$ (2) $y = (x+1)(x+2)(x+3)$

64 媒介変数で表された関数の微分

$\begin{cases} x = \theta - \sin\theta \\ y = 1 - \cos\theta \end{cases}$ $(0 < \theta < 2\pi)$ で表される関数について $\dfrac{dy}{dx}$, $\dfrac{d^2y}{dx^2}$ を θ で表せ.

変数 t を用いて $x = f(t)$, $y = g(t)$ の形で (x, y) が与えられているとき, t の値が1つ決まると点 (x, y) が1つに決まるので, t を動かすと点 (x, y) が動いて, ある曲線 C ができ上がることが予想できます. このとき, $\begin{cases} x = f(t) \\ y = g(t) \end{cases}$ を t を媒介変数 (パラメータ) とする曲線 C の **媒介変数表示** といいます. (数学 II・B 45)

このような形で表される関数でも, t を消去して「$y = (x\text{の式})$」の形にできれば今までと同じように微分できますが, そうでないときにどうやって微分するのかが今回のテーマです. まず, 記号の復習です.

$\dfrac{d}{dx}\bigcirc$ は「○を x で微分する」という意味ですから, $\dfrac{dy}{dx}$ は「y を x で微分する」ことを意味する記号です.

また, $\dfrac{d^2y}{dx^2}$ は「y を x で2回微分する」ことを意味する記号です. 「2」のついている位置が分子と分母で違うところに注意してください. 次に, 微分するときに使う公式ですが, これは**ポイント**を参照してください.

解答

$\dfrac{dx}{d\theta} = (\theta - \sin\theta)' = 1 - \cos\theta,\quad \dfrac{dy}{d\theta} = (1 - \cos\theta)' = \sin\theta$

$\therefore\ \dfrac{dy}{dx} = \dfrac{\dfrac{dy}{d\theta}}{\dfrac{dx}{d\theta}} = \dfrac{\sin\theta}{1 - \cos\theta}$

次に,

$\dfrac{d^2y}{dx^2} = \dfrac{d}{dx}\left(\dfrac{dy}{dx}\right) = \dfrac{d}{dx}\left(\dfrac{\sin\theta}{1 - \cos\theta}\right)$ ◀注1

115

$$= \frac{d\theta}{dx} \cdot \frac{d}{d\theta}\left(\frac{\sin\theta}{1-\cos\theta}\right)$$

↳ 注 2

$$= \frac{1}{1-\cos\theta} \cdot \frac{(\sin\theta)'(1-\cos\theta)-\sin\theta(1-\cos\theta)'}{(1-\cos\theta)^2}$$

↳ **60** 商の微分

$$= \frac{\cos\theta-\cos^2\theta-\sin^2\theta}{(1-\cos\theta)^3} = \frac{\cos\theta-1}{(1-\cos\theta)^3} = -\frac{1}{(1-\cos\theta)^2}$$

◑ ポイント $x=f(t),\ y=g(t)$ と表されているとき,

$$\frac{dy}{dx} = \frac{\dfrac{dy}{dt}}{\dfrac{dx}{dt}} = \frac{g'(t)}{f'(t)}, \quad \frac{d^2y}{dx^2} = \frac{d}{dx}\left(\frac{dy}{dx}\right)$$

注 1 $\dfrac{d}{dx}\left(\dfrac{\sin\theta}{1-\cos\theta}\right)$ は,約束によれば,$\dfrac{\sin\theta}{1-\cos\theta}$ を x で微分するという意
味ですが,文字 x が入っていないのにどうやって x で微分するのでしょう
か?そこで,次の性質を利用しています.

$$\frac{d}{dx}\bigcirc = \frac{d\theta}{dx} \cdot \frac{d}{d\theta}\bigcirc \ \left(= \frac{d}{d\theta}\bigcirc \cdot \frac{d\theta}{dx}\right)$$ ◀大切な公式

注 2 $\dfrac{d\theta}{dx}$ は約束によれば,θ を x で微分するという意味ですが,

$x=\theta-\sin\theta$ を「$\theta=(x$ の式)」の形にできるわけではありません.そこで,
「逆関数の微分」といわれる次の公式を利用しています.

$$\frac{dx}{dy} = \frac{1}{\dfrac{dy}{dx}}$$ ◀大切な公式

この**基礎問**では,$\dfrac{d\theta}{dx} = \dfrac{1}{\dfrac{dx}{d\theta}}$ として用いています.

演習問題 64

(1) 関数 $x=y^2-2y\ (y>1)$ について,$\dfrac{dy}{dx}$ を x で表せ.

(2) $x=\dfrac{1-t^2}{1+t^2},\ y=\dfrac{2t}{1+t^2}\ (t\neq0)$ について,$\dfrac{dy}{dx},\ \dfrac{d^2y}{dx^2}$ を t で表せ.

第5章

65 陰関数の微分

$x^2-y^2=1$ について，次の問いに答えよ．ただし，$(x, y) \neq (\pm 1, 0)$ とする．

(1) $\dfrac{dy}{dx}$ を x と y で表せ．

(2) $\dfrac{d^2y}{dx^2}$ を x と y で表せ．

$x^2-y^2=1$ を「$y=(x\text{の式})$」の形にしようとすると $y=\pm\sqrt{x^2-1}$ となります．この形にして微分してもよいのですが，今回は

　　　$x^2-y^2=1$ の形のまま微分する方法を勉強しましょう．

技術的には，すでに学習済みの道具を使うだけですが，感覚的には，慣れていないと間違いやすい部分があります．入試での出題例は多くないとはいえ，微分という作業では基本になりますので，「いつでもできる」状態にしておく必要があります．

63 (対数微分法) の 精講 注 の「$\log|y|$ を x で微分する」という話のなかで，「まず y で微分しておいて，y' をかけておく」という部分がありますが，今回使われるのもこの技術です．最初の段階では 64 注 1 の公式を使っていくことになりますが，早くこの作業に慣れてすぐに結果をかけるようになってほしいものです．

ここで，いくつかの例をあげておきますので，これらを通して，イメージをつかんでください．

(例)

(ⅰ) $\dfrac{d}{dx}(y^2) = \dfrac{dy}{dx} \cdot \dfrac{d}{dy}(y^2) = y' \cdot 2y = 2yy'$

(ⅱ) $\dfrac{d}{dx}(xy) = (x)' \cdot y + x \cdot \dfrac{d}{dx}y = y + xy'$　　　◀積の微分

(ⅲ) $\dfrac{d}{dx}(\sqrt{y}) = \dfrac{dy}{dx} \cdot \dfrac{d}{dy}(y^{\frac{1}{2}}) = y' \cdot \dfrac{1}{2}y^{-\frac{1}{2}} = \dfrac{y'}{2\sqrt{y}}$

(ⅳ) $\dfrac{d}{dx}\left(\dfrac{y}{x}\right) = \dfrac{\dfrac{d}{dx}y \cdot x - y \cdot (x)'}{x^2} = \dfrac{xy'-y}{x^2}$　　　◀商の微分

117

解 答

(1) $x^2 - y^2 = 1$ の両辺を x で微分すると

$$2x - \frac{d}{dx}y^2 = 0$$

◀ 1の微分は 0

$$\Longleftrightarrow 2x - \frac{dy}{dx} \cdot \frac{d}{dy}y^2 = 0$$

$$\Longleftrightarrow 2x - \frac{dy}{dx} \cdot 2y = 0$$

$$\therefore \quad \frac{dy}{dx} = \frac{\boldsymbol{x}}{\boldsymbol{y}}$$

(2) $\dfrac{d^2y}{dx^2} = \dfrac{d}{dx}\left(\dfrac{dy}{dx}\right) = \dfrac{d}{dx}\left(\dfrac{x}{y}\right)$

$$= \frac{1 \cdot y - x \cdot \dfrac{d}{dx}y}{y^2}$$

$$= \frac{y - xy'}{y^2} = \frac{y - x \cdot \dfrac{x}{y}}{y^2}$$

$$= \frac{y^2 - x^2}{y^3} = -\frac{\boldsymbol{1}}{\boldsymbol{y^3}} \quad (x^2 - y^2 = 1 \text{ より})$$

🌙 **ポイント** $\quad y$ の式 $f(y)$ を x で微分すると

$f'(y)y'$ となる

注 $(x,\ y) = (\pm 1,\ 0)$ のときは，$\dfrac{dy}{dx}$ の分母 $= 0$ となるので

$(x,\ y) \neq (\pm 1,\ 0)$ の条件をつけています．

演習問題 65

$x^2 - 2xy + 2y^2 = 1$ について，$\dfrac{dy}{dx}$, $\dfrac{d^2y}{dx^2}$ を x, y で表せ．

ただし，$(x,\ y) \neq \left(\pm\sqrt{2},\ \pm\dfrac{\sqrt{2}}{2}\right)$ （複号同順）とする．

第5章

66 接線と法線

曲線 $f(x) = \dfrac{\sqrt{3}}{x}$ 上の点 $\left(t, \dfrac{\sqrt{3}}{t}\right)$ $(t \neq 0)$ における接線と法線が，x 軸と交わる点をそれぞれ A，B とするとき，次の問いに答えよ．

(1) 接線，法線の方程式を求めよ．
(2) A，B の座標を求めよ．
(3) $t > 0$ のとき，線分 AB の長さ $L(t)$ の最小値を求めよ．

精講

(1) 接線公式は数学Ⅱ・B 85 で学習しましたが，法線とはどんな直線でしょうか？

法線とは

「**接線とその接点において直交する直線**」

のことです．

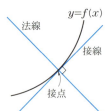

だから，法線を求めるときは，接線公式における傾きのところを $-\dfrac{1}{接線の傾き}$ にかきかえて使います．

(3) x 軸上の 2 点 A，B の距離を求めるときは $|\mathbf{A}の\boldsymbol{x}座標 - \mathbf{B}の\boldsymbol{x}座標|$ で求めます．要するに，x 座標の大きい方から小さい方をひかないと負になってしまい，距離ではなくなってしまうので**絶対値をつけて**負になることを防ぎます．

解　答

(1) $f'(x) = -\dfrac{\sqrt{3}}{x^2}$ だから，接線は

$$y - \dfrac{\sqrt{3}}{t} = -\dfrac{\sqrt{3}}{t^2}(x - t)$$
◀数学Ⅱ・B 85

$$\therefore\ y = -\dfrac{\sqrt{3}}{t^2}x + \dfrac{2\sqrt{3}}{t}$$

また，法線は

$$y - \dfrac{\sqrt{3}}{t} = \dfrac{t^2}{\sqrt{3}}(x - t)$$
◀ポイント参照

119

$$\therefore \quad y = \frac{t^2}{\sqrt{3}}x + \frac{\sqrt{3}}{t} - \frac{t^3}{\sqrt{3}}$$

(2) $-\dfrac{\sqrt{3}}{t^2}x + \dfrac{2\sqrt{3}}{t} = 0$ より, $x = 2t$

$\qquad \therefore \quad \mathbf{A}(2t,\ 0)$

$\dfrac{t^2}{\sqrt{3}}x + \dfrac{\sqrt{3}}{t} - \dfrac{t^3}{\sqrt{3}} = 0$ より, $x = t - \dfrac{3}{t^3}$

$\qquad \therefore \quad \mathbf{B}\left(t - \dfrac{3}{t^3},\ 0\right)$

(3) $L(t) = \left| 2t - \left(t - \dfrac{3}{t^3}\right) \right| = t + \dfrac{3}{t^3} \qquad (\because\ t > 0)$

$L'(t) = 1 - \dfrac{9}{t^4} = 0$ より, $t = \sqrt{3} \qquad (\because\ t > 0)$

この t の前後で $L'(t)$ の符号は-から+に変化するので $t = \sqrt{3}$ のとき, $L(t)$ は極小かつ最小.

よって,最小値は $L(\sqrt{3}) = \dfrac{4\sqrt{3}}{3}$

第5章

> 🔵 **ポイント**
>
> 曲線 $y = f(x)$ 上の点 $(t,\ f(t))$ における法線は $f'(t) \neq 0$ ならば
>
> $$y - f(t) = -\frac{1}{f'(t)}(x - t)$$

演習問題 66

(1) 曲線 $y = \log x$ に点 $(0,\ 2)$ からひいた接線の方程式を求めよ.

(2) 曲線 $y = \log x$ 上の点 $(2,\ \log 2)$ における法線の方程式を求めよ.

67 共通接線

> $y=\log x$ と $y=ax^2$ $(a \neq 0)$ のグラフが共有点をもち，その点で共通の接線をもつ．このとき，a の値とその接線の方程式を求めよ．

精講

単に「**共通の接線をもつ**」という表現と「**共有点をもち，その点で共通の接線をもつ**」では，意味が異なります．前者は〈図Ⅰ〉の状態か，〈図Ⅱ〉の状態か限定できませんが，後者は〈図Ⅱ〉の状態を指します．すなわち，接点が一致しているか，一致していないかの違いがあります．

これは大変な違いです．それは，(⇨数学Ⅱ・B 86)「接点がわかっていないと接線公式が使えない」からです．

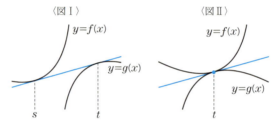

ところで，この基礎問は〈図Ⅱ〉の状態を指しているのですが，具体的にはどのように考えて解いていくのでしょうか？

〈図Ⅱ〉において，$x=t$ のときの y 座標が同じですから，まず，$f(t)=g(t)$ がいえます．

また，同じ接線なら傾きも同じですから，
$f'(t)=g'(t)$ がいえます．(⇨数学Ⅱ・B 85 精講 Ⅱ)

逆に，この2つがともに成りたてば，傾きと通る点の両方が一致するので2つの接線は一致します．(⇨数学Ⅱ・B 32 精講 Ⅱ)

解答

$f(x)=\log x,\ g(x)=ax^2\ (a \neq 0)$ とおくと

$f'(x)=\dfrac{1}{x},\ g'(x)=2ax$

共有点の x 座標を $t\ (t>0)$ とおくと ◀真数条件
この点で共通の接線をもつことにより，

$f(t)=g(t)$, $f'(t)=g'(t)$ がともに成りたつ.

$$\therefore \begin{cases} \log t = at^2 \\ \dfrac{1}{t}=2at \end{cases} \Longleftrightarrow \begin{cases} \log t = at^2 & \cdots\cdots① \\ at^2 = \dfrac{1}{2} & \cdots\cdots② \end{cases}$$

①, ②より $\log t = \dfrac{1}{2}$ $\therefore t = e^{\frac{1}{2}} = \sqrt{e}$

このとき, $t^2 = e$ だから, $a = \dfrac{1}{2e}$

また, 接点は $\left(\sqrt{e},\ \dfrac{1}{2}\right)$, 接線の傾きは $\dfrac{1}{\sqrt{e}}$ だから,

共通接線は $y - \dfrac{1}{2} = \dfrac{1}{\sqrt{e}}(x - \sqrt{e})$ すなわち, $\boldsymbol{y = \dfrac{1}{\sqrt{e}}x - \dfrac{1}{2}}$

🌙 **ポイント** 　曲線 $y=f(x)$ と $y=g(x)$ が $x=t$ で共有点をもち,
　その点で共通の接線をもつ
　$\Longleftrightarrow f(t)=g(t),\ f'(t)=g'(t)$

注　接点が一致しないとき（〈図 I 〉）

　接点 $(s,\ f(s))$ における接線と, 接点 $(t,\ g(t))$ における接線が同じものになります. すなわち, 傾きどうし, y 切片どうしが等しいという連立方程式をつくることになります. (⇨**演習問題 67**)

注　2 つの曲線 $y=f(x)$ と $y=g(x)$ が $x=t$ で共有点をもち, その点で共通の接線をもつことを 2 つの曲線が $\boldsymbol{x=t}$ で接するといいます. 〈図 II 〉がそのようなグラフになっています.

演習問題 67

　xy 平面上の 2 つの曲線

$$\begin{cases} y = -e^{-x} & \cdots\cdots① \\ y = e^{ax}\ (\text{ただし},\ a>0) & \cdots\cdots② \end{cases}$$

のどちらにも接する直線を l とする. l が①に接する点の x 座標を求めよ.

68 平均値の定理

$0<a<b$ のとき，平均値の定理を用いて
$$\frac{1}{b}<\frac{\log b-\log a}{b-a}<\frac{1}{a}$$
を示せ．

次の性質を「**平均値の定理**」といいます．

> 関数 $f(x)$ が $a\leqq x\leqq b$ で連続，$a<x<b$ で微分可能ならば
> $$\frac{f(b)-f(a)}{b-a}=f'(c),\ a<c<b$$
> **をみたす c が少なくとも 1 つ存在する**

この定理の図形的意味は，右図のように，2 点 $A(a,\ f(a))$，$B(b,\ f(b))$ を結ぶ線分と平行な接線が，a と b の間に少なくとも 1 本（右図では 2 本）存在することを示しています．ところでこの定理は，受験生にとっては気が付きにくい定理ナンバーワンだといわれています．

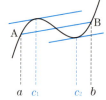

平均値の定理を使うときは**ポイント**にかいてある 2 つを考えるところから始まりますが，この定理の本体は等式にもかかわらず不等式の証明に有効なのは，$a<c<b$ を活用しているからです．すなわち，$a<c<b$ を使って

$A<f'(c)<B$ としておいて，$f'(c)$ のところに $\dfrac{f(b)-f(a)}{b-a}$ を代入する

ことで不等式を証明します．

解　答

関数 $f(x)=\log x$ の区間 $[a,\ b]$ において平均値の定理を適用すると，$f'(x)=\dfrac{1}{x}$ であることより，

$$\frac{\log b-\log a}{b-a}=\frac{1}{c}\ (0<a<c<b)$$

をみたす c が少なくとも 1 つ存在する．

ところで，$f'(x)=\dfrac{1}{x}$ は $x>0$ において単調減少だから，

$$\frac{1}{b} < \frac{1}{c} < \frac{1}{a}$$

∴ $\dfrac{1}{b} < \dfrac{\log b - \log a}{b-a} < \dfrac{1}{a}$

◀ $\dfrac{\log b - \log a}{b-a}$ をはさむのではなく $\dfrac{1}{c}$ をはさむことを考える

注 解答の1行目について

$a \leqq x \leqq b$ を記号 $[a, b]$ で，$a<x<b$ を記号 (a, b) で表すことがありますが，この記号を使うときは，記号の前に「区間」という日本語をつけます．そうでないと (a, b) は座標のようにみえるからです．

Ⅰ．この**基礎問**の図形的意味は次の通りです．

$y = \log x$ 上の2点 $A(a, \log a)$，$B(b, \log b)$ $(a<b)$ を結ぶ線分 AB の傾きはAにおける接線の傾きより小さく，Bにおける接線の傾きより大きい（⇨右図参照）．

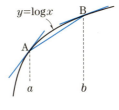

Ⅱ．平均値の定理は次のような形で表されることもあります．

関数 $f(x)$ が区間 $[a, a+h]$ で連続で，区間 $(a, a+h)$ で微分可能ならば，$f(a+h) = f(a) + hf'(a+\theta h)$ $(0<\theta<1)$ をみたす実数 θ が少なくとも1つ存在する（下図参照）．

$\begin{pmatrix} a+h = b \\ a+\theta h = c \end{pmatrix}$

ポイント 平均値の定理を使うとき，次の2つを考える
① どんな関数の
② どんな範囲で

演習問題 68

(1) $f(x) = e^x \sin x$ のとき，$f'(x)$ を求めよ．

(2) $\alpha < \beta$ のとき，平均値の定理を用いて

$$|e^\beta \sin\beta - e^\alpha \sin\alpha| < \sqrt{2}\,(\beta-\alpha)e^\beta$$

を示せ．

69 増減・極値（Ⅰ）

$f(x) = -x^4 + a(x-2)^2$ $(a>0)$ について，次の問いに答えよ．

(1) $f(x)$ が極小値をもつような a の値の範囲を求めよ．

(2) (1)のとき極小値を与える x を x_1 とすれば，$2 < x_1 < 3$ が成りたつことを示せ．

精講

4次関数の微分は数学Ⅲの内容ですが，技術的には，数学Ⅱの微分の考え方と差はありません．

(1) 4次関数（x^4 の係数<0）が極小値をもつとはどういうことでしょうか？

とりあえず，$f'(x)=0$ をみたす x が存在しないといけませんが，$y=f(x)$ のグラフを想像すると右図のような形が題意に適するようです．

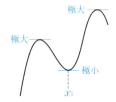

ということは，極大値を2つもつ必要もありそうです．このことから，次のことがいえそうです．

$f'(x) = 0$ が異なる3つの実数解をもつ

（⇨数学Ⅱ・B **91**）

(2) $x = x_1$ は $f'(x) = 0$ の3つの解を小さい順に並べたときの中央の値になりますが，方程式の解が特定の範囲に存在することを示すとき，グラフを利用します．（⇨数学Ⅰ・A **45** 解の配置）

解 答

(1) $f'(x) = -4x^3 + 2a(x-2) = g(x)$ とおく．

$f(x)$ が極小値をもつとき，$g(x) = 0$ は異なる3つの実数解をもつ．
$g'(x) = -12x^2 + 2a = 0$ より

$$x = \pm\sqrt{\frac{a}{6}} \quad (a>0 \text{ より})$$

$g(x)$ において，（極大値）・（極小値）<0 であればよいので

$$g\left(\sqrt{\frac{a}{6}}\right) \cdot g\left(-\sqrt{\frac{a}{6}}\right) = \left(\frac{4a}{3}\sqrt{\frac{a}{6}} - 4a\right)\left(-\frac{4a}{3}\sqrt{\frac{a}{6}} - 4a\right)$$

$$= -\frac{16a^2}{9}\left(\sqrt{\frac{a}{6}}-3\right)\left(\sqrt{\frac{a}{6}}+3\right) < 0$$

ここで, $a>0$ より, $a^2>0$, $\sqrt{\frac{a}{6}}+3>0$

ゆえに, $\sqrt{\frac{a}{6}}-3>0 \iff \sqrt{\frac{a}{6}}>3$ をえる.

$$\sqrt{\frac{a}{6}}>3 \iff \frac{a}{6}>9$$
$$\iff a>54$$

◀ $\sqrt{\frac{a}{6}}>3$ の両辺が正より

$a>0$ だから
  ∴ $\boldsymbol{a>54}$

(2) $x=x_1$ は, $g(x)=0$ の3つの解を小さい順に並べたときの中央の値, すなわち, $y=g(x)$ のグラフと x 軸との3個の交点のうち, 中央の点の x 座標. ここで, $g(2)=-32<0$, $g(3)=-108+2a>0$ ($a>54$ より) だから, $y=g(x)$ のグラフは右図のようになり, $2<x_1<3$ が成りたつ.

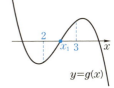

ポイント

x^4 の係数が正の4次関数 $f(x)$ が極大値をもつ
(x^4 の係数が負の4次関数 $f(x)$ が極小値をもつ)
とき, $f'(x)=0$ は異なる3つの実数解をもつ

演習問題 69

$f(x)=ax^4+bx^3+cx^2+dx+e$ が次の性質(i)〜(iii)をもつとき, a, b, c, d, e の値を求めよ.

(i) $f(x)=f(2-x)$

(ii) $f(x)$ は極大値4をもつ.

(iii) $f(x)$ は $x=3$ において, 極小値 -4 をとる.

70 増減・極値（Ⅱ）

関数 $f(x) = \dfrac{x+b}{x^2+2x+a}$（$a$, b は定数, $a>1$）について，次の問いに答えよ．

(1) $f(x)$ は極大値，極小値をもつことを示せ．

(2) 極大値，極小値を与える x をそれぞれ，x_1, x_2 とするとき，$(x_1+1)f(x_1)$, $(x_2+1)f(x_2)$ は a, b に無関係な一定値であることを示せ．

(3) $a=3$, $b=1$ のとき，極大値，極小値を求めよ．

(1) $f'(x)=0$ をみたす x の存在を示すだけでは不十分．その x の前後で $f'(x)$ の符号が変化することを述べなければなりません．

（⇨数学Ⅱ・B 88）

(2) $(x_1+1)f(x_1)$ と $(x_2+1)f(x_2)$ の 2 つについて議論する必要はありません．「ともに $f'(x)=0$ の解」という意味で同じ扱いができます．

解 答

(1) $f'(x) = \dfrac{1\cdot(x^2+2x+a)-(x+b)(2x+2)}{(x^2+2x+a)^2}$ ◀商の微分：60

$= \dfrac{-x^2-2bx+a-2b}{(x^2+2x+a)^2} = \dfrac{-(x^2+2bx-a+2b)}{(x^2+2x+a)^2}$

$f'(x)=0$ より $x^2+2bx-a+2b=0$ ……①

①の判別式を D とすると，

$\dfrac{D}{4} = b^2+a-2b = (b-1)^2+a-1 > 0$ （$a>1$ より）

よって，①は異なる 2 つの実数解をもつ．

このとき，$f'(x)$ の符号は，$(x^2+2x+a)^2>0$ だから $y=-(x^2+2bx-a+2b)$ の符号と一致する．

右のグラフより，$f'(x)=0$ となる x の前後で，$f'(x)$ の符号は－から＋，＋から－の順に変化するので，$f(x)$ は極大値と極小値を 1 つずつもつ．

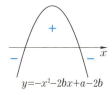

(2) (1)より，x_1，x_2 は $f'(x)=0$ の 2 解，すなわち，①の 2 解だから，解と係数の関係より

$$x_1+x_2=-2b \quad \cdots\cdots②, \qquad x_1x_2=-a+2b \quad \cdots\cdots③$$

$f(x_1)=\dfrac{x_1+b}{x_1^2+2x_1+a}$ において，②，③より

◀この式の分母に x_1+1 がでてくるはずと考えてよい

$$b=-\frac{x_1+x_2}{2}, \quad a=-x_1x_2-(x_1+x_2)$$

$$\therefore \quad x_1+b=\frac{1}{2}(x_1-x_2),$$

$$x_1^2+2x_1+a=x_1^2+2x_1-x_1x_2-(x_1+x_2)=(x_1-x_2)(x_1+1)$$

よって， $f(x_1)=\dfrac{x_1-x_2}{2(x_1-x_2)(x_1+1)}=\dfrac{1}{2(x_1+1)}$ $(x_1 \neq x_2$ より$)$

$$\therefore \quad (x_1+1)f(x_1)=\frac{1}{2} \qquad 同様にして，\quad (x_2+1)f(x_2)=\frac{1}{2}$$

(3) $a=3$，$b=1$ のとき，①より $x=-1\pm\sqrt{2}$

$x_2<x_1$ だから，$x_1=-1+\sqrt{2}$，$x_2=-1-\sqrt{2}$

ゆえに，**極大値は** $f(x_1)=\dfrac{1}{2\sqrt{2}}$，

◀(2)の結果に代入

極小値は $f(x_2)=-\dfrac{1}{2\sqrt{2}}$

◑ ポイント

関数 $f(x)$ において，$f'(\alpha)=0$ であっても $x=\alpha$ で極値をとるとは限らない

$x=\alpha$ の前後で $f'(x)$ の符号の変化も調べなければならない

演習問題 70

$f(x)=\dfrac{x^2+(2\sin\theta+1)x+2\sin\theta+\cos^2\theta}{x+1}$ について，次の問いに答えよ．ただし，$-\dfrac{\pi}{2}<\theta<\dfrac{\pi}{2}$ とする．

(1) $f'(x)$ を求めよ．

(2) $f(x)$ の極小値が -1 になるように，θ の値を定めよ．

71 凹凸・変曲点

$y = xe^x$ について，次の問いに答えよ．
(1) 増減を調べ，極値を求めよ．
(2) 凹凸を調べ，変曲点の座標を求めよ．

精講

(1) y' さえ求めることができれば，考え方は数学Ⅱの極値の求め方と同じです．

(2) 〈**凹凸・変曲点について**〉

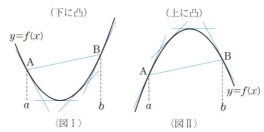

〈図Ⅰ〉のように，曲線 $y=f(x)$ が弦 AB より下側にあるとき，この区間で $f(x)$ は**下に凸**といいます．これを式でとらえると，AからBに向かって接線をひいていくと，傾き $(=f'(x))$ が増え続けていることより，$f'(x)$ が増加する区間，すなわち，$f''(x) > 0$ である区間で $f(x)$ は下に凸になることがわかります．

また，この逆が**上に凸**です．

次に，曲線が上に凸から下に凸（あるいはその逆）へ変わる点を**変曲点**といいます．すなわち，$f''(\alpha) = 0$ のとき，**$x = \alpha$ の前後で $f''(x)$ の符号が変わる**点 $(\alpha, f(\alpha))$ が変曲点となります．

実際の問題では，凹凸表といわれる表をかいて判断していきます．グラフをかく問題では，増減だけでは正しい形状の判断ができないときもありますから，凹凸を判断できないと「グラフがかけない」という致命的な傷を負うことになります．

解 答

(1) $y' = 1 \cdot e^x + x \cdot e^x = e^x(x+1)$

$y' = 0$ より, $x = -1$ だから,
増減は右表のようになり,

極小値は $-\dfrac{1}{e}$

x	$\cdots$	-1	$\cdots$
y'	$-$	0	$+$
y	↘	$-\dfrac{1}{e}$	↗

(2) $y'' = e^x(x+1) + e^x \cdot 1 = e^x(x+2)$

$y'' = 0$ より, $x = -2$ だから,
凹凸は右表のようになる.

よって, **変曲点は**

x	$\cdots$	-2	$\cdots$
y''	$-$	0	$+$
y	∩	$-\dfrac{2}{e^2}$	∪

注 表中の記号∩は上に凸を表し, ∪は下に凸を表します.

参考 グラフをかきたいとき, 増減と凹凸を1つの表にまとめてかくとグラフの形状がわかりやすくなります.

そのときは, 次のようにかきます.

x	$\cdots$	-2	$\cdots$	-1	$\cdots$
y'	$-$	$-$	$-$	0	$+$
y''	$-$	0	$+$	$+$	$+$
y	↘	$-\dfrac{2}{e^2}$	↘	$-\dfrac{1}{e}$	↗

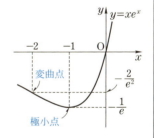

記号↘は, 上に凸で減少することを表します. ↘, ↗, ↗もそれぞれ下に凸で減少, 下に凸で増加, 上に凸で増加を表します.

ポイント

- $f(x)$ は $f''(x) > 0$ となる区間では下に凸
  $f''(x) < 0$ となる区間では上に凸
- $f''(\alpha) = 0$ となっても, その前後で符号が変化しなければ変曲点ではない

演習問題 71

$f(x) = x(x-1)^3$ について, 次の問いに答えよ.

(1) 増減を調べ, 極値を求めよ.
(2) 凹凸を調べ, 変曲点の座標を求めよ.

72 三角関数の最大・最小（Ⅰ）

$f(x) = 2\sin x + \sin 2x \left(0 \leq x \leq \dfrac{\pi}{2}\right)$ について，最大値，最小値と，それらを与える x の値を求めよ．

数学Ⅰでも「三角関数の最大・最小」を扱いましたが，そのときは，**「おきかえて既知の関数になる」**三角関数がテーマでした．数学Ⅲでは，そういうものも含めて**「微分して増減表をかく」**三角関数がテーマです．

「微分する」という作業を除けば，数学Ⅱで学んだ内容が主たる道具ですから，忘れていたこと，知らなかったことをその都度，補ってください．

ところで，この基礎問は数学Ⅱの範囲では解けないのでしょうか？

$\sin 2x = 2\sin x \cos x$ としたところで $f(x) = 2\sin x + 2\sin x \cos x$ ですから，$\sqrt{}$ を使わないで1種類に統一することができません．

ということで，微分するしか手がないのですが，解答は2つできます．

解答

$f'(x) = 2\cos x + \cos 2x \cdot (2x)' = 2\cos x + 2\cos 2x$
  （⇨合成関数の微分：**62**）
$= 2\cos x + 2(2\cos^2 x - 1) = 2(2\cos^2 x + \cos x - 1)$
  （⇨2倍角の公式：数学Ⅱ・B **55**）
$= 2(\cos x + 1)(2\cos x - 1)$

$0 \leq x \leq \dfrac{\pi}{2}$ のとき，$0 \leq \cos x \leq 1$ だから，

$f'(x) = 0$ より $\cos x = \dfrac{1}{2}$ ∴ $x = \dfrac{\pi}{3}$

よって，増減は右表のようになり，

最大値 $\dfrac{3\sqrt{3}}{2}$ $\left(x = \dfrac{\pi}{3}\right)$

最小値 0 $(x = 0)$

x	0	$\cdots$	$\dfrac{\pi}{3}$	$\cdots$	$\dfrac{\pi}{2}$
$f'(x)$		$+$	0	$-$	
$f(x)$	0	↗	$\dfrac{3\sqrt{3}}{2}$	↘	2

注 次に，(**別解**)をあげておきますが，これは「こんな解答をつくってほしい」ということではありません．$\sqrt{}$ のついた関数の微分に，受験生の方々は意外と苦労しているようなので，「微分の練習問題」のつもりでかいてあります．途中をわざと省略しているところもありますので，自分で鉛筆をもって実行してみましょう．

(**別解**) $\sin x = t$ とおくと，$0 \leq t \leq 1$

$\cos x = \sqrt{1-\sin^2 x} = \sqrt{1-t^2}$ ($0 \leq \cos x \leq 1$ より)

∴ $f(x) = 2t + 2t\sqrt{1-t^2}$ ($= g(t)$ とおく)

$g'(t) = 2 + 2\sqrt{1-t^2} + 2t \cdot \dfrac{-2t}{2\sqrt{1-t^2}}$ ($0 \leq t < 1$)

$= \dfrac{2}{\sqrt{1-t^2}}(\sqrt{1-t^2} + 1 - 2t^2)$

$g'(t) = 0$ より

$\sqrt{1-t^2} = 2t^2 - 1$ $\left(t \geq \dfrac{1}{\sqrt{2}}\right)$

両辺を平方して，$t^2(4t^2 - 3) = 0$

∴ $t = \dfrac{\sqrt{3}}{2}$ $\left(\dfrac{1}{\sqrt{2}} \leq t < 1\right.$ より$\left.\right)$

よって，増減は表のようになる．(以下略)

t	0	$\cdots$	$\dfrac{\sqrt{3}}{2}$	$\cdots$	1
$g'(t)$		$+$	0	$-$	
$g(t)$	0	↗	$\dfrac{3\sqrt{3}}{2}$	↘	2

> **ポイント** 三角関数の最大・最小は，微分する前に，おきかえて最大・最小を求められる関数になっているかどうかを考えて，だめなら，そこで微分することを考える

演習問題 72

a を 0 でない定数とし，$f(x) = a(x - \sin 2x)$ は $-\dfrac{\pi}{2} \leq x \leq \dfrac{\pi}{2}$ で定義された関数とするとき，次の問いに答えよ．

(1) $2\cos\theta - 1 = 0$ ($-\pi \leq \theta \leq \pi$) を解け．
(2) $a > 0$ のとき，$f(x)$ の最大値が π となる a の値を求めよ．
(3) $a < 0$ のとき，$f(x)$ の最大値が π となる a の値を求めよ．

73 対数関数の最大・最小

$f(x) = n \log x + \log(n+2-nx)$ $\left(0 < x < \dfrac{n+2}{n},\ n: 自然数\right)$

について，次の問いに答えよ．
(1) 最大値 M を n で表せ．
(2) $\lim\limits_{n\to\infty} M$ を求めよ．

 対数関数の最大・最小も三角関数と同様で，おきかえなどで微分をしないですむものならそちらの方がラクですが，この問題もそれは無理です．

(1) 微分することが方針であることは当然として，そのまま微分しますか？それとも変形して微分しますか？

解 答

(1) $f'(x) = \dfrac{n}{x} + \dfrac{(n+2-nx)'}{n+2-nx} = \dfrac{n}{x} - \dfrac{n}{n+2-nx}$

(⇨合成関数の微分: 62)

$= \dfrac{n\{(n+2)-(n+1)x\}}{x(n+2-nx)}$

$f'(x) = 0$ より $x = \dfrac{n+2}{n+1}$

$\left(0 < \dfrac{n+2}{n+1} < \dfrac{n+2}{n}\ \ より\right)$

x	0	$\cdots$	$\dfrac{n+2}{n+1}$	$\cdots$	$\dfrac{n+2}{n}$
$f'(x)$		$+$	0	$-$	
$f(x)$		↗	最大	↘	

増減は右表のようになる．

$\therefore\ M = f\left(\dfrac{n+2}{n+1}\right) = n\log\dfrac{n+2}{n+1} + \log\left\{n+2-\dfrac{n(n+2)}{n+1}\right\}$

$= \log\left(\dfrac{n+2}{n+1}\right)^n + \log\left(\dfrac{n+2}{n+1}\right) = \boldsymbol{\log\left(\dfrac{n+2}{n+1}\right)^{n+1}}$

(2) $\lim\limits_{n\to\infty}\left(\dfrac{n+2}{n+1}\right)^{n+1} = \lim\limits_{n+1\to\infty}\left(1+\dfrac{1}{n+1}\right)^{n+1} = e$ ◀ 51

よって，$\lim\limits_{n\to\infty} M = \lim\limits_{n\to\infty} \log\left(\dfrac{n+2}{n+1}\right)^{n+1} = \log e = 1$

注 ところで，(1)の最後の2行でMの値を計算していますが，このとき log を1つにまとめる作業をしています．

それなら，最初からまとめてみたらどうでしょうか？

(別解) （$\log \triangle$ が最大になるのは$\triangle$が最大のときだから…）

(1) $f(x) = \log x^n(n+2-nx)$

$g(x) = x^n(n+2-nx)$ とおくと，

$g'(x) = nx^{n-1}(n+2-nx) + x^n(-n) = nx^{n-1}\{(n+2)-(n+1)x\}$

$g'(x) = 0$ より $x = \dfrac{n+2}{n+1}$ $\left(0 < \dfrac{n+2}{n+1} < \dfrac{n+2}{n} \text{ より}\right)$

よって，増減は右表のようになり，最大値は

$$g\left(\dfrac{n+2}{n+1}\right) = \left(\dfrac{n+2}{n+1}\right)^{n+1}$$

x	0	$\cdots$	$\dfrac{n+2}{n+1}$	$\cdots$	$\dfrac{n+2}{n}$
$g'(x)$		$+$	0	$-$	
$g(x)$		↗	最大	↘	

底 $= e$ (>1) だから，

$f(x)$ が最大になるのは，$g(x)$ が最大になるとき．

∴ $M = \log g\left(\dfrac{n+2}{n+1}\right) = \log\left(\dfrac{n+2}{n+1}\right)^{n+1}$

注 増減表をかくときの最大のポイントは導関数の符号変化です．この**基礎問**では，右図のようなグラフを利用しましたが，0 と $\dfrac{n+2}{n+1}$ の間に 1 があるので，$g'(1) = n > 0$ を利用することもできるでしょう．

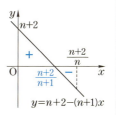

$y = n+2-(n+1)x$

ポイント
- 関数 $f(x)$ の増減を考えるとき，$f'(x)$ の符号変化のとらえ方が最大のポイント
- 関数の最大・最小を考えるとき，まずおきかえて微分しないですませられないか考えて，ダメなら微分することを考えるが，そのときは式の形がこのままでよいか，変形した方がよいか考える

演習問題 73

$f(x) = x\log x - 2x$ $(x > 0)$ の最小値を求めよ．

74 指数関数の最大・最小

$a>0$, $x>0$ のとき，$f(x)=x^a e^{-x}$ について，次の問いに答えよ．
(1) $f(x)$ の最大値 M を a で表せ．
(2) M が最小となる a を求めよ．

基本的には，62，63 と同様ですが，大きな違いは，定数 a が含まれていることです．

これによって，方程式 $f'(x)=0$ の解を求める場面で，その解に文字 a が含まれることになり，**場合分けが起こるかもしれません**．

解答

(1) $x>0$ のとき
$$f'(x)=ax^{a-1}e^{-x}-x^a e^{-x}$$
$$=x^{a-1}e^{-x}(a-x)$$
$x^{a-1}e^{-x}>0$ だから，
$f'(x)=0$ のとき
$$x=a$$
よって，増減は右表のようになる．
$$\therefore\ M=a^a e^{-a}$$

x	0	$\cdots$	a	$\cdots$
$f'(x)$		$+$	0	$-$
$f(x)$		↗	$a^a e^{-a}$	↘

注 もし $a>0$ がなければ，0 と a の大小の判断がつかないので場合分けをすることになります．(⇨ 参考 I)

(2) $M=a^a e^{-a}$ において，$a>0$ だから，
$$\log M=\log a^a e^{-a} \iff \log M=a\log a-a$$
両辺を a で微分すると， ◀対数微分法：63
$$\frac{M'}{M}=\log a+a\cdot\frac{1}{a}-1$$
$$\iff M'=M\log a$$
$M>0$ だから，$M'=0$ のとき $a=1$
よって，増減は右表のようになり，
M は $a=1$ のとき，最小．

a	0	$\cdots$	1	$\cdots$
M'		$-$	0	$+$
M		↘	e^{-1}	↗

Ⅰ．ところで，$a<0$ だったら，(1)はどうなるのでしょうか？

$x>0$ のとき $f'(x)=x^{a-1}e^{-x}(a-x)$

ここで $x^{a-1}>0$，$e^{-x}>0$，$a-x<0$ だから，$f'(x)<0$
よって，単調減少となり，最大値はない．

Ⅱ．$f(x)$ に変曲点はあるのでしょうか？

71 の復習のつもりで調べてみましょう．

$x>0$ のとき
$f''(x)=(a-1)x^{a-2}e^{-x}(a-x)+x^{a-1}(-e^{-x})(a-x)+x^{a-1}e^{-x}(-1)$
$\quad =x^{a-2}e^{-x}\{(a-1)(a-x)-x(a-x)-x\}$
$\quad =x^{a-2}e^{-x}\{x^2-2ax+a(a-1)\}$

$x^2-2ax+a(a-1)=0 \iff x=a\pm\sqrt{a}$ （$a>0$ より）

ここで，$a-\sqrt{a}>0$ すなわち $a>1$ のとき，
$\quad a+\sqrt{a}>a-\sqrt{a}>0$
$\quad \therefore\ f''(x)=0$ の解は
$\qquad x=a\pm\sqrt{a}$

$0\geqq a-\sqrt{a}$ すなわち $0<a\leqq1$ のとき，
$\quad a+\sqrt{a}>0\geqq a-\sqrt{a}$
$\quad \therefore\ f''(x)=0$ の解は
$\qquad x=a+\sqrt{a}$ のみ

これらと右図より，変曲点は，$a>1$ のとき2個あり，$0<a\leqq1$ のとき，1個ある．

> **ポイント** 文字定数が含まれている関数の最大・最小は，場合分けになる可能性があるので，要注意

$f(x)=e^x-ax$ （$a>0$）の最小値を求めよ．

75 分数関数の最大・最小

曲線 $y=1-x^2$ がある．点 $P(a, 1-a^2)$ は第1象限の中でこの曲線上を動く．

(1) Pにおける接線 l の方程式を a を用いて表せ．
(2) l と x 軸，y 軸によってつくられる三角形の面積 S を a を用いて表せ．
(3) S が最小となるような P の座標を求めよ．

典型的な最大・最小の問題です．

(1), (2)は数学Ⅱの範囲で，使う道具は **接線公式** (数学Ⅱ・B 85) です．

(3) 微分法を図形へ応用するとき，**変数のとりうる値の範囲**に注意します．

解 答

(1) $y'=-2x$ だから，Pにおける接線は
$$y-(1-a^2)=-2a(x-a)$$
$$\therefore\ l: y=-2ax+a^2+1\ (0<a<1)$$

(2) l の y 切片は $a^2+1\ (>0)$

x 切片は $\dfrac{a^2+1}{2a}\ (>0)$

$\therefore\ S=\dfrac{1}{2}\cdot\dfrac{a^2+1}{2a}\cdot(a^2+1)=\dfrac{(a^2+1)^2}{4a}$

(3) $S'=\dfrac{\{(a^2+1)^2\}'\cdot 4a-(a^2+1)^2(4a)'}{(4a)^2}$

$=\dfrac{2(a^2+1)\cdot 2a\cdot 4a-4(a^2+1)^2}{16a^2}$

$=\dfrac{(a^2+1)\{4a^2-(a^2+1)\}}{4a^2}=\dfrac{(a^2+1)(3a^2-1)}{4a^2}$

◀ a^2+1 が共通因数になることが見えている

$0<a<1$ だから，

$S'=0$ より $a=\dfrac{1}{\sqrt{3}}$

よって，増減は右表のようになる．

a	0	$\cdots$	$\dfrac{1}{\sqrt{3}}$	$\cdots$	1
S'		$-$	0	$+$	
S		↘	$\dfrac{4\sqrt{3}}{9}$	↗	

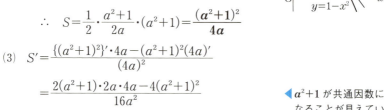

よって，$a=\dfrac{1}{\sqrt{3}}$ のとき，S は最小となり，求める座標は，

$$P\left(\dfrac{1}{\sqrt{3}},\ \dfrac{2}{3}\right)$$

(3)の商の微分はけっこう複雑です．実は，展開した方が微分自体はラクですが，最終的には方程式を解くために，因数分解しなければなりません．ということは，因数分解が将来的に必要なければ，次のようにした方が速いわけです．

$$S=\dfrac{(a^2+1)^2}{4a}=\dfrac{a^4+2a^2+1}{4a}=\dfrac{1}{4}\left(a^3+2a+\dfrac{1}{a}\right)$$
$$\therefore\ S'=\dfrac{1}{4}\left(3a^2+2-\dfrac{1}{a^2}\right)=\dfrac{3a^4+2a^2-1}{4a^2}$$

73 にもでてきているのですが，「微分する」と決まったとき，「**そのまま微分するか**」，「**式変形をして微分するか**」の選択は，問題によっては，大きな作業量の差になることがあります．いろいろな関数の微分が一通りできるようになった人の次のテーマといえるでしょう．

ポイント　関数を微分するとき
　　① そのまま微分
　　② 式変形をして微分
の2つの選択がある

演習問題 75

$f(x)=e^{-2x}$ とし，曲線 $C:y=f(x)$ を考える．

(1) 点 $(\alpha,\ e^{-2\alpha})\ (\alpha>0)$ における曲線 C の接線 l の方程式を求めよ．

(2) l と x 軸，y 軸によって囲まれる三角形の面積 $S(\alpha)$ を求めよ．

(3) $S(\alpha)$ の最大値と，それを与える α の値を求めよ．

76 三角関数の最大・最小（Ⅱ）

$f(x) = \dfrac{\sin x + \cos x}{\sin^4 x + \cos^4 x}$ に対して，次の問いに答えよ．

(1) $t = \sin x + \cos x$ とおくとき，$f(x)$ を t で表せ．

(2) $f(x)$ の $0 \leqq x \leqq \pi$ における最大値と最小値を求めよ．

72のポイントをみると，(1)がなくても，まず，おきかえることを考えた方がよいでしょう．

(1) $f(x)$ は $\sin x$ と $\cos x$ をとりかえても同じ式ですから，$\sin x$，$\cos x$ に関する対称式（数学Ⅰ・A **5**）といえます．だから，$f(x)$ は $\sin x + \cos x$ と $\sin x \cos x$ の式で表せます．数学Ⅰ・A **70** によれば，$\sin x \cos x$ は $\sin x + \cos x$ で表すことができます．(1)は，このことをいっているのです．

数学Ⅰ・A **3** の 精講 に「**式の特徴を見ぬく力**」が大切であるとかいておいたのは，こういうときのためなのです．

解 答

(1) $t^2 = 1 + 2\sin x \cos x$ より　　　◀ $\sin^2 x + \cos^2 x = 1$

$\sin x \cos x = \dfrac{1}{2}(t^2 - 1)$

このとき，

$\sin^4 x + \cos^4 x$
$= (\sin^2 x + \cos^2 x)^2 - 2\sin^2 x \cos^2 x$
$= 1 - 2\left\{\dfrac{1}{2}(t^2 - 1)\right\}^2$
$= 1 - \dfrac{1}{2}(t^2 - 1)^2$
$= -\dfrac{1}{2}(t^4 - 2t^2 - 1)$

よって，$f(x) = \dfrac{-2t}{t^4 - 2t^2 - 1}$

(2) $t = \sqrt{2}\sin\left(x + \dfrac{\pi}{4}\right)$ において　　　◀ 数学Ⅱ・B **59**：三角関数の合成

$0 \leq x \leq \pi$ より，$\dfrac{\pi}{4} \leq x+\dfrac{\pi}{4} \leq \dfrac{5\pi}{4}$ だから，

$$-\dfrac{1}{\sqrt{2}} \leq \sin\left(x+\dfrac{\pi}{4}\right) \leq 1$$

(右図参照)

$\therefore \quad -1 \leq t \leq \sqrt{2}$

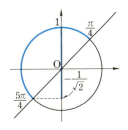

次に，$g(t)=\dfrac{-2t}{t^4-2t^2-1}$ とおくと

$$g'(t)=\dfrac{-2(t^4-2t^2-1)-(-2t)(4t^3-4t)}{(t^4-2t^2-1)^2}$$

$$=\dfrac{2(3t^4-2t^2+1)}{(t^4-2t^2-1)^2}$$

$$=\dfrac{2\{2t^4+(t^2-1)^2\}}{(t^4-2t^2-1)^2}$$

ここで，$2t^4 \geq 0$，$(t^2-1)^2 \geq 0$ であり，等号は同時に成立しないので
$2t^4+(t^2-1)^2>0$

ゆえに $g'(t)>0$ となり，$g(t)$ は単調増加．

よって，$t=\sqrt{2}$ すなわち，$x=\dfrac{\pi}{4}$ のとき，**最大値 $2\sqrt{2}$**

$\qquad t=-1$ すなわち，$x=\pi$ のとき，**最小値 -1**

注 (2)において，$g'(t)>0$ でも，$g'(t) \geq 0$ でも，大ざっぱにとらえれば，「単調増加」ですから，「$2t^4 \geq 0$，$(t^2-1)^2 \geq 0$ より，$2t^4+(t^2-1)^2 \geq 0$」でもよいのでしょうが，やはり，等号が成りたたないのは事実ですから，**解答**はきちんとかいておきました．

● ポイント

$f'(x) \geq 0$ となる x の範囲で $f(x)$ は単調増加

演習問題 76

$f(x)=\dfrac{\sin x-\cos x}{2+\sin x \cos x}$ について，次の問いに答えよ．

(1) $\sin x-\cos x=t$ とおくとき，$f(x)$ を t で表せ．
(2) $f(x)$ の最大値，最小値を求めよ．

77 微分法のグラフへの応用（Ⅰ）

$y = x + \dfrac{1}{x-2}$ の増減，極値，漸近線を調べてグラフをかけ．

精講 関数の増減，極値については，数学Ⅱでも，これまででも学んでいますので，ここでのテーマは「**漸近線**」です．定義は次のようになっています．

> 曲線上の点が限りなく遠ざかる場合，その曲線がある直線に限りなく近づくとき，近づいていく直線をその曲線の**漸近線**という．

37 で，$y = \dfrac{r}{x-p} + q$ の形で，漸近線が $x = p$, $y = q$ であることを学びましたが，この関数も同じような形をしています（⇨**ポイント**）．
一般的なことは を見てください．

解答

$y' = 1 - \dfrac{1}{(x-2)^2}$ だから，

$y' = 0$ より $(x-2)^2 = 1$

∴ $x = 1, 3$

よって，増減は右表のようになるので

極大値 0，極小値 4

x	$\cdots$	1	$\cdots$	2	$\cdots$	3	$\cdots$
y'	$+$	0	$-$	/	$-$	0	$+$
y	↗	0	↘	/	↘	4	↗

次に，$\lim\limits_{x \to 2+0} y = +\infty$, $\lim\limits_{x \to 2-0} y = -\infty$ より

直線 $x = 2$ が漸近線．

また，$\lim\limits_{x \to \pm\infty} \dfrac{1}{x-2} = 0$ だから，

直線 $y = x$ も漸近線．

以上のことより，グラフは右図．

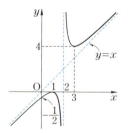

注 1 凹凸については，要求されていないので調べていません．

注 2 「$\lim\limits_{x \to a+0} y$」とは，$x$ の値を右側から a に近づけたときの y の極限を表します．逆に，$x \to a-0$ は，左側から a に近づけることを表します．

注 3 この関数は，$x=2$ では定義されません．このようなときには，増減表に，$x=2$ の欄も用意します．

（タテ型漸近線）

$\lim_{x \to a+0} f(x) = +\infty$（または $-\infty$），あるいは

$\lim_{x \to a-0} f(x) = +\infty$（または $-\infty$）のどちらかが成りたてば，

直線 $x=a$ が漸近線．

（ヨコ型漸近線）

$\lim_{x \to \infty} f(x) = a$（または $\lim_{x \to -\infty} f(x) = a$）が成りたてば，**直線 $y=a$ が漸近線．**

（ナナメ型漸近線）

$\lim_{x \to \infty} \dfrac{f(x)}{x} = a$, $\lim_{x \to \infty}(f(x) - ax) = b$ のとき，（$x \to -\infty$ でもよい）

直線 $y=ax+b$ が漸近線．

また，分子，分母ともに整式であれば次のようなこともいえます．

・$x=a$ で分母が 0 となるならば，直線 $x=a$ が漸近線
・分母の次数≧分子の次数 のとき，ヨコ型漸近線がある
・分母の次数+1＝分子の次数 のとき，ナナメ型漸近線がある

（⇨ **演習問題 77**）

● ポイント

$y = mx + n + \dfrac{a}{x-p}$ のとき

2直線 $x=p$, $y=mx+n$ が漸近線

演習問題 77

$y = \dfrac{x^2 + 2x - 2}{x+3}$ の増減，極値，漸近線を調べてグラフをかけ．

78 微分法のグラフへの応用（Ⅱ）

$y=\dfrac{x}{e^x}$ の増減，極値，凹凸，変曲点，漸近線を調べて，グラフの概形をかけ．ただし，$\displaystyle\lim_{x\to\infty}\dfrac{x}{e^x}=0$ を用いてよい．

グラフをかくときに必要なものは，次の通りです．
① 増減，極値　　② 凹凸，変曲点
③ 座標軸との交点　④ 存在すれば，漸近線

ということは，次の作業ができればグラフがかけるということになります．

　　　　Ⅰ．微分ができる
　　　　Ⅱ．関数の符号変化がよめる
　　　　Ⅲ．漸近線が求められる

最大のハードルはⅢですが，本問では，Ⅲに必要な材料は与えられています．

この**基礎問**では $\displaystyle\lim_{x\to\infty}\dfrac{x}{e^x}=0$ がそれにあたります．

まず，Ⅰ，Ⅱが確実にできるようになってください．
特に，微分するとき，75のポイントを思い出すと…．

解　答

$y=\dfrac{x}{e^x} \iff y=xe^{-x}$

∴ $y'=e^{-x}+x(-e^{-x})=(1-x)e^{-x}$

また，$y''=-e^{-x}+(1-x)(-e^{-x})=(x-2)e^{-x}$

$e^{-x}>0$ だから
　　　$y'=0$ より　　$x=1$
　　　$y''=0$ より　　$x=2$

◀商の微分より積の微分の方がラク

よって，増減，凹凸は右表のようになり，

$x=1$ のとき，**極大値** $\dfrac{1}{e}$ をとり，

変曲点は $\left(2,\ \dfrac{2}{e^2}\right)$．

x	$\cdots$	1	$\cdots$	2	$\cdots$
y'	$+$	0	$-$	$-$	$-$
y''	$-$	$-$	$-$	0	$+$
y	↗	$\dfrac{1}{e}$	↘	$\dfrac{2}{e^2}$	↘

$\lim_{x\to\infty}\dfrac{x}{e^x}=0$ より，x 軸が漸近線．

また，$\lim_{x\to-\infty}\dfrac{x}{e^x}=-\infty$ である．

以上のことより，グラフの概形は右図．

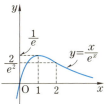

注 「概形」をそのまま訳せば，「だいたいの形」と
いうことでしょうが，数学では，増減，凹凸などをきちんと調べた図でも「概形」とよびます．この問題でいうと，曲線の曲がり具合とか，$\dfrac{1}{e}$ や $\dfrac{2}{e^2}$ の y 軸上の位置はどうしても正確にかけないからです．

 ところで，与えられた形のまま微分するとどうなるのでしょうか？

$$y'=\dfrac{1\cdot e^x - x\cdot e^x}{(e^x)^2}=\dfrac{(1-x)e^x}{(e^x)^2}=\dfrac{1-x}{e^x}$$

$$y''=\dfrac{-1\cdot e^x-(1-x)e^x}{(e^x)^2}=\dfrac{(x-2)e^x}{(e^x)^2}=\dfrac{x-2}{e^x}$$

> **ポイント** グラフをかくとき，次の 4 つを調べる
> ① 増減，極値　　② 凹凸，変曲点
> ③ 座標軸との交点　④ 漸近線

注 $\lim_{x\to\infty}\dfrac{x}{e^x}=0$ については，81 参照．

$y=\dfrac{e^x}{x^2}$ の増減，極値を調べて，グラフの概形をかけ．

ただし，$\lim_{x\to\infty}\dfrac{x^2}{e^x}=0$ を用いてよい．

79 微分法のグラフへの応用（Ⅲ）

$y = \dfrac{\log x}{x}$ $(x > 0)$ の増減，極値，凹凸，変曲点，漸近線を調べて，グラフの概形をかけ．ただし，$\displaystyle\lim_{t \to \infty} \dfrac{t}{e^t} = 0$ を用いてよい．

精講

78 と全く同じ問題形式をしていますが，ただし書き「$\displaystyle\lim_{t \to \infty} \dfrac{t}{e^t} = 0$」の部分に異和感を感じませんか？

これが，漸近線を求めるために与えてあることは想像できるでしょう．しかし，与えられた関数は対数ですからこのままでは使えません．

解答

$y' = \dfrac{\dfrac{1}{x} \cdot x - \log x \cdot 1}{x^2} = \dfrac{1 - \log x}{x^2}$　　$y' = 0$ より　$x = e$

$y'' = \dfrac{-\dfrac{1}{x} \cdot x^2 - (1 - \log x) \cdot 2x}{x^4} = \dfrac{-3 + 2\log x}{x^3}$　　$y'' = 0$ より　$x = e^{\frac{3}{2}}$

よって，増減，凹凸は右表のようになるので

極大値 $\dfrac{1}{e}$，変曲点 $\left(e^{\frac{3}{2}},\ \dfrac{3}{2e^{\frac{3}{2}}}\right)$

x	0	$\cdots$	e	$\cdots$	$e^{\frac{3}{2}}$	$\cdots$
y'		$+$	0	$-$	$-$	$-$
y''		$-$	$-$	$-$	0	$+$
y		↗	$\dfrac{1}{e}$	↘	$\dfrac{3}{2e^{\frac{3}{2}}}$	↘

ここで，$\displaystyle\lim_{x \to +0} \dfrac{\log x}{x} = -\infty$　（⇨ 注1）

ゆえに，y 軸が漸近線．

$t = \log x$ とおくと，$e^t = e^{\log x} = x$　（⇨ 注2）

$\therefore\ \dfrac{t}{e^t} = \dfrac{\log x}{x}$

そして，$x \to \infty$ のとき $t \to \infty$ であるから

$\displaystyle\lim_{x \to \infty} \dfrac{\log x}{x} = \lim_{t \to \infty} \dfrac{t}{e^t} = 0$ となり

x 軸も漸近線．

よって，グラフは右図．

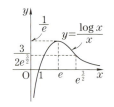

注1 $\lim_{x\to +0}\log x=-\infty$, $\lim_{x\to +0}x=0$ だから

$\lim_{x\to +0}\dfrac{\log x}{x}$ は不定形ではありません.

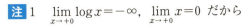

注2 $e^{\log x}=x$ となる理由は数学Ⅱ・B 70 の 参考 をみてください.

次のように考えることもできます.

$f(x)=e^x$ と $g(x)=\log x$ は互いに逆関数の関係にあるので ◀40

$$f(g(x))=x$$

すなわち,

$$e^{\log x}=x$$

参考 この基礎問の関数には，漸近線が2本もありましたが，77 の 参考 によれば，漸近線は，タテ，ヨコ，ナナメの3種類あり，それぞれ調べ方も決まっています．ということは,「どの形の漸近線がありそうか」予想できれば（＝疑うことができれば）求められることになります．そこで，疑い方を教えておきましょう．

Ⅰ．指数がらみ → ヨコ型

Ⅱ．対数，tan がらみ → タテ型

Ⅲ．分数がらみ → タテ型，ヨコ型，ナナメ型

（ただし，ナナメ型は分子，分母とも整式のとき）

この基礎問について疑ってみると，ⅡとⅢが該当するので,「タテ型，ヨコ型，ナナメ型がありそう」と予想できるはずです．

ただし，これはあくまでも予想以外の何者でもありません．

きちんと調べると，**現実と予想は異なることがあります**．

(⇒演習問題79)

ポイント $\lim_{x\to\infty}\dfrac{x}{e^x}=0 \iff \lim_{x\to\infty}\dfrac{\log x}{x}=0$

演習問題79

$y=x\log x$ $(x>0)$ について，増減，極値，凹凸，変曲点を調べて，グラフの概形をかけ．ただし，$\lim_{t\to\infty}\dfrac{\log t}{t}=0$ を用いてよい.

80 微分法の方程式への応用

曲線 $y = x^4 - 4x^3$ について
(1) $y = x^4 - 4x^3$ のグラフの概形をかけ．
(2) x の方程式 $x^4 - 3x^3 = x^3 + a$ の異なる実数解の個数を a の値で分類して答えよ．

(1) グラフの概形をかくときに必要なことは 78 のポイントにあげた4項目です．
(2) 3次で定数 a を含んだ方程式の解について数学Ⅱ・B 94 で学んでいますが，考え方は次の通りです．

$f(x) = a$ の形に変形して，$y = f(x)$ と $y = a$ のグラフを利用する

解　答

(1) $y' = 4x^3 - 12x^2 = 4x^2(x - 3)$

$y' = 0$ より $x = 0, 3$
　　　　　↳ 注1

$y'' = 12x^2 - 24x = 12x(x - 2)$

$y'' = 0$ より $x = 0, 2$

よって，増減，凹凸は下表のようになる．

x	$\cdots$	0	$\cdots$	2	$\cdots$	3	$\cdots$
y'	$-$	0	$-$	$-$	$-$	0	$+$
y''	$+$	0	$-$	0	$+$	$+$	$+$
y	↘	0	↘	-16	↘	-27	↗

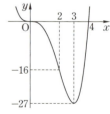

ゆえに，グラフは右図．

注1　$x = 0$ のとき $y' = 0$ ですが，極値ではありません．
(⇨ 数学Ⅱ・B 88)

注2　整式で表された関数は漸近線をもちません．

(2) $x^4 - 3x^3 = x^3 + a \iff x^4 - 4x^3 = a$

ゆえに，$y = x^4 - 4x^3$ のグラフと直線 $y = a$ の

147

共有点の個数が，与えられた方程式の異なる実数解の個数と一致する．

よって，異なる実数解の個数は，a の値によって，次のようになる．

$$\begin{cases} a<-27 \text{ のとき } 0 \text{ 個} \\ a=-27 \text{ のとき } 1 \text{ 個} \\ a>-27 \text{ のとき } 2 \text{ 個} \end{cases}$$

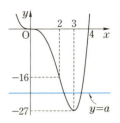

注 3 「異なる実数解の個数」とは「重解は1つと数える」という意味です．たとえば，この**基礎問**で，$a=0$ のときを考えると $x^3(x-4)=0$ が与えられた方程式ですが，「この方程式の実数解は $x=0$ と $x=4$ の2個」といういい方はおかしく，正しくは「この方程式の異なる実数解は2個」というべきです．ただし，個数がテーマでなければ「この方程式の実数解は，$x=0$ と $x=4$」といってもかまいません．

(⇨数学Ⅱ・B 17 注)

 もし，「この方程式が重解をもつような a の値は？」と聞かれたら，「2つのグラフが接するとき」を考えて，「$a=0,\ -27$」と答えればよいのですが，$y=x^4-4x^3$ と $y=0$（x軸）が接していると思えない人はいませんか？

「接する」ことを右図のようなイメージでとらえていると，このように誤解してしまうことになります．

> $y=x^4-4x^3$ 上の点 $(0,\ 0)$ における接線を接線公式（⇨数学Ⅱ・B 85）で求めてみましょう．
> $y=0$ となるはずです．

●ポイント 定数 a を含んだ x の方程式は，$f(x)=a$ と変形し，$y=f(x)$ と $y=a$ のグラフを利用する

演習問題 80

a を実数として，方程式 $2x^3-3ax^2+8=0$ が $0\leqq x\leqq 3$ の範囲に少なくとも1個の実数解をもつように a の値の範囲を定めよ．

81 微分法の不等式への応用

(1) $x>0$ のとき，$e^x > \dfrac{1}{2}x^2 + x + 1$ が成りたつことを示せ．

(2) $\displaystyle\lim_{x\to\infty} \dfrac{x}{e^x} = 0$ を示せ．

(3) $\displaystyle\lim_{x\to +0} x\log x = 0$ を示せ．

(1) 微分法の不等式への応用は数学Ⅱ・B **96**，数学Ⅱ・B **97** で学習済みです．考え方自体は何ら変わりはありません．

(2)は **78** に，(3)は**演習問題 79** にでています．

大学入試で，これらが必要になるときは，

Ⅰ．直接与えてある（**78**）

Ⅱ．間接的に与えてある（**演習問題 79**）

Ⅲ．証明ができるように，使う場面以前に材料が与えてある（**81**）

のいずれかの形態になっているのがフツウですが，たまに，そうでない出題もあります．

だから，この結果は知っておくにこしたことはありません．もちろん，証明の手順もそうです．(1)や(2)で不等式の証明，(3)で極限という流れは **44**，**45** で学んだ**はさみうちの原理**です．

解 答

(1) $f(x) = e^x - \left(\dfrac{1}{2}x^2 + x + 1\right)$ とおく．

$f'(x) = e^x - (x+1)$，$f''(x) = e^x - 1$

$x>0$ のとき，$e^x > 1$ が成りたち，$f''(x) > 0$

したがって，$f'(x)$ は $x>0$ において単調増加．

ここで，$f'(0) = 0$ だから，$x>0$ のとき，$f'(x) > 0$

よって，$f(x)$ は $x>0$ において単調増加．

ここで，$f(0) = 0$ だから，$x>0$ のとき，$f(x) > 0$

ゆえに，$x>0$ のとき，$e^x > \dfrac{1}{2}x^2 + x + 1$

$y=e^x$ 上の点 $(0,\ 1)$ における接線を求めると，$y=x+1$ になります．このとき，右図より $y=e^x$ が $y=x+1$ より上側にあります．だから，$x>0$ では $e^x>x+1$，すなわち，$f'(x)>0$ であることがわかります．

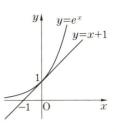

(2) $x>0$ のとき，(1)より　$e^x>\dfrac{1}{2}x^2+x+1>\dfrac{1}{2}x^2$

$$\therefore\ 0<\dfrac{x}{e^x}<\dfrac{2}{x}$$

$\displaystyle\lim_{x\to\infty}\dfrac{2}{x}=0$ だから，はさみうちの原理より　$\displaystyle\lim_{x\to\infty}\dfrac{x}{e^x}=0$

注　解答では，$x+1$ を切り捨てていますが，そのままだと次のようになります．

$$0<\dfrac{x}{e^x}<\dfrac{2x}{x^2+2x+2}\ \Longleftrightarrow\ 0<\dfrac{x}{e^x}<\dfrac{2}{x+2+\dfrac{2}{x}}$$

(3) (2)において，$x=\log\dfrac{1}{t}$ とおくと，$t\to+0$ のとき，$x\to\infty$

また，$e^x=e^{\log\frac{1}{t}}=\dfrac{1}{t}$，$x=-\log t$ だから，

$$\lim_{t\to+0}(-t\log t)=\lim_{x\to\infty}\dfrac{x}{e^x}=0$$

また，$\displaystyle\lim_{t\to+0}(-t\log t)=-\lim_{t\to+0}(t\log t)$

　$\therefore\ \displaystyle\lim_{t\to+0}t\log t=0$　すなわち，$\displaystyle\lim_{x\to+0}x\log x=0$

ポイント

$$\lim_{x\to\infty}\dfrac{x}{e^x}=0\ \Longleftrightarrow\ \lim_{x\to\infty}\dfrac{\log x}{x}=0\ \Longleftrightarrow\ \lim_{x\to+0}x\log x=0$$

(1) $x>0$ のとき，$\sqrt{x}>\log x$ を示せ．

(2) $\displaystyle\lim_{x\to\infty}\dfrac{\log x}{x}=0$ を示せ．

150 第5章 微分法

基礎問

82 媒介変数で表された関数のグラフ

xy 平面上で媒介変数 θ を用いて $\begin{cases} x = \theta - \sin\theta \\ y = 1 - \cos\theta \end{cases}$ $(0 \leqq \theta \leqq 2\pi)$ で表される曲線 C 上の点 P における接線が x 軸の正方向と $\dfrac{\pi}{6}$ の角をなすとき，

(1) C のグラフをかけ．　　(2) 点 P の座標を求めよ．

精講

(1) 媒介変数で表された関数の微分については 64 で学びました．ここでは，それを用いてグラフをかく練習をしましょう．最大のヤマは増減表のかき方です．**解答**の中では，スペースの関係上，64 で求めた $\dfrac{d^2y}{dx^2}$ をそのまま（途中を省略して）使ってあります．

(2) 直線と x 軸の正方向とのなす角を α とすると $\left(\text{ただし，} -\dfrac{\pi}{2} < \alpha < \dfrac{\pi}{2}\right)$，その直線の傾きは $\tan\alpha$ で表せます．（数学 II・B 58）

解答

(1) $0 < \theta < 2\pi$ のとき，　　◀注 参照

$$\frac{dx}{d\theta} = 1 - \cos\theta, \quad \frac{dy}{d\theta} = \sin\theta \quad \text{より} \quad \frac{dy}{dx} = \frac{\sin\theta}{1 - \cos\theta}$$

また，　$\dfrac{d^2y}{dx^2} = -\dfrac{1}{(1-\cos\theta)^2} < 0$　　◀64

よって，グラフは上に凸．　　◀71

また，$\dfrac{dy}{dx} = 0$ より　$\sin\theta = 0$　$\therefore$　$\theta = \pi$ $(0 < \theta < 2\pi$ より$)$

$1 - \cos\theta > 0$ だから，増減は右表のようになる．また，

θ	0	$\cdots$	π	$\cdots$	2π
x	0	$\cdots$	π	$\cdots$	2π
$\dfrac{dy}{dx}$	/	$+$	0	$-$	/
y	0	↗	2	↘	0

$$\lim_{\theta \to +0} \frac{dy}{dx} = \lim_{\theta \to +0} \frac{\sin\theta(1+\cos\theta)}{1-\cos^2\theta}$$

$$= \lim_{\theta \to +0} \frac{\theta}{\sin\theta} \cdot \frac{1+\cos\theta}{\theta} = +\infty$$

$\theta - 2\pi = t$ とおくと，$\theta \to 2\pi - 0$ のとき，$t \to -0$　　◀50 (5)

$$\lim_{\theta \to 2\pi - 0} \frac{dy}{dx} = \lim_{t \to -0} \frac{\sin(2\pi + t)}{1 - \cos(2\pi + t)}$$

$$= \lim_{t \to -0} \frac{\sin t}{1-\cos t}$$
$$= \lim_{t \to -0} \frac{t}{\sin t} \cdot \frac{1+\cos t}{t} = -\infty$$

だから $(0, 0)$, $(2\pi, 0)$ において曲線 C はそれぞれ直線 $x=0$, $x=2\pi$ に接する．

以上のことより，グラフは右図．

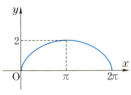

注 $\theta = 0$ と 2π のときをはずして微分しているのは，この2つの θ に対して，$\frac{dx}{d\theta}=0$ となるからです．

$$\frac{dy}{dx} = \frac{\frac{dy}{d\theta}}{\frac{dx}{d\theta}} \text{ は } \frac{dx}{d\theta} \neq 0 \text{ のときに使うことができる式です．}$$

その影響で，$\theta=0$ と 2π のときのグラフの様子がわからないので，$\lim_{\theta \to +0} \frac{dy}{dx}$, $\lim_{\theta \to 2\pi-0} \frac{dy}{dx}$ を調べてあるというわけです．

(2) $0 < \theta < 2\pi$ において

$$\frac{\sin\theta}{1-\cos\theta} = \tan\frac{\pi}{6} \iff \sqrt{3}\sin\theta = 1-\cos\theta$$

$$\iff \sqrt{3}\sin\theta + \cos\theta = 1 \iff 2\sin\left(\theta+\frac{\pi}{6}\right) = 1$$

$\frac{\pi}{6} < \theta + \frac{\pi}{6} < \frac{13\pi}{6}$ より $\theta + \frac{\pi}{6} = \frac{5\pi}{6}$ ∴ $\theta = \frac{2\pi}{3}$

よって， $P\left(\frac{2\pi}{3}-\frac{\sqrt{3}}{2}, \frac{3}{2}\right)$

ポイント ある直線が x 軸の正方向と α の角をなすとき

傾きは $\tan\alpha \left(-\frac{\pi}{2} < \alpha < \frac{\pi}{2}\right)$ で表せる

演習問題 82

xy 平面上で媒介変数 t を用いて，$\begin{cases} x = \sqrt{3}\,t^2 - 1 \\ y = t^3 - t \end{cases}$ $(-1 < t < 1)$ で表される曲線上の点 $P(x, y)$ における接線の傾きが0になるとき，点Pの座標を求めよ．

第6章 積分法

83 基本関数の積分

次の定積分の値を求めよ．

(1) $\displaystyle\int_0^1 \sqrt{x}\,(1+x)\,dx$

(2) $\displaystyle\int_1^2 \frac{(\sqrt{x}+1)^3}{x}\,dx$

(3) $\displaystyle\int_0^{\frac{\pi}{2}} (\sin x + \cos x)\,dx$

(4) $\displaystyle\int_0^1 e^x\,dx$

(5) $\displaystyle\int_1^2 2^x\,dx$

精講　数学Ⅱの積分に比べて，数学Ⅲの積分はかなりメンドウです．しかし，何事にも順序というものがあります．1つ1つ下から積み上げていくことが大切ですから，各**基礎問**のテーマを確実に身につけていくことが最終的に入試問題が解けることにつながるのです．今回は，基本になる関数の不定積分をいくつか覚えることになります．これらは公式として，**ポイント**にまとめてあります．

解　答

(1) $\displaystyle\int_0^1 x^{\frac{1}{2}}(1+x)\,dx = \int_0^1 (x^{\frac{1}{2}} + x^{\frac{3}{2}})\,dx$

$\displaystyle = \left[\frac{2}{3}x^{\frac{3}{2}} + \frac{2}{5}x^{\frac{5}{2}}\right]_0^1 = \frac{2}{3} + \frac{2}{5} = \boldsymbol{\frac{16}{15}}$

(2) $\displaystyle\int_1^2 \frac{(\sqrt{x}+1)^3}{x}\,dx = \int_1^2 \frac{x\sqrt{x} + 3x + 3\sqrt{x} + 1}{x}\,dx$

$\displaystyle = \int_1^2 \frac{x^{\frac{3}{2}} + 3x + 3x^{\frac{1}{2}} + 1}{x}\,dx$

$\displaystyle = \int_1^2 \left(x^{\frac{1}{2}} + 3 + 3x^{-\frac{1}{2}} + \frac{1}{x}\right)dx$

$\displaystyle = \left[\frac{2}{3}x^{\frac{3}{2}} + 3x + 6x^{\frac{1}{2}} + \log x\right]_1^2$

$\displaystyle = \left(\frac{4\sqrt{2}}{3} + 6 + 6\sqrt{2} + \log 2\right) - \left(\frac{2}{3} + 3 + 6\right)$

$$= \frac{22\sqrt{2}-11}{3}+\log 2$$

(3) $\int_0^{\frac{\pi}{2}}(\sin x+\cos x)dx=\Big[-\cos x+\sin x\Big]_0^{\frac{\pi}{2}}$
$$=1-(-1)=2$$

(4) $\int_0^1 e^x dx=\Big[e^x\Big]_0^1=e-1$

(5) $\int_1^2 2^x dx=\Big[\dfrac{2^x}{\log 2}\Big]_1^2=\dfrac{4-2}{\log 2}=\dfrac{2}{\log 2}$

注 $\tan x$ の積分と $\log x$ の積分が入っていませんが，これらは特別な技術を要します．84, 85 で学ぶことになります．

ポイント

- $\int x^p dx=\dfrac{1}{p+1}x^{p+1}+C \quad (p\neq -1)$
- $\int \dfrac{1}{x}dx=\log|x|+C$
- $\int \sin x\,dx=-\cos x+C$
- $\int \cos x\,dx=\sin x+C$
- $\int \dfrac{dx}{\cos^2 x}=\tan x+C$
- $\int a^x dx=\dfrac{a^x}{\log a}+C \quad (a>0,\ a\neq 1)$
- $\int e^x dx=e^x+C$

（C は積分定数）

演習問題 83

次の定積分の値を求めよ．

(1) $\int_0^1 \sqrt[3]{x}(1-x)dx$ 　　(2) $\int_{\frac{\pi}{3}}^{\frac{4\pi}{3}}(\cos x-\sin x)dx$

(3) $\int_1^2 3^{x+1}dx$ 　　(4) $\int_0^1 e^{x-1}dx$

84 $\tan x$ の積分

置換積分法を用いて，不定積分 $\displaystyle\int \tan x\, dx$ を求めよ．

置換積分の公式は，一般に次のようにかかれます．
$$\int f(g(x))g'(x)\,dx = \int f(t)\,dt \quad (g(x)=t)$$

でも，これでは何のことやら意味がわからない人もいるはずです．そこで次の手順を頭に入れておくとよいでしょう．

> ある x の式 $g(x)$ を $=t$ とひとまとめにおくとき，dx のところを $\dfrac{dt}{dx}=g'(x)$，すなわち，
> 形式的に $dt=g'(x)\,dx$ を用いて，dt にかえておく．

置換積分については，このあと 86 以降でもっと詳しく勉強していきます．

解答

$\displaystyle\int \tan x\, dx = \int \dfrac{\sin x}{\cos x}\, dx$ において，

$\cos x = t$ とおくと，$\dfrac{dt}{dx} = -\sin x$ ∴ $-dt = \sin x\, dx$

∴ $\displaystyle\int \tan x\, dx = -\int \dfrac{dt}{t} = -\log|t| + C$ ◁ 83

$= -\log|\cos x| + C$ （C：積分定数）

ポイント $\displaystyle\int \tan x\, dx = -\log|\cos x| + C$

注 これは覚えておくか，いつでも導けるようにしておきましょう．

演習問題 84

置換積分法を用いて，$\displaystyle\int \dfrac{dx}{\tan x}$ を求めよ．

85 $\log x$ の積分

部分積分法を用いて，$\int \log x \, dx$ を求めよ．

精講

部分積分の公式は，一般に次のようにかかれます．
$$\int f(x)g'(x)\,dx = f(x)g(x) - \int f'(x)g(x)\,dx$$

これは，$\int f(x)g'(x)\,dx$ は計算できなくても，$\int f'(x)g(x)\,dx$ が計算できるときに使うわけですが，部分積分の使い方には次の2つのタイプがあります．

Ⅰ．じゃまもの消去型
Ⅱ．同型出現型

詳しくは，95 以降で勉強します．
ちなみに，この積分はⅠ型です．

解答

$$\begin{aligned}
\int \log x \, dx &= \int 1 \cdot \log x \, dx \\
&= \int (x)' \log x \, dx = x \log x - \int x (\log x)' \, dx \\
&= x \log x - \int x \cdot \frac{1}{x} \, dx \\
&= x(\log x - 1) + C \quad (C：積分定数)
\end{aligned}$$

◀ 1 を補うところがコツ

ポイント

$$\int \log x \, dx = x(\log x - 1) + C$$

注 これは，公式として，覚えておく方がよいでしょう．

演習問題 85

部分積分法を用いて，$\int \log(x+1)\,dx$ を求めよ．

86 置換積分（Ⅰ）

次の定積分の値を求めよ．

(1) $\displaystyle\int_0^1 (2x+1)^3 dx$

(2) $\displaystyle\int_0^1 (3x+1)\sqrt{3x+1}\, dx$

(3) $\displaystyle\int_1^e \dfrac{1}{2x-1} dx$

(1)では，$2x+1$ を，(2)では，$3x+1$ を，(3)では，$2x-1$ を**ひとまとめ**におけば，基本の形（83）になります．

今回は定積分ですから，$=t$ とおいたあと dx だけではなく，**積分の範囲も，t の範囲**に変えておかなければなりません．

解答では，基本に忠実に置換積分していますが，今後は**ポイント**にかいてある考え方を利用して，積分できるようにならなければなりません．

実は，本当におきかえないといけない置換積分は意外と少ないのです．

解 答

(1) $2x+1=t$ とおくと，$x:0\to1$ のとき，$t:1\to3$

また，$\dfrac{dt}{dx}=2$ より $\dfrac{1}{2}dt=dx$

∴ $\displaystyle\int_0^1 (2x+1)^3 dx = \int_1^3 t^3 \cdot \dfrac{1}{2} dt = \dfrac{1}{2}\int_1^3 t^3 dt$

$= \dfrac{1}{8}\Big[t^4\Big]_1^3 = \dfrac{81-1}{8} = \mathbf{10}$

(2) $3x+1=t$ とおくと，$x:0\to1$ のとき，$t:1\to4$

また，$\dfrac{dt}{dx}=3$ より $\dfrac{1}{3}dt=dx$

∴ $\displaystyle\int_0^1 (3x+1)\sqrt{3x+1}\, dx = \int_0^1 (3x+1)^{\frac{3}{2}} dx$

$= \displaystyle\int_1^4 t^{\frac{3}{2}} \cdot \dfrac{1}{3} dt = \dfrac{1}{3}\int_1^4 t^{\frac{3}{2}} dt = \dfrac{2}{15}\Big[t^{\frac{5}{2}}\Big]_1^4$

$= \dfrac{2}{15}(4^{\frac{5}{2}}-1^{\frac{5}{2}}) = \dfrac{2}{15}(2^5-1) = \mathbf{\dfrac{62}{15}}$

(3) $2x-1=t$ とおくと, $x:1\to e$ のとき, $t:1\to 2e-1$

また, $\dfrac{dt}{dx}=2$ より $\dfrac{1}{2}dt=dx$

$\therefore$ $\displaystyle\int_1^e \frac{1}{2x-1}\,dx=\int_1^{2e-1}\frac{1}{t}\cdot\frac{1}{2}\,dt=\frac{1}{2}\int_1^{2e-1}\frac{1}{t}\,dt$

$\displaystyle =\frac{1}{2}\Bigl[\log t\Bigr]_1^{2e-1}=\frac{1}{2}\log(2e-1)$

🌙 **ポイント**

$$\int f(x)\,dx=F(x)\ \text{のとき}$$

$$\int f(ax+b)\,dx=\frac{1}{a}F(ax+b)+C\quad(a\neq0)$$

注 この公式の意味していることは,

「ある一次式をひとまとめにして積分をしたければ, x の係数の逆数をか
けておかないといけない」

ということです.

(別解) ポイントの考え方にしたがえば, 次のような解答になります.

(1) $\displaystyle\int_0^1 (2x+1)^3\,dx=\Bigl[\frac{1}{2}\cdot\frac{1}{4}(2x+1)^4\Bigr]_0^1=\frac{3^4-1^4}{8}=10$

 $(2x+1)'=2$ の逆数

(2) $\displaystyle\int_0^1 (3x+1)\sqrt{3x+1}\,dx=\int_0^1 (3x+1)^{\frac{3}{2}}\,dx$

$\displaystyle =\Bigl[\frac{1}{3}\cdot\frac{2}{5}(3x+1)^{\frac{5}{2}}\Bigr]_0^1=\frac{2}{15}(4^{\frac{5}{2}}-1^{\frac{5}{2}})=\frac{62}{15}$

 $(3x+1)'=3$ の逆数

(3) $\displaystyle\int_1^e \frac{1}{2x-1}\,dx=\Bigl[\frac{1}{2}\log(2x-1)\Bigr]_1^e=\frac{1}{2}\log(2e-1)$

 $(2x-1)'=2$ の逆数

演習問題 86

次の定積分の値を求めよ.

(1) $\displaystyle\int_1^2 (2x-1)^4\,dx$ $\qquad$ (2) $\displaystyle\int_0^4 \sqrt{2x+1}\,dx$ $\qquad$ (3) $\displaystyle\int_e^{2e}\frac{dx}{3x-1}$

87 積分の工夫

次の定積分の値を求めよ．

(1) $\int_{-1}^{1} x(2x+1)^3 \, dx$

(2) $\int_{2}^{3} (2x-3)\sqrt{x-1} \, dx$

今回の**基礎問**では，式や積分の範囲などの特徴の着目箇所によって定積分の手間が大きく変わるところを勉強します．

(1)は，普通に積分してもできますが，それ以外にも2つの手段があります．**1つは式に，もう1つは積分の範囲**に着目します．

(2)は，86(2)と同じような形をしています．実はこれがヒントです．

解答

(1) (解 I) (範囲に着目)

$$\int_{-1}^{1} x(8x^3+12x^2+6x+1) \, dx = \int_{-1}^{1} (8x^4+12x^3+6x^2+x) \, dx$$

$$= 2\int_{0}^{1} (8x^4+6x^2) \, dx = 2\left(\frac{8}{5}+2\right) = \frac{36}{5}$$

◀ポイント I

(解 II) ($(2x+1)^3$ の計算をしたくなければ…)

$2x+1=t$ とおくと，$x: -1 \to 1$ のとき，$t: -1 \to 3$

また，$\dfrac{dt}{dx}=2$ より $\dfrac{1}{2}dt = dx$

$\therefore \int_{-1}^{3} \dfrac{t-1}{2} \cdot t^3 \cdot \dfrac{1}{2} \, dt = \dfrac{1}{4}\int_{-1}^{3} (t^4-t^3) \, dt = \dfrac{1}{4}\left[\dfrac{t^5}{5}-\dfrac{t^4}{4}\right]_{-1}^{3}$

$= \dfrac{1}{4}\left\{\left(\dfrac{3^5}{5}-\dfrac{3^4}{4}\right)-\left(-\dfrac{1}{5}-\dfrac{1}{4}\right)\right\} = \dfrac{1}{4}\left(\dfrac{243+1}{5}-\dfrac{81-1}{4}\right)$

$= \dfrac{1}{4}\left(\dfrac{244}{5}-20\right) = \dfrac{36}{5}$

(2) (解 I)

$2x-3 = 2(x-1)-1$ だから，

$(2x-3)\sqrt{x-1} = \{2(x-1)-1\}\sqrt{x-1}$

$\qquad\qquad\qquad = 2(x-1)^{\frac{3}{2}} - (x-1)^{\frac{1}{2}}$

$\therefore \int_{2}^{3} (2x-3)\sqrt{x-1} \, dx = \int_{2}^{3} \{2(x-1)^{\frac{3}{2}} - (x-1)^{\frac{1}{2}}\} \, dx$

$$= \left[\frac{4}{5}(x-1)^{\frac{5}{2}} - \frac{2}{3}(x-1)^{\frac{3}{2}}\right]_2^3 = \left(\frac{4}{5} \cdot 2^{\frac{5}{2}} - \frac{2}{3} \cdot 2^{\frac{3}{2}}\right) - \left(\frac{4}{5} - \frac{2}{3}\right)$$

$$= \frac{2^{\frac{5}{2}}}{15}(12-5) - \frac{2}{15} = \frac{28\sqrt{2}-2}{15}$$

注 これは $x-1=t$ とおいて置換積分したものですが，$2x-3=t$ とおいたら計算がメンドウになります．置換積分は積分しやすい型にするために行います．ここでのおきかえる目的は，**根号内に含まれる項を2つから1つにすること**です．

例えば $\displaystyle\int x\sqrt{x+1}\,dx$ と $\displaystyle\int (x-1)\sqrt{x}\,dx$ を比べたら，どちらが積分しやすいかわかるはずです．

（解Ⅱ）

$\sqrt{x-1}=t$ とおくと，$x=t^2+1$

$x：2 \to 3$ のとき，$t：1 \to \sqrt{2}$

また，$\dfrac{dx}{dt}=2t$ より $dx=2t\,dt$

$$\therefore \int_2^3 (2x-3)\sqrt{x-1}\,dx = \int_1^{\sqrt{2}} (2t^2-1) \cdot t \cdot 2t\,dt$$

$$= \int_1^{\sqrt{2}} (4t^4-2t^2)\,dt = \left[\frac{4}{5}t^5 - \frac{2}{3}t^3\right]_1^{\sqrt{2}}$$

$$= \left(\frac{4 \cdot 4\sqrt{2}}{5} - \frac{2 \cdot 2\sqrt{2}}{3}\right) - \left(\frac{4}{5} - \frac{2}{3}\right) = \frac{28\sqrt{2}-2}{15}$$

第6章

🌑 **ポイント**

Ⅰ．$\displaystyle\int_{-a}^{a} x^{2n-1}\,dx = 0,\quad \int_{-a}^{a} x^{2n}\,dx = 2\int_0^a x^{2n}\,dx$

$$(n=1,\ 2,\ 3,\ \cdots\cdots)$$

Ⅱ．$\sqrt{1 次式}$ を含む関数の積分は

根号内または，根号全体をひとまとめにしてみる

演習問題 87

次の定積分の値を求めよ．

(1) $\displaystyle\int_{-1}^{1} x^2(x^2+1)^2\,dx$　　　　(2) $\displaystyle\int_1^2 \frac{x+1}{\sqrt{2x+1}}\,dx$

88 三角関数の積分（Ⅰ）

次の定積分の値を求めよ．

(1) $\displaystyle\int_0^{\pi/2} \sin 2x\, dx$

(2) $\displaystyle\int_0^{\pi/8} \sin^2 x \cos^2 x\, dx$

(3) $\displaystyle\int_0^{\pi/2} \cos 3x \sin x\, dx$

(4) $\displaystyle\int_0^{\pi/3} \sin^3 x\, dx$

精講

今回は三角関数の積分の勉強ですが，三角関数の場合，積分の手段が1通りとは限らないという特徴があります．

(3)と(4)は，いずれも置換積分を使う方法とそうでない方法の2つがあります．解答を2つともかいておきます．ここでも，「**式の特徴を見ぬく力**」（数学Ⅰ・A ）が必要になります．

解 答

(1) $\displaystyle\int_0^{\pi/2}\sin 2x\,dx = \left[-\frac{1}{2}\cos 2x\right]_0^{\pi/2} = \frac{1}{2}+\frac{1}{2} = \mathbf{1}$ ◀ $2x$ をひとまとめ

(2) $\displaystyle\int_0^{\pi/8}\sin^2 x\cos^2 x\,dx = \int_0^{\pi/8}\frac{1}{4}\sin^2 2x\,dx$ ◀倍角の公式

$\displaystyle = \frac{1}{8}\int_0^{\pi/8}(1-\cos 4x)\,dx = \frac{1}{8}\left[x-\frac{1}{4}\sin 4x\right]_0^{\pi/8} = \frac{1}{8}\left(\frac{\pi}{8}-\frac{1}{4}\right) = \boldsymbol{\dfrac{\pi-2}{64}}$

(3) $\displaystyle\int_0^{\pi/2}\cos 3x\sin x\,dx = \frac{1}{2}\int_0^{\pi/2}(\sin 4x - \sin 2x)\,dx$ ◀積を和・差に変える公式

$\displaystyle = \frac{1}{2}\left[\frac{1}{2}\cos 2x - \frac{1}{4}\cos 4x\right]_0^{\pi/2} = \frac{1}{2}\left\{\left(-\frac{1}{2}-\frac{1}{4}\right)-\left(\frac{1}{2}-\frac{1}{4}\right)\right\} = \boldsymbol{-\dfrac{1}{2}}$

(4) $\displaystyle\int_0^{\pi/3}\sin^3 x\,dx = \frac{1}{4}\int_0^{\pi/3}(3\sin x - \sin 3x)\,dx$ ◀3倍角の公式

$\displaystyle = \frac{1}{4}\left[\frac{1}{3}\cos 3x - 3\cos x\right]_0^{\pi/3} = \frac{1}{4}\left\{\left(-\frac{1}{3}-\frac{3}{2}\right)-\left(\frac{1}{3}-3\right)\right\} = \boldsymbol{\dfrac{5}{24}}$

注 さて，ここで**ポイント**を見ると(1), (3), (4)には，次のような積分方法も存在することがわかります．

（**別解**）(1) $\displaystyle\int_0^{\pi/2}\sin 2x\,dx = 2\int_0^{\pi/2}\sin x\cos x\,dx$

161

$\sin x = t$ とおくと，$x : 0 \to \dfrac{\pi}{2}$ のとき $t : 0 \to 1$

また，$\dfrac{dt}{dx} = \cos x$ より　$dt = \cos x\,dx$　　$\therefore$　$2\displaystyle\int_0^1 t\,dt = \Big[\, t^2 \,\Big]_0^1 = 1$

(3) $\displaystyle\int_0^{\frac{\pi}{2}} \cos 3x \sin x\,dx = \int_0^{\frac{\pi}{2}} (4\cos^3 x - 3\cos x)\sin x\,dx$

$\cos x = t$ とおくと，$x : 0 \to \dfrac{\pi}{2}$ のとき $t : 1 \to 0$，

また，$\dfrac{dt}{dx} = -\sin x$ より　$-dt = \sin x\,dx$

$\therefore$　$-\displaystyle\int_1^0 (4t^3 - 3t)\,dt = \int_0^1 (4t^3 - 3t)\,dt = \Big[\, t^4 - \dfrac{3}{2}t^2 \,\Big]_0^1 = -\dfrac{1}{2}$

(4) $\displaystyle\int_0^{\frac{\pi}{3}} \sin^3 x\,dx = \int_0^{\frac{\pi}{3}} \sin^2 x \cdot \sin x\,dx = \int_0^{\frac{\pi}{3}} (1 - \cos^2 x)\sin x\,dx$

$\cos x = t$ とおくと，$x : 0 \to \dfrac{\pi}{3}$ のとき $t : 1 \to \dfrac{1}{2}$

$-dt = \sin x\,dx$

$\therefore$　$-\displaystyle\int_1^{\frac{1}{2}} (1 - t^2)\,dt = \int_{\frac{1}{2}}^1 (1 - t^2)\,dt = \Big[\, t - \dfrac{1}{3}t^3 \,\Big]_{\frac{1}{2}}^1 = \dfrac{5}{24}$

◉ ポイント

- $\sin x$ の式に $\cos x$ がかけてある式は
  $\sin x = t$ とおけば積分できる
- $\cos x$ の式に $\sin x$ がかけてある式は
  $\cos x = t$ とおけば積分できる

第6章

注　このタイプの積分に慣れてきたら，次のように積分できるようになると，少しラクになります．

(1)　$\displaystyle\int_0^{\frac{\pi}{2}} \sin 2x\,dx = 2\int_0^{\frac{\pi}{2}} \sin x (\sin x)'\,dx = \Big[\, \sin^2 x \,\Big]_0^{\frac{\pi}{2}} = 1$

これが 86 精講 の最後の3行にかいてあることの1例です．

演習問題 88

次の定積分の値を求めよ．

(1)　$\displaystyle\int_0^{\pi} \sin 3x \cos x\,dx$　　　(2)　$\displaystyle\int_0^{\frac{\pi}{2}} \cos^3 x\,dx$

89 分数関数の積分

次の定積分の値を求めよ．

(1) $\displaystyle\int_0^1 \dfrac{dx}{x^2-2x-3}$

(2) $\displaystyle\int_1^2 \dfrac{x-1}{x^2-2x-3}dx$

精講

分数関数の積分の勉強ですが，基本は次の2つです．

- $\displaystyle\int x^p dx = \dfrac{x^{p+1}}{p+1}+C \quad (p \neq -1)$
- $\displaystyle\int \dfrac{1}{x}dx = \log|x|+C$

しかし，これだけでは積分できません．これらを使う前に必要な作業が今回の**ポイント**です．また，(1)，(2)は同じように見えるかもしれませんが，ふつうは同じ方法では積分しません．(2)は，特殊な形をしているのです（実は，**84** も同じなのです）．

結局，ここでも「**式の特徴を見ぬく力**」が要求されます．

解 答

(1) $\dfrac{1}{x^2-2x-3} = \dfrac{1}{(x-3)(x+1)} = \dfrac{1}{4}\left(\dfrac{1}{x-3}-\dfrac{1}{x+1}\right)$

　　　　　　　　　　　　　　　　　　↳下の **注**

$\therefore \displaystyle\int_0^1 \dfrac{dx}{x^2-2x-3} = \dfrac{1}{4}\int_0^1 \left(\dfrac{1}{x-3}-\dfrac{1}{x+1}\right)dx$

$= \dfrac{1}{4}\Big[\log|x-3|-\log|x+1|\Big]_0^1 = \dfrac{1}{4}\left[\log\left|\dfrac{x-3}{x+1}\right|\right]_0^1$ ◀ $\displaystyle\int\dfrac{1}{x}dx=\log|x|+C$

$= \dfrac{1}{4}(\log 1 - \log 3) = -\dfrac{1}{4}\log 3$

注 この作業は，数学Ⅱ・B **6** (1)，数学Ⅱ・B **119** にでてきている「**部分分数に分ける**」という作業です．このように，分母を1次式にできれば，積分の基本の公式（**83**）が使えるわけです．

(2) ((1)と同じ方法で)

$\dfrac{x-1}{x^2-2x-3} = \dfrac{a}{x-3}+\dfrac{b}{x+1}$ とおくと，

右辺 $= \dfrac{a(x+1)+b(x-3)}{(x-3)(x+1)} = \dfrac{(a+b)x+a-3b}{x^2-2x-3}$

係数を比較して

$$\begin{cases} a+b=1 \\ a-3b=-1 \end{cases} \quad \therefore \quad a=b=\frac{1}{2}$$

$$\therefore \int_1^2 \frac{x-1}{x^2-2x-3}dx = \frac{1}{2}\int_1^2 \left(\frac{1}{x-3}+\frac{1}{x+1}\right)dx$$

$$= \frac{1}{2}\Big[\log|x-3|+\log|x+1|\Big]_1^2 = \frac{1}{2}\Big[\log|(x-3)(x+1)|\Big]_1^2$$

$$= \frac{1}{2}(\log 3 - \log 4) = \boldsymbol{\frac{1}{2}\log\frac{3}{4}}$$

(**別解**)（式の特徴を利用して）

$x^2-2x-3=t$ とおくと，$x:1\to 2$ のとき，$t:-4\to -3$

また，$\dfrac{dt}{dx}=2x-2$ より $\dfrac{1}{2}dt=(x-1)dx$

$$\therefore \int_1^2 \frac{x-1}{x^2-2x-3}dx = \int_{-4}^{-3}\frac{1}{t}\cdot\frac{1}{2}dt = \frac{1}{2}\int_{-4}^{-3}\frac{dt}{t}$$

$$= \frac{1}{2}\Big[\log|t|\Big]_{-4}^{-3} = \frac{1}{2}(\log 3 - \log 4) = \frac{1}{2}\log\frac{3}{4}$$

注 この事実を式でかくと，**ポイント**のIにあたりますが，言葉にすると，「**何かをひとまとめに考えたとき，その微分がかけてあれば，必ず，置換積分ができる**」ということです．

ポイント 分数関数の積分は

I．まず，$\displaystyle\int \frac{f'(x)}{f(x)}dx=\log|f(x)|+C$

II．Iがダメなら，部分分数に分ける

参考 84 は**ポイント**Iの形です．すなわち，

$$\int \tan x\, dx = \int \frac{\sin x}{\cos x}dx = -\int \frac{(\cos x)'}{\cos x}dx$$

$$= -\log|\cos x|+C$$

注 分数関数の積分にはもう1つ形があります．次の 90(1) です．

演習問題 89

定積分 $\displaystyle\int_2^3 \frac{x^2-2x-1}{(x^2-2x+3)(x-1)}dx$ の値を求めよ．

90 置換積分（Ⅱ）

次の定積分の値を求めよ．
(1) $\int_0^1 \dfrac{dx}{x^2+1}$
(2) $\int_0^1 \sqrt{1-x^2}\,dx$

(1)，(2)ともに，特殊なおきかえをする定積分です．
特に，(2)は，第1章の「式と曲線」で勉強した，**だ円の面積**を求めるときに，必ず登場する形ですから，ここで，きちんと覚えておきましょう．

解 答

(1) $x=\tan\theta$ とおくと　　◀知らないとできない!!

$x:0\to 1$ のとき，$\theta:0\to \dfrac{\pi}{4}$　　◀最初に，積分の範囲をおさえておく

また，$\dfrac{1}{x^2+1}=\dfrac{1}{1+\tan^2\theta}=\cos^2\theta$

次に，$\dfrac{dx}{d\theta}=\dfrac{1}{\cos^2\theta}$ より $\dfrac{d\theta}{\cos^2\theta}=dx$

$\therefore\ \int_0^1 \dfrac{1}{x^2+1}dx=\int_0^{\frac{\pi}{4}}\cos^2\theta\cdot\dfrac{d\theta}{\cos^2\theta}=\int_0^{\frac{\pi}{4}}d\theta=\Big[\theta\Big]_0^{\frac{\pi}{4}}=\dfrac{\pi}{4}$

　この考え方は，**89** と関連しています．

たとえば，$\int_1^2 \dfrac{dx}{x^2-2x+2}$ は，分母が因数分解できません．

しかし，$x^2-2x+2=(x-1)^2+1$ と変形できるので，$\int_1^2 \dfrac{dx}{(x-1)^2+1}$

とかけます．これは，(1)と全く同じ形で $x-1=\tan\theta$ とおくことによって，解決します．

答えは(1)と同じです．（⇨**96** 参考 Ⅱ）

(2) $x=\sin\theta$ とおくと，$x:0\to 1$ のとき，$\theta:0\to \dfrac{\pi}{2}$

また，$\sqrt{1-x^2}=\sqrt{1-\sin^2\theta}=\sqrt{\cos^2\theta}=|\cos\theta|$　　◀数学Ⅰ・A **12**

$0\leqq\theta\leqq\dfrac{\pi}{2}$ のとき，$\cos\theta\geqq 0$ だから，$|\cos\theta|=\cos\theta$

次に，$\dfrac{dx}{d\theta}=\cos\theta$ より　　$dx=\cos\theta\,d\theta$

$$\therefore \int_0^1 \sqrt{1-x^2}\,dx = \int_0^{\frac{\pi}{2}} \cos\theta\cdot\cos\theta\,d\theta = \int_0^{\frac{\pi}{2}} \cos^2\theta\,d\theta$$

$$=\dfrac{1}{2}\int_0^{\frac{\pi}{2}}(1+\cos 2\theta)\,d\theta = \dfrac{1}{2}\left[\theta+\dfrac{1}{2}\sin 2\theta\right]_0^{\frac{\pi}{2}} = \dfrac{\pi}{4}$$

注 この定積分は図形的に処理することができます．

$y=\sqrt{1-x^2}$ は単位円 $x^2+y^2=1$ の上半分を表す式です．

（下半分は $y=-\sqrt{1-x^2}$）

よって，$\int_0^1 \sqrt{1-x^2}\,dx$ は曲線 $y=\sqrt{1-x^2}$，x 軸，y 軸で囲まれた部分を表します（右図）．

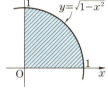

だから，定積分の値は半径 1 の円の面積の $\dfrac{1}{4}$，すなわち，$\dfrac{\pi}{4}$ です．

参考 **注** の考え方を使えば，だ円 $\dfrac{x^2}{a^2}+\dfrac{y^2}{b^2}=1\ (a>b>0)$ の面積 S を次のようにして求められます．

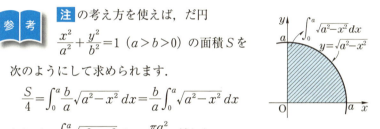

$$\dfrac{S}{4}=\int_0^a \dfrac{b}{a}\sqrt{a^2-x^2}\,dx = \dfrac{b}{a}\int_0^a \sqrt{a^2-x^2}\,dx$$

ここで，$\int_0^a \sqrt{a^2-x^2}\,dx = \dfrac{\pi a^2}{4}$ だから

$$S=\pi ab$$

ポイント

- $\displaystyle\int_0^a \dfrac{dx}{x^2+a^2}$ は $x=a\tan\theta$ と置換

- $\displaystyle\int_0^a \sqrt{a^2-x^2}\,dx$ は $x=a\sin\theta$

  （または $a\cos\theta$）と置換

演習問題 90

次の定積分の値を求めよ．

(1) $\displaystyle\int_0^a \dfrac{dx}{x^2+a^2}\quad (a\neq 0)$　　(2) $\displaystyle\int_{\frac{1}{2}}^1 \sqrt{1-x^2}\,dx$

基礎問

91 三角関数の積分（Ⅱ）

> 次の定積分の値を求めよ.
>
> (1) $\displaystyle\int_0^{\frac{\pi}{2}} \frac{\sin 2x}{1+\sin^2 x}\,dx$　　　　　(2) $\displaystyle\int_0^{\frac{\pi}{3}} \frac{\sin x \cos^2 x}{1+\cos x}\,dx$
>
> (3) $\displaystyle\int_0^{\frac{\pi}{6}} \frac{\sin x}{\cos^3 x}\,dx$

精講

三角関数がゴチャゴチャとした形です．基本は **88** ポイントの形にできるかどうかですが，それだけではスタートは切れてもゴールには到達できません．これらは複数の技術を身につけていないと積分できないタイプで大学入試では避けられない形です．

解 答

(1) $\displaystyle\int_0^{\frac{\pi}{2}} \frac{2\sin x}{1+\sin^2 x}\cos x\,dx$ において，$\sin x = t$ とおくと

$x : 0 \to \dfrac{\pi}{2}$ のとき，$t : 0 \to 1$

また，$\dfrac{dt}{dx}=\cos x$ より　$dt = \cos x\,dx$

$\therefore \displaystyle\int_0^1 \frac{2t}{1+t^2}\,dt = \int_0^1 \frac{(1+t^2)'}{(1+t^2)}\,dt$　　◀ **89** ポイントⅠ

$\displaystyle= \Big[\log(1+t^2)\Big]_0^1 = \boldsymbol{\log 2}$

(2) $\displaystyle\int_0^{\frac{\pi}{3}} \frac{\cos^2 x}{1+\cos x}\sin x\,dx$ において，$\cos x = t$ とおくと

$x : 0 \to \dfrac{\pi}{3}$ のとき，$t : 1 \to \dfrac{1}{2}$

また，$\dfrac{dt}{dx}=-\sin x$ より　$-dt = \sin x\,dx$

$\therefore \displaystyle\int_1^{\frac{1}{2}} \frac{t^2}{1+t}(-dt) = \int_{\frac{1}{2}}^1 \frac{t^2}{1+t}\,dt$　　◀ **注** 1

$\displaystyle= \int_{\frac{1}{2}}^1 \Big(t-1+\frac{1}{t+1}\Big)\,dt$　　◀ **注** 2

$$=\left[\frac{1}{2}t^2-t+\log(t+1)\right]_{\frac{1}{2}}^{1}$$

$$=\left(\frac{1}{2}-1+\log 2\right)-\left(\frac{1}{8}-\frac{1}{2}+\log\frac{3}{2}\right)$$

$$=\log 2-\log\frac{3}{2}-\frac{1}{8}=\boldsymbol{\log\frac{4}{3}-\frac{1}{8}}$$

注1 $\int_a^b f(x)\,dx=-\int_b^a f(x)\,dx$ を使いました.

注2 「分母の次数≦分子の次数」の形は好ましくない形です．そこで，わり算(右)を実行して，「**分母の次数＞分子の次数**」の形にしてから積分に入ります．

(3) $\int_0^{\frac{\pi}{6}}\dfrac{\sin x}{\cos^3 x}\,dx=\int_0^{\frac{\pi}{6}}\tan x\cdot\dfrac{1}{\cos^2 x}\,dx$ において

$\tan x=t$ とおくと，$x:0\to\dfrac{\pi}{6}$ のとき，$t:0\to\dfrac{1}{\sqrt{3}}$

また，$\dfrac{dt}{dx}=\dfrac{1}{\cos^2 x}$ より $dt=\dfrac{1}{\cos^2 x}dx$

∴ $\int_0^{\frac{1}{\sqrt{3}}} t\,dt=\left[\dfrac{1}{2}t^2\right]_0^{\frac{1}{\sqrt{3}}}=\boldsymbol{\dfrac{1}{6}}$

（別解） この程度の置換積分は，次のようにしてほしいものです．

$\int_0^{\frac{\pi}{6}}\tan x(\tan x)'\,dx=\left[\dfrac{1}{2}(\tan x)^2\right]_0^{\frac{\pi}{6}}=\dfrac{1}{6}$

注 $\cos x=t$ とおいても積分できます．

ポイント

- $\int f(\sin x)\cos x\,dx$ は，$\sin x=t$ とおく

- $\int f(\cos x)\sin x\,dx$ は，$\cos x=t$ とおく

- $\int f(\tan x)\dfrac{1}{\cos^2 x}\,dx$ は，$\tan x=t$ とおく

定積分 $\int_0^{\frac{\pi}{3}}\sin^2 x\tan x\,dx$ の値を求めよ．

92 指数関数の積分

次の定積分の値を求めよ．

(1) $\displaystyle\int_0^1 e^x(e^x+1)^2\,dx$

(2) $\displaystyle\int_{-1}^0 \dfrac{dx}{1+e^{-x}}$

(3) $\displaystyle\int_0^1 xe^{-x^2}\,dx$

指数関数のゴチャゴチャ型です．積分において e^x のもつ最大の利益は「$(e^x)'=e^x$」ですが，その理由は 89 注 の文章にかいてあります．すなわち，

何かをひとまとめに考えたとき，その微分がかけてあれば，必ず置換積分ができる

からです．ただし，この基礎問も単にこの知識だけでゴールに着けるわけではありません．

解答

(1) $\displaystyle\int_0^1 e^x(e^x+1)^2\,dx$ において，$e^x=t$ とおくと

$x:0\to 1$ のとき，$t:1\to e$

また，$\dfrac{dt}{dx}=e^x$ より $dt=e^x\,dx$

$\therefore\ \displaystyle\int_1^e (t+1)^2\,dt=\left[\dfrac{1}{3}(t+1)^3\right]_1^e=\dfrac{1}{3}\{(e+1)^3-2^3\}$

$\qquad\qquad =\dfrac{(e+1)^3-8}{3}$ ◀無理に展開する必要はない

(別解) $((e^x+1)$ をひとまとめと考えると，その微分は…$)$

$\displaystyle\int_0^1 (e^x+1)^2(e^x+1)'\,dx=\left[\dfrac{1}{3}(e^x+1)^3\right]_0^1=\dfrac{(e+1)^3-8}{3}$

(2) $\displaystyle\int_{-1}^0 \dfrac{dx}{1+e^{-x}}$ において，$1+e^{-x}=t$ とおくと

$x:-1\to 0$ のとき，$t:1+e\to 2$

また，$\dfrac{dt}{dx}=-e^{-x}\iff \dfrac{dt}{dx}=1-t$ より

169

$$\frac{dt}{1-t}=dx$$

$$\therefore \int_{1+e}^{2}\frac{dt}{t(1-t)}=\int_{2}^{1+e}\frac{dt}{t(t-1)}=\int_{2}^{1+e}\left(\frac{1}{t-1}-\frac{1}{t}\right)dt$$

$$\left(\ \longrightarrow\ \boxed{89}\ \right)$$

$$=\Big[\log(t-1)-\log t\Big]_{2}^{1+e}=\Big[\log\frac{t-1}{t}\Big]_{2}^{1+e}$$

$$=\log\frac{e}{1+e}-\log\frac{1}{2}=\boldsymbol{\log\frac{2e}{1+e}}$$

（別解） $\displaystyle\int_{-1}^{0}\frac{dx}{1+e^{-x}}=\int_{-1}^{0}\frac{e^{x}}{e^{x}+1}dx$ ◀分子，分母に e^{x} をかける

$$=\int_{-1}^{0}\frac{(e^{x}+1)'}{(e^{x}+1)}dx=\Big[\log(e^{x}+1)\Big]_{-1}^{0}=\log 2-\log(e^{-1}+1)$$

$$=\log 2-\log\frac{1+e}{e}=\log\frac{2e}{1+e}$$

(3) $\displaystyle\int_{0}^{1}xe^{-x^{2}}dx$ において，$x^{2}=t$ とおくと

$x:0\to 1$ のとき，$t:0\to 1$

また，$\dfrac{dt}{dx}=2x$ より $\dfrac{1}{2}dt=x\,dx$

$$\therefore\ \int_{0}^{1}e^{-t}\cdot\frac{1}{2}dt=\frac{1}{2}\int_{0}^{1}e^{-t}dt=\frac{1}{2}\Big[-e^{-t}\Big]_{0}^{1}=\boldsymbol{\frac{1}{2}\Big(1-\frac{1}{e}\Big)}$$

（別解） $((-x^{2})$ をひとまとめと考えると…$)$

$$\int_{0}^{1}xe^{-x^{2}}dx=-\frac{1}{2}\int_{0}^{1}(-x^{2})'e^{-x^{2}}dx=-\frac{1}{2}\Big[e^{-x^{2}}\Big]_{0}^{1}$$

$$=\frac{1}{2}\Big(1-\frac{1}{e}\Big)$$

第6章

◑ポイント e^{x}（あるいは e^{-x}）からできている式の積分は
$e^{x}=t$（あるいは $e^{-x}=t$）とおくことを考える

演習問題 92

定積分 $\displaystyle\int_{0}^{1}\frac{dx}{1+e^{x}}$ の値を求めよ．

93 対数関数の積分

次の定積分の値を求めよ．

(1) $\displaystyle\int_1^e \frac{\log x}{x}\,dx$

(2) $\displaystyle\int_e^{e^2} \frac{dx}{x\log x}$

(3) $\displaystyle\int_{\frac{\pi}{4}}^{\frac{\pi}{2}} \cos x \log(\sin x)\,dx$

 対数関数のゴチャゴチャ型ですが，97 も同じような形をしています．対数関数の積分では，置換積分と部分積分（84 と 85）の区別が重要なポイントです．着眼点は 92 の 精講 にあること，すなわち

$(\log x)' = \dfrac{1}{x}$ がかけてあれば置換積分を疑い，そうでなければ部分積分を疑うということです．

解 答

(1) $\displaystyle\int_1^e \log x \cdot \frac{1}{x}\,dx$ において，$\log x = t$ とおくと

$x : 1 \to e$ のとき，$t : 0 \to 1$

また，$\dfrac{dt}{dx} = \dfrac{1}{x}$ より $dt = \dfrac{1}{x}dx$

∴ $\displaystyle\int_0^1 t\,dt = \left[\frac{1}{2}t^2\right]_0^1 = \frac{1}{2}$

(別解) （慣れたら，次のようにすると計算がラクです）

$\displaystyle\int_1^e \frac{\log x}{x}\,dx = \int_1^e \log x (\log x)'\,dx = \left[\frac{1}{2}(\log x)^2\right]_1^e = \frac{1}{2}$

(2) $\displaystyle\int_e^{e^2} \frac{1}{\log x} \cdot \frac{1}{x}\,dx$ において，$\log x = t$ とおくと

$x : e \to e^2$ のとき，$t : 1 \to 2$

また，$\dfrac{dt}{dx} = \dfrac{1}{x}$ より $dt = \dfrac{1}{x}dx$

∴ $\displaystyle\int_1^2 \frac{1}{t}\,dt = \Big[\log t\Big]_1^2 = \mathbf{\log 2}$

(別解) $\displaystyle\int_e^{e^2}\frac{dx}{x\log x}=\int_e^{e^2}\frac{1}{\log x}(\log x)'dx=\Big[\log|\log x|\Big]_e^{e^2}$
$=\log|\log e^2|-\log|\log e|=\log 2$

(3) $\displaystyle\int_{\frac{\pi}{4}}^{\frac{\pi}{2}}\cos x\log(\sin x)dx$ において，$\sin x=t$ とおくと

$x:\dfrac{\pi}{4}\to\dfrac{\pi}{2}$ のとき，$t:\dfrac{\sqrt{2}}{2}\to 1$

また，$\dfrac{dt}{dx}=\cos x$ より $dt=\cos x\,dx$

$\therefore\quad \displaystyle\int_{\frac{\sqrt{2}}{2}}^{1}\log t\,dt=\Big[t(\log t-1)\Big]_{\frac{\sqrt{2}}{2}}^{1}$ ◀85

$=1\cdot(\log 1-1)-\dfrac{\sqrt{2}}{2}\cdot\left(\log\dfrac{\sqrt{2}}{2}-1\right)$

$=-1+\dfrac{\sqrt{2}}{2}-\dfrac{\sqrt{2}}{2}\log\dfrac{\sqrt{2}}{2}=-1+\dfrac{\sqrt{2}}{2}+\dfrac{\sqrt{2}}{4}\log 2$

注 $\log\dfrac{\sqrt{2}}{2}=\log\dfrac{1}{\sqrt{2}}=\log 2^{-\frac{1}{2}}=-\dfrac{1}{2}\log 2$

(別解) $\displaystyle\int_{\frac{\pi}{4}}^{\frac{\pi}{2}}\cos x\log(\sin x)dx=\int_{\frac{\pi}{4}}^{\frac{\pi}{2}}(\sin x)'\log(\sin x)dx$

$=\Big[\sin x\{\log(\sin x)-1\}\Big]_{\frac{\pi}{4}}^{\frac{\pi}{2}}=-1-\dfrac{\sqrt{2}}{2}\cdot\left(\log\dfrac{\sqrt{2}}{2}-1\right)$

$=-1+\dfrac{\sqrt{2}}{2}+\dfrac{\sqrt{2}}{4}\log 2$

● ポイント

$\displaystyle\int f(\log x)\cdot\dfrac{1}{x}dx$ は，$\log x=t$ とおく

演習問題 93

定積分 $\displaystyle\int_0^1\dfrac{x}{1+x^2}\log(1+x^2)dx$ の値を求めよ．

94 無理関数の積分

次の定積分の値を求めよ．

(1) $\int_0^2 x^2\sqrt{4-x^2}\,dx$

(2) $\int_0^2 x\sqrt{4-x^2}\,dx$

(3) $\int_1^3 \dfrac{x}{\sqrt{x+1}+1}\,dx$

精講

(1), (2)はそっくりの形をしています．ともに $\sqrt{4-x^2}$ が含まれているので，90(2)と同じようにやればできそうですが，はたして….

(3)は 87 (2)と同じ感覚，すなわち，$x+1=t$, $\sqrt{x+1}=t$, $\sqrt{x+1}+1=t$ などが通用するのでしょうか？

解答

(1) $\int_0^2 x^2\sqrt{4-x^2}\,dx$ において，$x=2\sin\theta$ とおくと

$x:0\to 2$ のとき，$\theta:0\to\dfrac{\pi}{2}$

このとき，$x^2=4\sin^2\theta$, $\sqrt{4-x^2}=2|\cos\theta|$ ◀ 90(2)

$0\leq\theta\leq\dfrac{\pi}{2}$ のとき，$\cos\theta\geq 0$ だから，

　$|\cos\theta|=\cos\theta$

また，$\dfrac{dx}{d\theta}=2\cos\theta$ より　$dx=2\cos\theta\,d\theta$

$\therefore\ \int_0^{\frac{\pi}{2}} 4\sin^2\theta\cdot 2\cos\theta\cdot 2\cos\theta\,d\theta$

$=16\int_0^{\frac{\pi}{2}}\sin^2\theta\cos^2\theta\,d\theta$ ◀ 88(2)

$=4\int_0^{\frac{\pi}{2}}\sin^2 2\theta\,d\theta=2\int_0^{\frac{\pi}{2}}(1-\cos 4\theta)\,d\theta$

$=2\left[\theta-\dfrac{1}{4}\sin 4\theta\right]_0^{\frac{\pi}{2}}=\pi$

(2) $\int_0^2 x\sqrt{4-x^2}\,dx=-\dfrac{1}{2}\int_0^2 (4-x^2)'(4-x^2)^{\frac{1}{2}}\,dx$

$$= -\frac{1}{2}\left[\frac{2}{3}(4-x^2)^{\frac{3}{2}}\right]_0^2 = \frac{1}{3} \cdot 4^{\frac{3}{2}} = \frac{8}{3}$$

注 この解答は，$4-x^2=t$ と置換した積分になっています．
また，$x=2\sin\theta$ と置換してもできます．(⇨演習問題94)

(3) $\dfrac{x}{\sqrt{x+1}+1} = \dfrac{x(\sqrt{x+1}-1)}{(\sqrt{x+1}+1)(\sqrt{x+1}-1)} = \sqrt{x+1}-1$

∴ $\displaystyle\int_1^3 \dfrac{x}{\sqrt{x+1}+1}dx = \int_1^3 (\sqrt{x+1}-1)dx$

$$= \left[\frac{2}{3}(x+1)^{\frac{3}{2}} - x\right]_1^3$$

$$= \frac{2}{3}(4^{\frac{3}{2}} - 2^{\frac{3}{2}}) - (3-1) = \frac{2}{3}(8 - 2\sqrt{2}) - 2$$

$$= \frac{10 - 4\sqrt{2}}{3}$$

注 精講 で述べた3つの置換は，いずれも成功しますが，ここではそのうちの1つだけを (**別解**) として示しておきます．
残り2つは，自分で鉛筆をもって確かめてみましょう．

(**別解**) $\sqrt{x+1}=t$ とおくと，$x=t^2-1$
また，$x:1\to 3$ のとき，$t:\sqrt{2}\to 2$
次に，$\dfrac{dt}{dx} = \dfrac{1}{2\sqrt{x+1}}$ より $2t\,dt = dx$

∴ $\displaystyle\int_{\sqrt{2}}^2 \dfrac{t^2-1}{t+1} \cdot 2t\,dt = 2\int_{\sqrt{2}}^2 t(t-1)dt = 2\int_{\sqrt{2}}^2 (t^2-t)dt$

$$= \left[\frac{2}{3}t^3 - t^2\right]_{\sqrt{2}}^2 = \left(\frac{16}{3} - 4\right) - \left(\frac{4\sqrt{2}}{3} - 2\right) = \frac{10-4\sqrt{2}}{3}$$

> **ポイント**　定積分は式の形や範囲の特徴にあわせて手法を考える

定積分 $\displaystyle\int_0^2 x\sqrt{4-x^2}\,dx$ の値を $x=2\sin\theta$ と置換して求めよ．

95 部分積分法（Ⅰ）

次の定積分の値を求めよ．

(1) $\displaystyle\int_0^\pi x\sin x\,dx$ (2) $\displaystyle\int_0^\pi e^x\cos x\,dx$

　いままで置換積分を中心に勉強してきましたが，これから**部分積分**について学んでいきます．公式は 85 で学んだ通りですが，同型出現型の部分積分は，**ポイント**の形で頭に入れておく方がよいでしょう．問題は，

　　　　Ⅰ：じゃまもの消去型　　Ⅱ：同型出現型

のどちらになるかということです．特に(2)は頻繁にでてきますので，できるだけ（**解Ⅲ**）の方でできるようにしておきましょう．

解　答

(1)（Ⅰ型です：「xさえいなければ…」と考える）

$$\int_0^\pi x\sin x\,dx = \int_0^\pi x(-\cos x)'\,dx$$
$$= \Big[-x\cos x\Big]_0^\pi + \int_0^\pi \cos x\,dx = \pi + \Big[\sin x\Big]_0^\pi$$
$$= \pi$$

（**別解**）（慣れるまでは，次のようにしてもよいでしょう）

$\begin{cases}u=x\\v'=\sin x\end{cases}$ とおくと $\begin{cases}u'=1\\v=-\cos x\end{cases}$

$\therefore\ \displaystyle\int_0^\pi uv'\,dx = \Big[uv\Big]_0^\pi - \int_0^\pi u'v\,dx = \Big[-x\cos x\Big]_0^\pi + \int_0^\pi \cos x\,dx$
$= \pi$

(2)（Ⅱ型です）

（**解Ⅰ**）（部分積分2回）

$I=\displaystyle\int_0^\pi e^x\cos x\,dx$ とおくと

$I=\displaystyle\int_0^\pi e^x(\sin x)'\,dx = \Big[e^x\sin x\Big]_0^\pi - \int_0^\pi e^x\sin x\,dx = \int_0^\pi e^x(\cos x)'\,dx$

$$= \Big[e^x \cos x \Big]_0^\pi - \int_0^\pi e^x \cos x \, dx = -e^\pi - 1 - I$$

$$\therefore \quad 2I = -e^\pi - 1 \quad \therefore \quad I = -\frac{e^\pi + 1}{2}$$

（**解Ⅱ**）（部分積分 1 回ずつ）

$I = \displaystyle\int_0^\pi e^x \cos x \, dx, \quad J = \int_0^\pi e^x \sin x \, dx$ とおくと

$$I = \Big[e^x \sin x \Big]_0^\pi - \int_0^\pi e^x \sin x \, dx = -J$$

$$J = \int_0^\pi e^x (-\cos x)' \, dx = -\Big[e^x \cos x \Big]_0^\pi + \int_0^\pi e^x \cos x \, dx = e^\pi + 1 + I$$

$$\therefore \quad \begin{cases} I = -J \\ J = e^\pi + 1 + I \end{cases} \quad \text{よって，} \ I = -\frac{e^\pi + 1}{2}$$

（**解Ⅲ**）（部分積分 0 回）

$$\begin{cases} (e^x \sin x)' = e^x \sin x + e^x \cos x & \cdots\cdots① \\ (e^x \cos x)' = e^x \cos x - e^x \sin x & \cdots\cdots② \end{cases}$$

◀積の微分

①＋② より $\quad 2e^x \cos x = (e^x \sin x)' + (e^x \cos x)'$

$$\therefore \quad \int_0^\pi e^x \cos x \, dx = \frac{1}{2} \Big[e^x (\sin x + \cos x) \Big]_0^\pi = -\frac{e^\pi + 1}{2}$$

注　過去の入試問題をみると，親切か，不親切かよくわからない「部分積分を 2 回用いて」という条件付きの出題もあります．だから，（**解Ⅰ**），（**解Ⅱ**）はメンドウだから，（**解Ⅲ**）だけ頭に入れておくという姿勢は好ましくありません．

第6章

● **ポイント** $\quad \displaystyle\int e^{ax}\sin bx \, dx, \ \int e^{ax}\cos bx \, dx$ は

同型出現型の部分積分

演習問題 95

定積分 $\displaystyle\int_0^{\frac{\pi}{4}} e^{-x} \sin x \, dx$ の値を求めよ．

96 部分積分法（Ⅱ）

次の定積分の値を求めよ．

(1) $\int_1^2 xe^{2x}dx$

(2) $\int_0^1 (x^2-2x)e^x dx$

(3) $\int_1^2 (x-1)^2 e^{-x}dx$

(1)などは 92 (3)とよく似ていますが，e^{-x^2} と e^{2x} の違いがあります．そのため置換積分はメンドウになります．

実は(1), (2), (3)はいずれも (整式) e^{ax} 型をしているので，すべて部分積分のⅠ型，すなわち，**じゃまもの消去型**になります．
また(3)では，定積分の負担を軽くするための新しい技術も勉強しましょう．

解答

(1) $\int_1^2 xe^{2x}dx = \dfrac{1}{2}\int_1^2 x(e^{2x})'dx = \left[\dfrac{1}{2}xe^{2x}\right]_1^2 - \dfrac{1}{2}\int_1^2 e^{2x}dx$

$= e^4 - \dfrac{1}{2}e^2 - \dfrac{1}{4}\left[e^{2x}\right]_1^2 = e^4 - \dfrac{1}{2}e^2 - \dfrac{1}{4}e^4 + \dfrac{1}{4}e^2 = \boldsymbol{\dfrac{3e^4-e^2}{4}}$

(2) $\int_0^1 (x^2-2x)e^x dx = \int_0^1 (x^2-2x)(e^x)'dx$

$= \left[(x^2-2x)e^x\right]_0^1 - \int_0^1 (2x-2)e^x dx = -e - 2\int_0^1 (x-1)(e^x)'dx$

$= -e - 2\left[(x-1)e^x\right]_0^1 + 2\int_0^1 e^x dx = -e - 2 + 2\left[e^x\right]_0^1 = \boldsymbol{e-4}$

次のような公式があります．

$$\int f(x)e^x dx = \{f(x) - f'(x) + f''(x) - \cdots\}e^x + C$$

この公式を使うと，次のような解答になります．

$\int_0^1 (x^2-2x)e^x dx = \left[\{(x^2-2x) - (2x-2) + 2\}e^x\right]_0^1$

$= \left[(x-2)^2 e^x\right]_0^1 = e-4$

(3) $\int_1^2 (x-1)^2 e^{-x}dx = \int_1^2 (x-1)^2 (-e^{-x})'dx$

$$= -\Big[(x-1)^2 e^{-x}\Big]_1^2 + 2\int_1^2 (x-1)e^{-x}dx$$
$$= -e^{-2} + 2\int_1^2 (x-1)(-e^{-x})'dx$$
$$= -e^{-2} - 2\Big[(x-1)e^{-x}\Big]_1^2 + 2\int_1^2 e^{-x}dx$$
$$= -e^{-2} - 2e^{-2} - 2\Big[e^{-x}\Big]_1^2 = -5e^{-2} + 2e^{-1} = \frac{2e-5}{e^2}$$

参考

I．次のような公式があります．

$$\int f(x)e^{-x}dx = -\{f(x) + f'(x) + f''(x) + \cdots\}e^{-x} + C$$

この公式を使うと，次のような解答になります．
$$\int_1^2 (x-1)^2 e^{-x}dx = \Big[-\{(x-1)^2 + 2(x-1) + 2\}e^{-x}\Big]_1^2$$
$$= \Big[-(x^2+1)e^{-x}\Big]_1^2 = 2e^{-1} - 5e^{-2} = \frac{2e-5}{e^2}$$

II．$\int_1^2 (x-1)^2 e^{-x}dx = \int_0^1 x^2 e^{-(x+1)}dx = e^{-1}\int_0^1 x^2 e^{-x}dx$

として部分積分をすると，少し計算がラクになります．これは，数式的には $x-1=t$ と置換して積分することを意味していますが，図形的には，右図のように x 軸方向に -1 平行移動することを意味しています．
(⇨数学II・B 48)

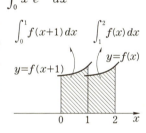

● ポイント

$\int (整式)e^{ax}dx$ は，

じゃまもの消去型の部分積分

演習問題 96

$f(a) = \int_1^a (x^2 - 2x)e^{-x}dx$ $(a>1)$ について，次の問いに答えよ．

(1) $f(a)$ を a で表せ． (2) $f(a)$ の最小値を求めよ．

97 部分積分法（Ⅲ）

次の定積分の値を求めよ．

(1) $\int_0^1 \log(x+1)\,dx$

(2) $\int_1^2 x\log x\,dx$

(3) $\int_2^3 x\log(x^2-1)\,dx$

(1)は 85 とそっくりですからもうわかっていると思いますが，ひと工夫してほしいところです．

(2) じゃまもの（$=\log x$）消去型の部分積分です．

(3) x^2-1 をひとまとめに考えると，$(x^2-1)'$ がかけてあるので置換積分と言えそうですが，$x^2-1=(x+1)(x-1)$ と考えると，(1)と(2)をあわせたような形をしているので部分積分でもできそうです．

解答

(1) $\int_0^1 \log(x+1)\,dx = \int_0^1 (x+1)'\log(x+1)\,dx$

$= \Big[(x+1)\log(x+1)\Big]_0^1 - \int_0^1 (x+1)\cdot\dfrac{1}{x+1}\,dx$

$= 2\log 2 - \int_0^1 dx = \mathbf{2\log 2 - 1}$

◀ $(x+1)'$ を $(x)'$ と考えるとあとがつらい

注 $(x+1)'$ のところを $(x)'$ としてしまうと，～部分が繁雑になります．ただし，答えはでてきます．

(別解) （96(3)の 参考 Ⅱ を利用して）

$\int_0^1 \log(x+1)\,dx = \int_1^2 \log x\,dx = \Big[x(\log x-1)\Big]_1^2 = \mathbf{2\log 2 - 1}$

(2) $\int_1^2 x\log x\,dx = \int_1^2 \left(\dfrac{1}{2}x^2\right)'\log x\,dx$

$= \Big[\dfrac{1}{2}x^2\log x\Big]_1^2 - \int_1^2 \dfrac{1}{2}x^2\cdot\dfrac{1}{x}\,dx = 2\log 2 - \dfrac{1}{2}\int_1^2 x\,dx$

$= 2\log 2 - \dfrac{1}{4}\Big[x^2\Big]_1^2 = \mathbf{2\log 2 - \dfrac{3}{4}}$

(3) **(解Ⅰ)** （置換積分で）

$\displaystyle\int_2^3 x\log(x^2-1)\,dx$ において，$x^2-1=t$ とおくと

$x:2\to3$ のとき，$t:3\to8$

また，$\dfrac{dt}{dx}=2x$ より　$\dfrac{1}{2}dt=x\,dx$

$\therefore\ \displaystyle\int_3^8\log t\cdot\frac{1}{2}\,dt=\frac{1}{2}\Big[t(\log t-1)\Big]_3^8$

$\qquad=\dfrac{1}{2}\{8(\log8-1)-3(\log3-1)\}=\dfrac{1}{2}(8\log8-3\log3-5)$

$\qquad=12\log2-\dfrac{3}{2}\log3-\dfrac{5}{2}$

（**解Ⅱ**）（部分積分で）

$2\leqq x\leqq3$ のとき，$\log(x^2-1)=\log(x-1)+\log(x+1)$

$\therefore\ \displaystyle\int_2^3 x\log(x^2-1)\,dx=\int_2^3 x\log(x-1)\,dx+\int_2^3 x\log(x+1)\,dx$

ここで，$\displaystyle\int_2^3 x\log(x-1)\,dx=\int_1^2(x+1)\log x\,dx$

$\qquad=\displaystyle\int_1^2 x\log x\,dx+\int_1^2\log x\,dx$

$\qquad=\Big(2\log2-\dfrac{3}{4}\Big)+(2\log2-1)$　　◀(1)（**別解**），(2)参照

$\qquad=4\log2-\dfrac{7}{4}$

同様にして，$\displaystyle\int_2^3 x\log(x+1)\,dx=8\log2-\dfrac{3}{2}\log3-\dfrac{3}{4}$

$\therefore\ \displaystyle\int_2^3 x\log(x^2-1)\,dx=12\log2-\dfrac{3}{2}\log3-\dfrac{5}{2}$

注　「同様にして」のところは，自分で鉛筆をもってやってみるとよい
でしょう．たいへんな計算量です．

🌑 ポイント

$\displaystyle\int(整式)\log x\,dx$ は，部分積分

演習問題 97

定積分 $\displaystyle\int_1^2\frac{(\log x)^2}{x^2}\,dx$ の値を求めよ．

98 部分積分法（Ⅳ）

$I_n = \int_0^{\frac{\pi}{2}} \sin^n x \, dx$ とおくとき，部分積分法を用いて，

$I_n = \dfrac{n-1}{n} I_{n-2}$ $(n \geqq 3)$ を示せ.

入試では頻出テーマですが，「部分積分法を用いて」の部分がかいてないことが多いようです．結果を覚えておく必要はありませんが，**解答の流れは頭に入れておく必要があります**．

解答

$$I_n = \int_0^{\frac{\pi}{2}} \sin^{n-1} x \cdot \sin x \, dx = \int_0^{\frac{\pi}{2}} \sin^{n-1} x \cdot (-\cos x)' \, dx$$

$$= \left[-\sin^{n-1} x \cos x \right]_0^{\frac{\pi}{2}} + \int_0^{\frac{\pi}{2}} (n-1) \sin^{n-2} x (\sin x)' \cos x \, dx$$

→合成関数の微分：**62**

$$= (n-1) \int_0^{\frac{\pi}{2}} \sin^{n-2} x \cdot \cos^2 x \, dx$$

$$= (n-1) \int_0^{\frac{\pi}{2}} \sin^{n-2} x (1 - \sin^2 x) \, dx$$

$$= (n-1)(I_{n-2} - I_n)$$

∴ $nI_n = (n-1)I_{n-2}$　よって，$I_n = \dfrac{n-1}{n} I_{n-2}$ $(n \geqq 3)$

ポイント

$\int_0^{\frac{\pi}{2}} \sin^n x \, dx$ は，$\sin^{n-1} x \cdot \sin x$ と考えて部分積分をすると，$\int_0^{\frac{\pi}{2}} \sin^{n-2} x \, dx$ とつながる

演習問題 98

$I_n = \int_0^{\frac{\pi}{2}} \cos^n x \, dx$ とおくとき，$I_n = \dfrac{n-1}{n} I_{n-2}$ $(n \geqq 3)$ を示せ.

99 部分積分法（V）

$I_n = \int_1^e (\log x)^n dx$ とおくとき，部分積分法を用いて，
$I_n = e - nI_{n-1}$ $(n \geqq 2)$ を示せ．

技術的には，$\int_1^e \log x\, dx$ と同じです．考え方は，I_n と I_{n-1} をつなぐためには，$(\log x)^n$ から $(\log x)^{n-1}$ をつくらなければならないということです．

$(\log x)^n = \log x (\log x)^{n-1}$ としてもうまくいきません．次数を落とすためには「微分」すなわち，**部分積分**ということになります．

解答

$I_n = \int_1^e (x)'(\log x)^n dx$

$= \Big[x(\log x)^n \Big]_1^e - \int_1^e x \cdot n(\log x)^{n-1} \cdot \dfrac{1}{x} dx$

　　　　　　　↳合成関数の微分：62

$= e(\log e)^n - n\int_1^e (\log x)^{n-1} dx$

$= e - nI_{n-1}$

$\therefore\ I_n = e - nI_{n-1}$ $(n \geqq 2)$

 $\int (\log x)^n dx$ は，部分積分

参考　$\int_1^e (\log x)^3 dx = I_3 = e - 3I_2 = e - 3(e - 2I_1) = -2e + 6I_1$
$= -2e + 6\int_1^e \log x\, dx = -2e + 6\Big[x(\log x - 1) \Big]_1^e = -2e + 6$

$I_n = \int_0^1 e^{-x} x^n dx$ $(n = 0, 1, 2, \cdots)$ とおくとき，I_{n+1} を I_n で表せ．

100 定積分で表された関数（Ⅰ）

$f(x)=\cos x+3\int_0^{\frac{\pi}{2}}f(x)\sin x\,dx$ をみたす関数 $f(x)$ を求めよ．

精講

数学Ⅱ・B 103 と同じです．

$\int_0^{\frac{\pi}{2}}f(x)\sin x\,dx$ は**定数**ですから，「$=\boldsymbol{a}$」とおきます．このあと，もう一度「$a=$」とおいた式に戻すところがコツです．

解答

$\int_0^{\frac{\pi}{2}}f(x)\sin x\,dx=a$ とおくと，

$\qquad f(x)=\cos x+3a$

$\therefore\ a=\int_0^{\frac{\pi}{2}}(\cos x+3a)\sin x\,dx=\int_0^{\frac{\pi}{2}}\left(\frac{1}{2}\sin 2x+3a\sin x\right)dx$

$\qquad =\left[-\frac{1}{4}\cos 2x-3a\cos x\right]_0^{\frac{\pi}{2}}$

$\qquad =\frac{1}{4}-\left(-\frac{1}{4}-3a\right)=\frac{1}{2}+3a$

$\therefore\ 2a=-\frac{1}{2}\ \Longleftrightarrow\ a=-\frac{1}{4}$

よって，$f(x)=\cos x-\dfrac{3}{4}$

ポイント $\int_a^b f(x)\,dx$ は定数

演習問題 100

$f'(x)=xe^x-2\int_0^1 f(x)\,dx,\ f(0)=0$ をみたす関数 $f(x)$ を求めよ．

101 定積分で表された関数（Ⅱ）

任意の x に対して，$\int_{\pi}^{x} f(t)dt = \cos^3 x + a$ ……① （a は定数）
が成りたつとき，a の値と $f(x)$ を求めよ．

数学Ⅱ・B 102 と同じです．
$\int_{\pi}^{x} f(t)dt$ を x で微分すると $f(x)$ です．
（t が x にかわっている点に注意）

解 答

①の両辺に，$x=\pi$ を代入すると，$\int_{\pi}^{\pi} f(t)dt = 0$ だから
$0 = (\cos \pi)^3 + a \iff a - 1 = 0 \iff a = 1$

次に，$\dfrac{d}{dx}\int_{\pi}^{x} f(t)dt = f(x)$ だから，①の両辺を x で微分すると
（⟶記号の意味は 64 注 1 参照）
$f(x) = 3\cos^2 x (\cos x)' = -3\cos^2 x \sin x$

ポイント

Ⅰ．$\int_{a}^{a} f(t)dt = 0$

Ⅱ．$\dfrac{d}{dx}\int_{a}^{x} f(t)dt = f(x)$

注 $\int_{a}^{x} \boxed{} dt$ の形の式を x で微分したいとき，$\boxed{}$ の部分に x が含まれているときはそのまま微分してはいけません．必ず積分記号の外に出して積の微分の公式を使います．（⇨**演習問題 101**）

演習問題 101

$f(x) = \int_{0}^{x} (x-t)\sin^2 t\, dt$ のとき，$f''(x)$ を求めよ．

102 絶対値のついた関数の積分（Ⅰ）

次の定積分を計算せよ．

(1) $\displaystyle\int_0^{\frac{\pi}{2}}\left|\cos\left(x+\frac{\pi}{4}\right)\right|dx$

(2) $\displaystyle\int_e^{2e}|\log(x-2)|dx$

精講

$$|f(x)|=\begin{cases} f(x) & (f(x)\geq 0) \\ -f(x) & (f(x)\leq 0) \end{cases}$$

を用いて絶対値をはずします．

このとき気をつけることは

$\displaystyle\int_a^b \Box\, dx\ (a<b)$ となっていたら，

$a\leq x\leq b$ の範囲での $\Box$ の様子を考えれば十分

ということです．また $f(x)\geq 0$ などを考えるとき

  Ⅰ．不等式を解く Ⅱ．グラフを利用する

の2つの手段があることも知っておきましょう．

解答

(1) $0\leq x\leq\dfrac{\pi}{2}$ のとき，$\dfrac{\pi}{4}\leq x+\dfrac{\pi}{4}\leq\dfrac{3\pi}{4}$ だから ◀下の 注

$$\left|\cos\left(x+\frac{\pi}{4}\right)\right|=\begin{cases} \cos\left(x+\dfrac{\pi}{4}\right) & \left(0\leq x\leq\dfrac{\pi}{4}\right) \\ -\cos\left(x+\dfrac{\pi}{4}\right) & \left(\dfrac{\pi}{4}\leq x\leq\dfrac{\pi}{2}\right) \end{cases}$$

$\therefore\ $ 与式 $=\displaystyle\int_0^{\frac{\pi}{4}}\cos\left(x+\frac{\pi}{4}\right)dx+\int_{\frac{\pi}{4}}^{\frac{\pi}{2}}\left\{-\cos\left(x+\frac{\pi}{4}\right)\right\}dx$

$\qquad\qquad =\left[\sin\left(x+\dfrac{\pi}{4}\right)\right]_0^{\frac{\pi}{4}}-\left[\sin\left(x+\dfrac{\pi}{4}\right)\right]_{\frac{\pi}{4}}^{\frac{\pi}{2}}$

$\qquad\qquad =2\times\sin\dfrac{\pi}{2}-\sin\dfrac{\pi}{4}-\sin\dfrac{3\pi}{4}=\mathbf{2-\sqrt{2}}$

注 $\cos\left(x+\dfrac{\pi}{4}\right)$ の符号は，x ではなく，$x+\dfrac{\pi}{4}$ のとりうる値の範囲で考えます．

(2) $e \leqq x \leqq 2e$ において，
$y=|\log(x-2)|$ のグラフは右図．
($\hookrightarrow$ 数学Ⅰ・A 33 精講 Ⅰ)

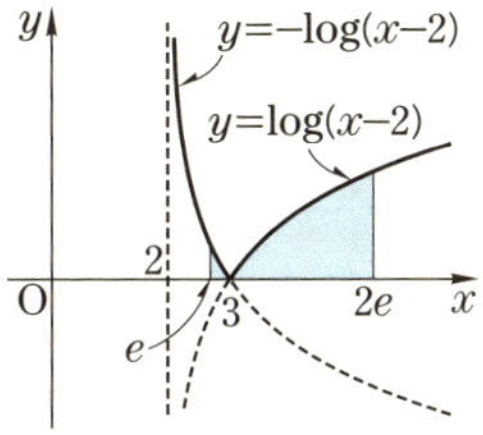

$\therefore |\log(x-2)|$
$= \begin{cases} -\log(x-2) & (e \leqq x \leqq 3) \\ \log(x-2) & (3 \leqq x \leqq 2e) \end{cases}$

よって，
$$与式 = -\int_e^3 \log(x-2)\,dx + \int_3^{2e} \log(x-2)\,dx$$

ここで，$\int \log(x-2)\,dx = \int (x-2)' \log(x-2)\,dx$
$$= (x-2)\log(x-2) - \int dx$$
$$= (x-2)\log(x-2) - x + C$$

より，$F(x)=(x-2)\log(x-2)-x$ とおくと，
$F(e)=(e-2)\log(e-2)-e, \quad F(3)=-3$
$F(2e)=(2e-2)\log(2e-2)-2e$

よって，与式 $= -\Big[F(x)\Big]_e^3 + \Big[F(x)\Big]_3^{2e}$
$= -2F(3) + F(e) + F(2e)$
$= (e-2)\log(e-2) + (2e-2)\log(2e-2) - 3e + 6$

注 この答案のかき方は，定積分がダラダラと横に長くなりそうなときに使います．計算ミスを防ぐための1つの方法として知っておきましょう．

◐ ポイント　絶対値のついた関数の定積分は

$$|f(x)| = \begin{cases} f(x) & (f(x) \geqq 0) \\ -f(x) & (f(x) \leqq 0) \end{cases}$$

を用いて絶対値をはずす

演習問題 102

定積分 $\int_{-\frac{\pi}{4}}^{\frac{\pi}{3}} |\tan x|\,dx$ の値を求めよ．

103 絶対値のついた関数の積分（Ⅱ）

$f(x)=\int_0^1 |e^t-x|\,dt$ $(1<x<e)$ とするとき，次の問いに答えよ．

(1) $f(x)$ を求めよ．
(2) $f(x)$ を最小にする x の値を求めよ．

精講　定積分する関数には，x と t の 2 文字が含まれています．このようなとき，「どちらの文字で積分するのか？」ということが第 1 のポイントですが，これは「dt」を見るとわかります．すなわち，これは「t で積分しなさい」といっているのです．だから，積分を実行すると t はいなくなって，x だけが残ることになります．左辺が「$f(x)$」とかいてあるのはこのためです．

第 2 のポイントは，積分の方法です．基本的には絶対値がついているので「はずす」ことになりますが，102 の 精講 に，

　　Ⅱ．グラフを利用する

とあります．今回はこれを利用します．すなわち，$y=e^t$ と $y=x$ のグラフを利用しますが，問題は，$y=x$ のグラフです．「原点を通り，傾き 1 の直線でしょ？」と思った人は**要注意**です．

解答

(1) $1<x<e$ だから，$0 \leqq t \leqq 1$ において
$e^t=x$ をみたす t が存在し，そのときの t の値は $t=\log x$（右図参照）

$\therefore\ |e^t-x|=\begin{cases} -(e^t-x) & (0\leqq t \leqq \log x) \\ e^t-x & (\log x \leqq t \leqq 1) \end{cases}$

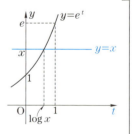

よって，

$f(x)=-\int_0^{\log x}(e^t-x)\,dt+\int_{\log x}^1(e^t-x)\,dt$

$\quad =-\Big[e^t-xt\Big]_0^{\log x}+\Big[e^t-xt\Big]_{\log x}^1$

$\quad =-2(e^{\log x}-x\log x)+1+e-x$

$\quad =\boldsymbol{2x\log x-3x+e+1}$ $\ (e^{\log x}=x$ より$)$

187

> **注** 直線 $y=x$ が「原点を通る傾き1の直線」といえるのは，横軸が x 軸のときです．今回は横軸は t 軸です．だから xy 平面上の直線 $y=a$ と同じように，ヨコ型直線になります．
>
> ということは**演習問題 103** の $y=\sin x$ もヨコ型直線です．
>
> (2) $f'(x)=2\log x+2-3=2\log x-1$
>
> $f'(x)=0$ より $\log x=\dfrac{1}{2}$ ∴ $x=e^{\frac{1}{2}}$
>
> $1<e^{\frac{1}{2}}<e$ だから，増減は表のようになる．
>
> | x | 1 | $\cdots$ | $e^{\frac{1}{2}}$ | $\cdots$ | e |
> |---|---|---|---|---|---|
> | $f'(x)$ | | $-$ | 0 | $+$ | |
> | $f(x)$ | | ↘ | 最小 | ↗ | |
>
> よって，$f(x)$ を最小にする x は $e^{\frac{1}{2}}$，すなわち，$\sqrt{e}$

ポイント　横軸が t 軸のとき，$y=x$ は t 軸に平行な直線を表す

参考　このあと学ぶ「**面積**」という観点から $f(x)$ をみると，$f(x)$ は

> 曲線 $y=e^t$ と3つの直線 $y=x$，$t=0$，$t=1$ で囲まれた面積

を表しています．一般的にいえば，

> $\int_a^b |f(x)-g(x)|dx$ $(a<b)$ は曲線 $y=f(x)$，$y=g(x)$，直線 $x=a$，$x=b$ で囲まれた面積を表す

ということです（右図参照）．

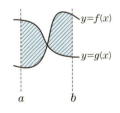

演習問題 103

$f(x)=\int_0^{\frac{\pi}{2}}|\sin t-\sin x|dt$ $\left(0\leqq x\leqq\dfrac{\pi}{2}\right)$ を求めよ．

104 面積（Ⅰ）

$f(x) = |2x^3 - x^2 - 8x + 4|$ $(0 \leq x \leq 2)$ と x 軸，y 軸で囲まれた部分の面積 S を求めよ．

精講

数学Ⅱで学んだ考え方と全く同じです．

まず $y = f(x)$ のグラフをかいて求める面積がどの部分にあたるのか確かめるところから始まりますが，グラフは面積を求めるために必要な程度でよいので，必ずしも「微分して，増減表をかいて」という手順を踏む必要はありません．

いずれにしても，「x 軸で囲まれた部分」という表現があるので「x 軸との交点を用意する」，すなわち，因数分解が第1の作業となりそうです．

解答

$g(x) = 2x^3 - x^2 - 8x + 4$ とおくと
$g(x) = 2x(x^2 - 4) - (x^2 - 4)$
$ = (2x - 1)(x - 2)(x + 2)$
よって，$y = g(x)$ のグラフは
右図のようになる．
ゆえに $0 \leq x \leq 2$ において
$y = f(x)$，すなわち，$y = |g(x)|$ のグラフは図のようになり，求める面積 S は図の斜線部分の面積を合わせたもの．

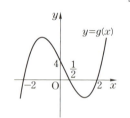

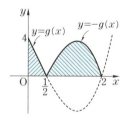

$$S = \int_0^{\frac{1}{2}} g(x)\,dx + \int_{\frac{1}{2}}^2 \{-g(x)\}\,dx$$

$$= \int_0^{\frac{1}{2}} g(x)\,dx - \int_{\frac{1}{2}}^2 g(x)\,dx$$

ここで，

$G(x) = \int g(x)\,dx = \dfrac{1}{2}x^4 - \dfrac{1}{3}x^3 - 4x^2 + 4x$ とおくと，

$$S = \Big[G(x)\Big]_0^{\frac{1}{2}} - \Big[G(x)\Big]_{\frac{1}{2}}^2 = 2G\left(\dfrac{1}{2}\right) - G(0) - G(2)$$

$G\left(\dfrac{1}{2}\right)=\dfrac{95}{96}$, $G(0)=0$, $G(2)=-\dfrac{8}{3}$ より

$S=\dfrac{95}{48}+\dfrac{8}{3}=\dfrac{223}{48}$

参考 $y=g(x)$ の増減をまじめに（？）調べると次のようになりますが，面積は**ポイント**にあるように x 軸との上下関係が決まればよいので必要のない作業です．

x	$\cdots$	-1	$\cdots$	$\dfrac{4}{3}$	$\cdots$
$g'(x)$	$+$	0	$-$	0	$+$
$g(x)$	↗	9	↘	$-\dfrac{100}{27}$	↗

◉ポイント
$y=f(x)$ と x 軸で囲まれた部分の面積は
$y=f(x)$ が x 軸より
　上側にある部分では $f(x)$ を，
　下側にある部分では $-f(x)$ を
積分して加える

注 この問題文は次のようにいいかえることができます．

曲線 $y=2x^3-x^2-8x+4$ $(0\leqq x\leqq 2)$ と x 軸，y 軸で囲まれた部分の面積を求めよ．

演習問題 104

(1) $f(x)=x^3-3x$ の接線のうち，点 $\left(0,\dfrac{1}{4}\right)$ を通るものを求めよ．

(2) $y=f(x)$ と(1)の接線で囲まれた図形の面積 S を求めよ．

105 面積（Ⅱ）

曲線 $y = x^4 - 2a^2 x^2 + x + 2 \ (a > 0)$ ……① について，次の問いに答えよ．

(1) x 座標が a であるような曲線①上の点Pにおける接線を l とするとき，l は曲線①とP以外の点で再び接することを示せ．

(2) l と曲線①とによって囲まれる部分の面積 S を求めよ．

典型的な微分と積分の融合問題です．

(1) 数学Ⅱ・B 86 によれば，接線の方程式を求めるためには，接点の x 座標が必要ですが，これは「$x = a$」と与えられています．問題は，「P以外の点で接する」という結論に対して，「何がいえればよいのか？」です．

曲線①と接線 l を連立して，y を消去すると「**共有点の x 座標**」がでてきます．①と l が $x = a$ で接しているので，この式（= 4次式）は $(x-a)^2(2\text{次式})$ と因数分解できるはずで，P以外の共有点は ～～部分 = 0 の解です．だから，示すべきことは「～～**部分が完全平方式になる**」ということです．

(2) ①と l の共有点は(1)で求まるので，あとは①と l の上下関係です（**ポイント**参照）．

解答

(1) $f(x) = x^4 - 2a^2 x^2 + x + 2$ とおくと，$f(a) = -a^4 + a + 2$

また，$f'(x) = 4x^3 - 4a^2 x + 1$ より $f'(a) = 1$

ゆえに，P$(a, f(a))$ における接線は，
$$y - (-a^4 + a + 2) = 1 \cdot (x - a)$$

◀ 数学Ⅱ・B 85

よって， $l : y = x - a^4 + 2$ ……②

①，②を連立して，y を消去すると
$$x^4 - 2a^2 x^2 + x + 2 = x - a^4 + 2 \iff x^4 - 2a^2 x^2 + a^4 = 0$$
$$\iff (x^2 - a^2)^2 = 0 \iff (x-a)^2(x+a)^2 = 0$$

∴ $x = a, -a$ （重解）

よって，l と①のP以外の共有点は，$x=-a$ で，これが重解であることより，この点でも接している．

(2) $a>0$ であることから，(1)より，
$y=f(x)$ と l のグラフは右図のような関係にあり，S は図の斜線部分．

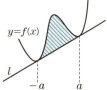

$\therefore\ S=\int_{-a}^{a}(x^4-2a^2x^2+a^4)dx$

$=2\int_0^a(x^4-2a^2x^2+a^4)dx$

(⇒ 87 ポイントⅠ)

$=2\left[\dfrac{x^5}{5}-\dfrac{2a^2}{3}x^3+a^4x\right]_0^a=2a^5\left(\dfrac{1}{5}-\dfrac{2}{3}+1\right)=\dfrac{16}{15}a^5$

注　$a>0$ でないと $-a$ と a の大小が確定しないので，
$\int_{-a}^{a}(x^4-2a^2x^2+a^4)dx$ が面積を表すとは断言できません．
(⇒ポイント②参照)

参考　次のような公式があります．

$$\int_\alpha^\beta (x-\alpha)^2(x-\beta)^2 dx=\dfrac{1}{30}(\beta-\alpha)^5$$

客観式のときや，検算用として知っておくと得をします．

ポイント　2つの曲線 $y=f(x)$ と $y=g(x)$ で囲まれた部分の面積は
　　① 上から下をひいて　　② 左から右に向かって
積分すればよい

演習問題 105

曲線 $y=x^4-2x^2+a$ が x 軸と異なる2点で接している．
(1) a の値を求めよ．
(2) この曲線と直線 $y=b$ $(0<b<a)$ とで囲まれる3つの部分のうち，直線 $y=b$ より上側にある部分の面積が，他の2つの部分の面積の和に等しい．このとき b の値を求めよ．

106 面積（Ⅲ）

2つの曲線 $y=x(x-1)^2$ ……①, $y=kx^2$ $(k>0)$ ……②
について，次の問いに答えよ．
(1) この2つの曲線は異なる3点で交わることを示せ．
(2) この2つの曲線で囲まれる2つの部分の面積が等しくなるような k の値を求めよ．

(1) 「異なる3点で交わる」
⟺「①，②から y を消去した式が異なる3つの実数解をもつ」
実数解の個数だけであれば，数学Ⅱ・B 94 参考 の手順でよいのでしょうが，(2)で面積がテーマになっているので，出せるものなら，直接，解を出しておいた方がよいでしょう．

(2) 問題文の通りに式をつくればよいのでしょうが，**ポイント**の考え方を最初から使えるようになれば，少しですが，負担が軽くなります．
解答では，**ポイント**の考え方がでてくる過程がわかるようにかいてあります．

解 答

(1) ①，②を連立して，y を消去すると，
$$x(x-1)^2 = kx^2$$
$$\iff x\{(x-1)^2 - kx\} = 0$$
$$\iff x\{x^2 - (k+2)x + 1\} = 0$$
ここで，$x^2-(k+2)x+1=0$ ……③
の判別式を D とすると
$$D=(k+2)^2-4=k^2+4k>0 \quad (k>0 \ \text{より})$$
よって，③は異なる2つの実数解 α, β $(\alpha<\beta)$ をもつ．
③は $x=0$ を解にもたないので（③に $x=0$ を代入すると $1=0$ となって矛盾），①，②は異なる3点で交わる．

(2) 解と係数の関係より
$\alpha+\beta=k+2>0$, $\alpha\beta=1>0$ だから

193

$\alpha,\ \beta>0$　　$\therefore$　$0<\alpha<\beta$

よって，図のように S_1，S_2 を定めると，

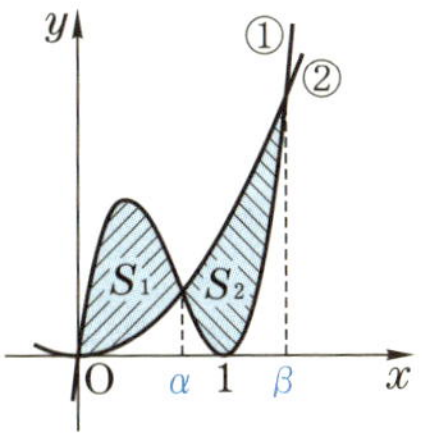

$$S_1=\int_0^{\alpha}\{x^3-(k+2)x^2+x\}\,dx$$

$$S_2=-\int_{\alpha}^{\beta}\{x^3-(k+2)x^2+x\}\,dx$$

$S_1=S_2$ だから，$S_1-S_2=0$

　$\therefore$　$\displaystyle\int_0^{\alpha}\{x^3-(k+2)x^2+x\}\,dx$

　　　　$\displaystyle+\int_{\alpha}^{\beta}\{x^3-(k+2)x^2+x\}\,dx=0$

$\Longleftrightarrow$　$\displaystyle\int_0^{\beta}\{x^3-(k+2)x^2+x\}\,dx=0$　　◀ポイント

$\Longleftrightarrow$　$\dfrac{1}{4}\beta^4-\dfrac{(k+2)}{3}\beta^3+\dfrac{\beta^2}{2}=0$

$\Longleftrightarrow$　$3\beta^2-4(k+2)\beta+6=0$　……④　（$\beta\neq0$ より）

また，β は③の解だから，$\beta^2-(k+2)\beta+1=0$　……⑤

④－⑤×4 より　　$-\beta^2+2=0$　$\therefore$　$\beta=\sqrt{2}$　（$\beta>0$ より）

これと，⑤より　　$k=\dfrac{3\sqrt{2}-4}{2}$

注　**105** のポイント②にあるように「左から右に向かって」積分するの
で，0，α，β の大小を確定する必要があります．

第6章

🔘 **ポイント**　　上下関係の入れかわる2つの曲線で囲まれた2つの部
分の面積が等しいとき
左端から右端まで積分すれば0

演習問題 106

$0\leqq x\leqq\dfrac{\pi}{2}$，$0\leqq y\leqq\sin 2x$ で定められる図形を D とする．

(1)　$y=a\sin x$ と $y=\sin 2x$ が $0<x<\dfrac{\pi}{2}$ で交わるような定数
a の範囲を求めよ．

(2)　$y=a\sin x$ が図形 D を面積の等しい2つの部分に分けるよう
な定数 a の値を求めよ．

107 面積（Ⅳ）

xy 平面上の曲線 $y=\sin x$ と 3 直線 $y=\sin\theta$, $x=0$, $x=\dfrac{\pi}{2}$ とで囲まれる図の斜線部分の面積を $S(\theta)$ とする．ただし，$0\leqq\theta\leqq\dfrac{\pi}{2}$ とする．

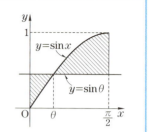

(1) $S(\theta)$ を求めよ．
(2) $S(\theta)$ の最小値とそのときの θ の値を求めよ．

精講　図がありますから，$S(\theta)$ がどの部分を指しているかすぐにわかるでしょうが，103 で学んだことがでてきています．問題文に「xy 平面上の」とありますから $y=\sin\theta$ はヨコ型直線であるということです．ここでもう一度確認しておきましょう．

考え方は 103 の**ポイント**にあります．

解答

(1) $S(\theta)=\displaystyle\int_0^\theta(\sin\theta-\sin x)\,dx+\int_\theta^{\frac{\pi}{2}}(\sin x-\sin\theta)\,dx$

$=\Big[\cos x+x\sin\theta\Big]_0^\theta-\Big[\cos x+x\sin\theta\Big]_\theta^{\frac{\pi}{2}}$　◀下の**注**

$=2(\cos\theta+\theta\sin\theta)-1-\dfrac{\pi}{2}\sin\theta$

$=2\cos\theta+\Big(2\theta-\dfrac{\pi}{2}\Big)\sin\theta-1$

注　$\displaystyle\int\sin\theta\,dx=-\cos\theta+C$ と考えてはいけません．

「dx」とありますから，「x で積分しなさい」ということ．

よって，$\sin\theta$ は 1 とか 2 と同じ定数扱いです．ただし，「$\sin\theta x$」とかくと誤解されますから，$x\sin\theta$ とかくか，$(\sin\theta)x$ とかくかのどちらかです．

(2) $S'(\theta) = -2\sin\theta + 2\sin\theta + \left(2\theta - \dfrac{\pi}{2}\right)\cos\theta$

$\qquad = \left(2\theta - \dfrac{\pi}{2}\right)\cos\theta$

$0 \leq \theta \leq \dfrac{\pi}{2}$ において，$S'(\theta) = 0$ を解くと，$\theta = \dfrac{\pi}{4},\ \dfrac{\pi}{2}$

よって，増減は表のようになる．

θ	0	$\cdots$	$\dfrac{\pi}{4}$	$\cdots$	$\dfrac{\pi}{2}$
$S'(\theta)$		$-$	0	$+$	
$S(\theta)$		↘	$\sqrt{2}-1$	↗	

ゆえに，$S(\theta)$ は $\theta = \dfrac{\pi}{4}$ のとき，**最小値** $\sqrt{2}-1$ をとる．

注 $0 \leq \theta \leq \dfrac{\pi}{2}$ のとき，$\cos\theta \geq 0$ だから，$S'(\theta)$ の符号と $2\theta - \dfrac{\pi}{2}$ の符号は一致します．

(右図参照)

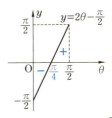

ポイント

2つの曲線で囲まれた部分の面積は
① 上から下をひいて
② 左から右に向かって
積分すればよい

演習問題 107

$y = \sin^2 x\ (0 \leq x \leq \pi)$ について

(1) このグラフの接線で，傾きが1であるものを求めよ．

(2) このグラフと(1)の接線，および y 軸で囲まれた部分の面積 S を求めよ．

108 面積（Ⅴ）

関数 $f(x) = e^x(2x - x^2)$ $(0 \leq x \leq 2)$ について，次の問いに答えよ．

(1) $f(x)$ の極値を求めよ．
(2) $y = f(x)$ のグラフの概形をかけ．
(3) $y = f(x)$ の $x = a$ $(a > 0)$ における接線が原点を通るとき，a の値を求めよ．
(4) (3)で求めた接線と $y = f(x)$ で囲まれた面積 S を求めよ．

(1)～(4)まで，すべていままでの**基礎問**で学んだ内容ばかりです．わからなくなったら，それぞれ，次の**基礎問**をもう一度，見直してください．

(1) 60, 70　　(2) 78
(3) 数学Ⅱ・B 85, 数学Ⅱ・B 86　　(4) 105

解　答

(1) $f'(x) = e^x(2x - x^2) + e^x(2 - 2x) = e^x(2 - x^2)$

$0 \leq x \leq 2$ だから，$f'(x) = 0$ を解くと，$x = \sqrt{2}$

よって，増減は表のようになる．

x	0	…	$\sqrt{2}$	…	2
$f'(x)$		+	0	−	
$f(x)$	0	↗	$2e^{\sqrt{2}}(\sqrt{2} - 1)$	↘	0

よって，$x = \sqrt{2}$ のとき，**極大値** $2e^{\sqrt{2}}(\sqrt{2} - 1)$

(2) $f''(x) = e^x(2 - x^2) + e^x(-2x) = -e^x(x^2 + 2x - 2)$

$0 \leq x \leq 2$ だから，$f''(x) = 0$ を解くと，

$x = -1 + \sqrt{3}$

よって，凹凸は表のようになる．

x	0	…	$\sqrt{3} - 1$	…	2
$f''(x)$		+	0	−	
$f(x)$		∪	変曲点	∩	

(1)もあわせると，$y = f(x)$ は右図のよ

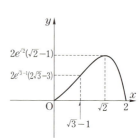

うになる．

(3) $(a, e^a(2a-a^2))$ $(0<a\leq 2)$ における接線は，
$$y-e^a(2a-a^2)=e^a(2-a^2)(x-a)$$
$$\therefore \quad y=e^a(2-a^2)x+a^2(a-1)e^a$$
これが，原点を通るので，$a^2(a-1)e^a=0$
$a^2e^a>0$ だから，$a=1$
このとき接線は $y=ex$

(4) 右図の斜線部分の面積が S だから，

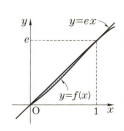

$$S=\frac{1}{2}e-\int_0^1 e^x(2x-x^2)dx$$
$$=\frac{1}{2}e-\Big[\{(2x-x^2)-(2-2x)+(-2)\}e^x\Big]_0^1$$
$$=\frac{1}{2}e+\Big[(x-2)^2 e^x\Big]_0^1$$
$$=\frac{1}{2}e+(e-4)=\frac{3}{2}e-4$$

注 定積分のところで，スペースの関係上，96 (2) 参考 の公式を使いましたが，各自，部分積分を2回使う解答をつくっておいてください．なお，その解答は 96 (2) そのものです．

ポイント 融合問題を解くためには，まず，基本を確実に身につけておくことが大切

演習問題 108

関数 $f(x)=e^x+e^{1-x}$ と $g(x)=-(e^x+e^{-x})+k$ (k：定数) について，次の問いに答えよ．

(1) $y=f(x)$ のグラフの概形をかけ．

(2) $y=f(x)$ と $y=g(x)$ が y 軸上で交わるような k の値を求めよ．

(3) (2)のとき，$y=f(x)$ と $y=g(x)$ で囲まれた部分の面積 S を求めよ．

198 第6章 積分法

基礎問

109 面積（Ⅵ）

$f(x) = \dfrac{e}{x^2}\log x \ (x>0)$ について，次の問いに答えよ．

(1) $f(x)$ の極値を求めよ．
(2) $x=a \ (a>0)$ における $y=f(x)$ の接線が原点を通るときの a の値を求めよ．
(3) x 軸，(2)で求めた接線および $y=f(x)$ とで囲まれる部分の面積 S を求めよ．

 精講

$f(x)$ がすこし複雑な形をしていますが，流れは 108 と同じです．計算が繁雑であることも数学Ⅲの特徴ですから，1つ1つていねいに作業ができるようになりましょう．

解 答

(1) $f'(x) = e \cdot \dfrac{x^2(\log x)' - (x^2)'\log x}{x^4}$

$= \dfrac{e(1-2\log x)}{x^3}$

$f'(x)=0$ より $\log x = \dfrac{1}{2}$ $\therefore$ $x = \sqrt{e}$

よって，増減は右表のようになり，

$x=\sqrt{e}$ のとき，**極大値 $\dfrac{1}{2}$**

◀商の微分

x	0	$\cdots$	$\sqrt{e}$	$\cdots$
$f'(x)$		$+$	0	$-$
$f(x)$		↗	$\dfrac{1}{2}$	↘

(2) 点 $\left(a, \dfrac{e\log a}{a^2}\right)$ における接線は

$y - \dfrac{e\log a}{a^2} = \dfrac{e(1-2\log a)}{a^3}(x-a)$

$\therefore$ $y = \dfrac{e(1-2\log a)}{a^3}x + \dfrac{e(3\log a - 1)}{a^2}$

これが，原点を通るので，$3\log a - 1 = 0$

$\therefore$ $a = \sqrt[3]{e}$

(3) (2)より，接線は，$y = \dfrac{1}{3}x$

よって，S は右図の斜線部分の面積を表す．

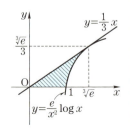

$$\therefore\ S = \frac{1}{2} \cdot \sqrt[3]{e} \cdot \frac{1}{3}\sqrt[3]{e} - \int_1^{\sqrt[3]{e}} \frac{e}{x^2} \log x \, dx = \frac{\sqrt[3]{e^2}}{6} - e \int_1^{\sqrt[3]{e}} \frac{\log x}{x^2} dx$$

ここで，

$$\int_1^{\sqrt[3]{e}} \frac{\log x}{x^2} dx = \int_1^{\sqrt[3]{e}} x^{-2} \cdot \log x \, dx = \int_1^{\sqrt[3]{e}} (-x^{-1})' \log x \, dx$$

$$= \left[-\frac{\log x}{x} \right]_1^{\sqrt[3]{e}} + \int_1^{\sqrt[3]{e}} x^{-1} (\log x)' dx = -\frac{1}{3\sqrt[3]{e}} + \int_1^{\sqrt[3]{e}} \frac{dx}{x^2}$$

$$= -\frac{1}{3\sqrt[3]{e}} + \left[-\frac{1}{x} \right]_1^{\sqrt[3]{e}} = -\frac{4}{3\sqrt[3]{e}} + 1$$

よって，$S = \dfrac{\sqrt[3]{e^2}}{6} - e\left(-\dfrac{4}{3\sqrt[3]{e}} + 1 \right) = \dfrac{3}{2}\sqrt[3]{e^2} - e$

参考 $\log x = t$ とおいて置換積分すると，次のような流れになります．各自確かめてみましょう．

$$\int_1^{\sqrt[3]{e}} \frac{\log x}{x^2} dx = \int_0^{\frac{1}{3}} te^{-t} dt = \left[-(t+1)e^{-t} \right]_0^{\frac{1}{3}} = 1 - \frac{4}{3} e^{-\frac{1}{3}}$$

注 この定積分は形からいえば部分積分ですが，に示したように$\log x = t$ と置換しても積分できます．この方法は，$\int$対数 が $\int$指数 になることで，積分計算自体はラクになるというメリットがあります．

ポイント 対数を含んだ関数の積分は
  Ⅰ．まず，$\log x = t$ とおいてみる
  Ⅱ．だめなら，部分積分

注 (1) $f(x) = ex^{-2}\log x$ と考えると，積の微分で $f'(x)$ を求めることができます．

演習問題 109

関数 $f(x) = \dfrac{\log x^2}{x}$ $(x > 0)$ を考える．ただし，対数は自然対数とする．
(1) $f(x)$ の最大値を求めよ．
(2) 曲線 $y = f(x)$ の変曲点をPとする．点Pにおける接線が，x軸と交わる点を Q(q, 0) とするとき，q の値を求めよ．
(3) 曲線 $y = f(x)$，線分 PQ，および直線 $x = q$ で囲まれる部分の面積 S を $\log 2$ を用いて表せ．

110 面積（Ⅶ）

$f(x)=e^{-x}\sin x$ について，次の問いに答えよ．

(1) $f'(x)$ を求めよ．
(2) $0\leq x\leq 2\pi$ において，$f(x)$ の最大値と最小値を求め，グラフをかけ．
(3) $0\leq x\leq 2\pi$ において，$y=f(x)$ と x 軸で囲まれる図形の面積 S を求めよ．

精講

(3) $\int e^{-x}\sin x\,dx$ は，同型出現型の部分積分です．
((2))

解　答

(1) $f'(x)=-e^{-x}\sin x+e^{-x}\cos x=e^{-x}(\cos x-\sin x)$

(2) $f'(x)=e^{-x}\cdot\sqrt{2}\left(\cos x\cdot\dfrac{1}{\sqrt{2}}-\sin x\cdot\dfrac{1}{\sqrt{2}}\right)$

$\quad =\sqrt{2}\,e^{-x}\left(\cos x\cos\dfrac{\pi}{4}-\sin x\sin\dfrac{\pi}{4}\right)=\sqrt{2}\,e^{-x}\cos\left(x+\dfrac{\pi}{4}\right)$

$\dfrac{\pi}{4}\leq x+\dfrac{\pi}{4}\leq 2\pi+\dfrac{\pi}{4}$ だから，

$$f'(x)=0 \iff \cos\left(x+\dfrac{\pi}{4}\right)=0 \iff x+\dfrac{\pi}{4}=\dfrac{\pi}{2},\ \dfrac{3\pi}{2}$$

$\iff x=\dfrac{\pi}{4},\ \dfrac{5\pi}{4}$

よって，増減は右表のようになる．

x	0	$\cdots$	$\dfrac{\pi}{4}$	$\cdots$	$\dfrac{5\pi}{4}$	$\cdots$	2π
$f'(x)$		$+$	0	$-$	0	$+$	
$f(x)$	0	↗	$\dfrac{e^{-\frac{\pi}{4}}}{\sqrt{2}}$	↘	$-\dfrac{e^{-\frac{5\pi}{4}}}{\sqrt{2}}$	↗	0

ゆえに

最大値 $\dfrac{e^{-\frac{\pi}{4}}}{\sqrt{2}}$ $\left(x=\dfrac{\pi}{4}\text{ のとき}\right)$

最小値 $-\dfrac{e^{-\frac{5\pi}{4}}}{\sqrt{2}}$ $\left(x=\dfrac{5\pi}{4}\text{ のとき}\right)$

よって，グラフは右図．

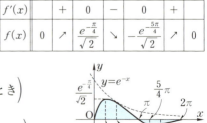

201

注 グラフには, $y=f(x)$ 以外に, $y=e^{-x}$ と $y=-e^{-x}$ もかき込んであります. 理由は次の通りです.

$-1\leqq\sin x\leqq1$ だから, $-e^{-x}\leqq e^{-x}\sin x\leqq e^{-x}$

$\quad\therefore\quad -e^{-x}\leqq f(x)\leqq e^{-x}$

よって, $y=f(x)$ のグラフは, $y=e^{-x}$ のグラフより下側にあり, $y=-e^{-x}$ のグラフより上側にある.

特に, $\sin x=1$ のときは $y=e^{-x}$ のグラフと, $\sin x=-1$ のときは $y=-e^{-x}$ のグラフとそれぞれ共有点をもつ.

---

(3) グラフより $\quad S=\displaystyle\int_0^\pi e^{-x}\sin x\,dx-\int_\pi^{2\pi}e^{-x}\sin x\,dx$

ここで, $\begin{cases}(e^{-x}\sin x)'=-e^{-x}\sin x+e^{-x}\cos x & \cdots\cdots① \\ (e^{-x}\cos x)'=-e^{-x}\cos x-e^{-x}\sin x & \cdots\cdots②\end{cases}$

①+② より $\quad 2e^{-x}\sin x=-(e^{-x}\sin x)'-(e^{-x}\cos x)'$

$\quad\therefore\quad \displaystyle\int e^{-x}\sin x\,dx=-\frac{1}{2}e^{-x}(\sin x+\cos x)+C \quad(=F(x))$

よって, $S=\Big[F(x)\Big]_0^\pi-\Big[F(x)\Big]_\pi^{2\pi}=2F(\pi)-F(0)-F(2\pi)$

$\qquad =\dfrac{1}{2}e^{-\pi}\times2+\dfrac{1}{2}+\dfrac{1}{2}e^{-2\pi}=\boldsymbol{e^{-\pi}+\dfrac{1}{2}e^{-2\pi}+\dfrac{1}{2}}$

◐ ポイント

$\displaystyle\int e^{-x}\sin x\,dx, \int e^{-x}\cos x\,dx$ も

同型出現型の部分積分

第6章

演習問題 110

2つの曲線 $C_1:y=2\cos x$, $C_2:y=k-\sin2x$ が $0\leqq x\leqq\dfrac{\pi}{2}$ の範囲で共有点Pをもち, その点で共通の接線をもつとする. このとき, 次の問いに答えよ. ただし, k は定数とする.

(1) 点Pの x 座標と k の値を求めよ.

(2) $0\leqq x\leqq\dfrac{\pi}{2}$ の範囲で, y 軸と C_1, C_2 が囲む部分の面積 S を求めよ.

111 面積 (Ⅷ)

$f(t)=e^t+e^{-t},\ g(t)=e^t-e^{-t}\ (-\infty<t<\infty)$ とする.

(1) $f(t)$ の最小値を求めよ.
(2) $\{f(t)\}^2-\{g(t)\}^2$ の値を求めよ.
(3) 媒介変数 t を用いて,$x=f(t)$,$y=g(t)$ と表される曲線を C とする.このとき C の概形を図示せよ.
(4) $t=-1$,$t=1$ に対応する C 上の点をそれぞれ A,B とする.線分 AB と曲線 C によって囲まれる図形の面積 S を求めよ.

面積に関する最後の問題です.かなり難しいかもしれませんが,誘導に従ってチャレンジしましょう.

(1) 微分してもよいのですが,「$e^t>0$, $e^{-t}>0$」に着目すれば….

(3) (2)から曲線 C は双曲線 (**3**) であることがわかり,(1)から,双曲線のどの部分が適するかがわかります.

(4) 媒介変数で表された関数について,その関数のグラフと x 軸とで囲まれた部分の面積は $\int|y|dx$ で表せます.

解答

(1) $e^t>0$,$e^{-t}>0$ だから,相加平均≧相乗平均より
$$f(t)=e^t+e^{-t}\geqq 2\sqrt{e^t\cdot e^{-t}}=2$$
(等号は,$t=0$ のとき成立) ◀下の注

ゆえに $f(t)\geqq 2$ となり,**最小値 2**

注 「$f(t)\geqq 2$」から,すぐに「$f(t)$ の最小値は 2」といってはいけません.「$f(t)\geqq 2$」は「$f(t)>2$ または $f(t)=2$」という意味ですから,$f(t)=2$ になる t の存在(ここでは $t=0$)を述べなければなりません.ただし,微分して増減表をかいた人には,この作業は不要です.

「相加平均≧相乗平均」を使えば,早く答えにたどり着くかわりに,論理的なワナにかかる可能性があるということです.

(2) $\{f(t)\}^2-\{g(t)\}^2=(e^t+e^{-t})^2-(e^t-e^{-t})^2$
$\qquad\qquad\qquad\qquad =(e^{2t}+2+e^{-2t})-(e^{2t}-2+e^{-2t})=4$

(**別解**) $\{f(t)\}^2-\{g(t)\}^2=\{f(t)+g(t)\}\{f(t)-g(t)\}=2e^t\cdot 2e^{-t}=4$

(3) (2)より　　$x^2-y^2=4$

また, (1)より　$x \geqq 2$

よって, C は, $y=\pm x$ を漸近線とする頂点 $(\pm 2, 0)$ の双曲線の右半分.

よって, 右図.

(4) $A(e^{-1}+e, e^{-1}-e)$,

$B(e+e^{-1}, e-e^{-1})$ だから, S は右図の斜線部分の面積を表す.

ここでグラフが x 軸対称だから $y \geqq 0$ で考えればよい.

$$\therefore \quad S = 2\int_2^{e+e^{-1}} y\,dx$$

ここで, $y=e^t-e^{-t}$ と置換すると, グラフより, $x: 2 \to e+e^{-1}$ のとき

$t: 0 \to 1$ また, $\dfrac{dx}{dt}=f'(t)=e^t-e^{-t}$

$$\therefore \quad S = 2\int_0^1 (e^t-e^{-t})\cdot(e^t-e^{-t})\,dt = 2\int_0^1 (e^{2t}-2+e^{-2t})\,dt$$

$$= \Bigl[e^{2t}-4t-e^{-2t}\Bigr]_0^1 = e^2-4-e^{-2}$$

注　$\int_2^{e+e^{-1}} \sqrt{x^2-4}\,dx$ の積分は $x=t+\dfrac{1}{t}$ と置換してもできます.

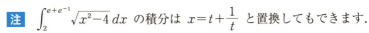

● ポイント　媒介変数で表された関数と x 軸で囲まれた部分の面積は $\int |y|\,dx$ として, 置換積分

演習問題 111

媒介変数 t を用いて, $\begin{cases} x=t-\sin t \\ y=1-\cos t \end{cases}$ $(0 \leqq t \leqq 2\pi)$ で表される曲線を C とする.

(1) 接線の傾きが 1 となる C 上の点を P, 接線の傾きが -1 となる C 上の点を Q とするとき, P, Q の x 座標を求めよ.

(2) 曲線 C と線分 PQ で囲まれた部分の面積 S を求めよ.

112 共通接線と面積

2つの曲線 $C_1: y=ax^2$ $(a \neq 0)$, $C_2: y=\log 2x$ が共有点をもち，その点で共通の接線をもつとき，次の問いに答えよ．
(1) a の値を求めよ．
(2) x 軸と C_1, C_2 で囲まれた部分の面積 S を求めよ．

(1) 67 で学習済みです．
(2) 104 によれば，x 軸との上下関係がはっきりしないといけないので，まず，グラフをかくことになりますが，積分においては，$\int \log x \, dx$ と $\int \tan x \, dx$ は特殊な技術が必要です．(84, 85 参照)

しかし，$\int_a^b \log x \, dx$ $(a<b)$ は $y=\log x$ と 3 直線，x 軸，$x=a$, $x=b$ で囲まれた部分の面積を表すことに着目すると，$\int e^y dy$ にきりかえて求めることができます．⇨(別解)

解答

(1) $f(x)=ax^2$, $g(x)=\log 2x$ とおく．接点の x 座標を t とすると，

$$\begin{cases} f(t)=g(t) \\ f'(t)=g'(t) \end{cases}$$

◀ 67

$$\iff \begin{cases} at^2 = \log 2t & \cdots\cdots ① \\ 2at = \dfrac{1}{t} & \cdots\cdots ② \end{cases}$$

◀ $(\log 2x)' = \dfrac{(2x)'}{2x} = \dfrac{1}{x}$

②より，$at^2 = \dfrac{1}{2}$ だから ①は，

$\log 2t = \dfrac{1}{2}$ ∴ $2t = \sqrt{e}$

よって $t = \dfrac{\sqrt{e}}{2}$

②より，$a = \dfrac{1}{2t^2} = \dfrac{1}{2}\left(\dfrac{2}{\sqrt{e}}\right)^2 = \dfrac{2}{e}$

(2) $S = \int_0^{\frac{\sqrt{e}}{2}} \frac{2}{e} x^2 dx$

$\qquad - \int_{\frac{1}{2}}^{\frac{\sqrt{e}}{2}} \log 2x\, dx$

○ $\int_0^{\frac{\sqrt{e}}{2}} \frac{2}{e} x^2 dx = \frac{2}{e}\left[\frac{x^3}{3}\right]_0^{\frac{\sqrt{e}}{2}} = \frac{2}{3e} \cdot \frac{e\sqrt{e}}{8} = \frac{\sqrt{e}}{12}$

○ $\int_{\frac{1}{2}}^{\frac{\sqrt{e}}{2}} \log 2x\, dx = \int_{\frac{1}{2}}^{\frac{\sqrt{e}}{2}} (x)' \log 2x\, dx$ ◀部分積分

$\qquad\qquad = \Bigl[x \log 2x\Bigr]_{\frac{1}{2}}^{\frac{\sqrt{e}}{2}} - \int_{\frac{1}{2}}^{\frac{\sqrt{e}}{2}} dx$

$\qquad\qquad = \frac{\sqrt{e}}{2} \log \sqrt{e} - \Bigl[x\Bigr]_{\frac{1}{2}}^{\frac{\sqrt{e}}{2}}$

$\qquad\qquad = \frac{\sqrt{e}}{4} - \left(\frac{\sqrt{e}}{2} - \frac{1}{2}\right) = \frac{1}{2} - \frac{\sqrt{e}}{4}$

∴ $S = \frac{\sqrt{e}}{12} - \left(\frac{1}{2} - \frac{\sqrt{e}}{4}\right) = \frac{\sqrt{e}}{3} - \frac{1}{2}$

(別解) $S = \int_0^{\frac{1}{2}} \left(\frac{1}{2} e^y - \sqrt{\frac{ey}{2}}\right) dy$

$\qquad = \left[\frac{1}{2} e^y - \frac{2}{3} \sqrt{\frac{e}{2}}\, y^{\frac{3}{2}}\right]_0^{\frac{1}{2}}$

$\qquad = \left(\frac{1}{2}\sqrt{e} - \frac{2}{3}\sqrt{\frac{e}{2}} \cdot \frac{1}{2\sqrt{2}}\right) - \frac{1}{2}$

$\qquad = \frac{\sqrt{e}}{3} - \frac{1}{2}$

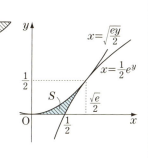

ポイント　$y = \log x$ がからんだ面積は，逆関数 $x = e^y$ にきりかえて考えると計算の負担が軽くなる

演習問題 112

直線 l は曲線 $C_1: y = e^x$, $C_2: y = e^{2x}$ の両方に接している．

(1) l と C_1 の接点を $P(s, e^s)$, l と C_2 の接点を $Q(t, e^{2t})$ とするとき s, t を求めよ．

(2) l と C_1, C_2 で囲まれた部分の面積 S を求めよ．

113 区分求積法

定積分を用いて，次の極限値を求めよ．

(1) $\displaystyle\lim_{n\to\infty}\frac{1}{n}\left(\frac{n^2}{4n^2-1^2}+\frac{n^2}{4n^2-2^2}+\cdots+\frac{n^2}{4n^2-n^2}\right)$

(2) $\displaystyle\lim_{n\to\infty}\sum_{k=n+1}^{2n}\frac{1}{k}$

精講

$\lim\sum$ の形をした極限値を求めるとき，$\sum$ 計算が実行できればよいのですが，そうでないときでもある特殊な形をしていれば極限値を求めることができます．

それが「**区分求積**」といわれる考え方で，その特殊な形とは

$$\lim_{n\to\infty}\frac{1}{n}\sum_{k=1}^{n}f\left(\frac{k}{n}\right)$$

です．

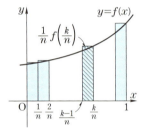

右図で斜線部分の長方形の面積は $\dfrac{1}{n}f\left(\dfrac{k}{n}\right)$ で表せます．

よって，$\displaystyle\sum_{k=1}^{n}\frac{1}{n}f\left(\frac{k}{n}\right)$ は，図のすべての長方形の総和です．ここで，n（分割数）を多くすると曲線より上側にはみでている部分はどんどん小さくなります．

そして最終的には $y=f(x)$，x 軸，2直線 $x=0$，$x=1$ で囲まれた面積に近づくと考えられます．

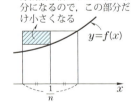

以上のことから，

$$\lim_{n\to\infty}\frac{1}{n}\sum_{k=1}^{n}f\left(\frac{k}{n}\right)=\int_0^1 f(x)\,dx$$

ということがわかります．

解 答

(1) 与式 $=\displaystyle\lim_{n\to\infty}\frac{1}{n}\sum_{k=1}^{n}\frac{n^2}{4n^2-k^2}=\lim_{n\to\infty}\frac{1}{n}\sum_{k=1}^{n}\frac{1}{4-\left(\dfrac{k}{n}\right)^2}$

$$= \int_0^1 \frac{dx}{4-x^2} = \frac{1}{4}\int_0^1 \left(\frac{1}{2-x}+\frac{1}{2+x}\right)dx \quad \blacktriangleleft 89$$

$$= \frac{1}{4}\Big[-\log(2-x)+\log(2+x)\Big]_0^1 = \frac{1}{4}\left[\log\frac{2+x}{2-x}\right]_0^1 = \frac{1}{4}\log 3$$

→頭に「−」がつく理由は，86 ポイント参照．

(2) $\displaystyle\lim_{n\to\infty}\sum_{k=n+1}^{2n}\frac{1}{k} = \lim_{n\to\infty}\frac{1}{n}\sum_{k=n+1}^{2n}\frac{n}{k} = \lim_{n\to\infty}\frac{1}{n}\sum_{k=n+1}^{2n}\frac{1}{\frac{k}{n}}$

$$= \int_1^2 \frac{dx}{x} = \Big[\log x\Big]_1^2 = \mathbf{\log 2}$$

注 積分の範囲が $1\to 2$ となる理由を考えてみましょう．区分求積の公式によれば，$\frac{k}{n}\to x$ とかわっています．だから，$n\to\infty$ としたときの $\frac{k}{n}$ の範囲が x の範囲ということになります．$\frac{n+1}{n}\leqq\frac{k}{n}\leqq\frac{2n}{n}$ において，$\displaystyle\lim_{n\to\infty}\frac{n+1}{n}=1$，$\displaystyle\lim_{n\to\infty}\frac{2n}{n}=2$ であることより，$1\leqq x\leqq 2$ となります．

ポイント
$$\lim_{n\to\infty}\frac{1}{n}\sum_{k=1}^n f\left(\frac{k}{n}\right) = \int_0^1 f(x)\,dx$$

参考 区分求積の公式の一般形は下のような形ですが，大学入試では上の形でできないものは出題数が少なく，出題されてもかなりの上位校に限られていますので，**ポイント**の形で使えるようになれば十分です．

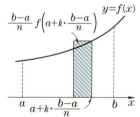

$$\lim_{n\to\infty}\frac{b-a}{n}\sum_{k=1}^n f\left(a+k\cdot\frac{b-a}{n}\right) = \int_a^b f(x)\,dx$$

演習問題 113

$\displaystyle\lim_{n\to\infty}\sum_{k=1}^n \frac{n+2k}{n^2+nk+k^2}$ の値を求めよ．

114 定積分の評価（Ⅰ）

(1) $x \geq 0$ のとき，$\dfrac{1}{(x+1)^2} \leq \dfrac{1}{x^2+x+1} \leq \dfrac{1}{x+1}$ が成りたつことを示せ．

(2) $\dfrac{1}{2} < \displaystyle\int_0^1 \dfrac{dx}{x^2+x+1} < \log 2$ を示せ．

精講

(1) 分子がすべて 1 で統一されているので，ねらいは $(x+1)^2$, x^2+x+1, $x+1$ の大小比較です．

ひき算をして調べてもよいのですが，次のような考え方も知っておくとよいでしょう．

3 つ以上の大小比較はグラフを利用する

(2) 「定積分の評価」といわれる問題です．

評価とは「**不等号ではさむこと**」を指します．このとき，定積分を実行しない（あるいはできない）とすれば，次の考え方を使います．

> $a \leq x \leq b$ において，$f(x) \leq g(x)$ が成りたつならば
> $$\int_a^b f(x)\,dx \leq \int_a^b g(x)\,dx$$
> （等号は $a \leq x \leq b$ においてつねに $f(x) = g(x)$ であるときに限る）

注 この命題の逆（⇨数学Ⅰ・A **23**）は成立しません．

解答

(1) $y=(x+1)^2$ と $y=x+1$ は異なる 2 点 $(-1, 0)$, $(0, 1)$ で交わり，$y=x^2+x+1$ 上の点 $(0, 1)$ における接線が $y=x+1$ であることより，3 つのグラフの位置関係は，$x \geq 0$ において，右図のようになる．

∴ $(0<)\ x+1 \leq x^2+x+1 \leq (x+1)^2$

よって，$\dfrac{1}{(x+1)^2} \leq \dfrac{1}{x^2+x+1} \leq \dfrac{1}{x+1}$

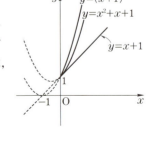

注 「$0<$」をいっておかないと，単純に逆数をとるわけにはいきませ

ん. たとえば, $-1 \leqq 1 \leqq 2$ ですが,

$\dfrac{1}{2} \leqq \dfrac{1}{1} \leqq \dfrac{1}{-1}$ ではなく, $-1 \leqq \dfrac{1}{2} \leqq \dfrac{1}{1}$ です.

（別解） $(x+1)^2 - (x^2+x+1) = x \geqq 0$

$(x^2+x+1) - (x+1) = x^2 \geqq 0,\ x+1 \geqq 1 > 0$ より

$0 < x+1 \leqq x^2+x+1 \leqq (x+1)^2$

よって, $\dfrac{1}{(x+1)^2} \leqq \dfrac{1}{x^2+x+1} \leqq \dfrac{1}{x+1}$

(2) (1)より, $0 \leqq x \leqq 1$ において,

$\dfrac{1}{(x+1)^2} \leqq \dfrac{1}{x^2+x+1} \leqq \dfrac{1}{x+1}$ が成りたち,

等号は $x=0$ のときのみ成立する.

$\therefore\ \displaystyle\int_0^1 \dfrac{1}{(x+1)^2}\,dx < \int_0^1 \dfrac{1}{x^2+x+1}\,dx < \int_0^1 \dfrac{1}{x+1}\,dx$

$\left[-\dfrac{1}{x+1}\right]_0^1 < \displaystyle\int_0^1 \dfrac{dx}{x^2+x+1} < \Big[\log(x+1)\Big]_0^1$

よって, $\dfrac{1}{2} < \displaystyle\int_0^1 \dfrac{dx}{x^2+x+1} < \log 2$

注 $\displaystyle\int_0^1 \dfrac{dx}{x^2+x+1}$ は, **90**(1) 参考 によれば, 分母が $\left(x+\dfrac{1}{2}\right)^2 + \dfrac{3}{4}$ と

かけるので, $x+\dfrac{1}{2} = \dfrac{\sqrt{3}}{2}\tan\theta$ と置換すれば定積分できます. 練習

問題としてやってみましょう.

答えは, $\dfrac{\sqrt{3}\,\pi}{9}$ です.

第6章

ポイント $\ a \leqq x \leqq b$ において, $f(x) \leqq g(x)$ のとき,

$$\int_a^b f(x)\,dx \leqq \int_a^b g(x)\,dx$$

等号は, つねに $f(x)$ と $g(x)$ が一致するとき成立

演習問題 114

(1) $0 \leqq x \leqq 1$ のとき, $1 \leqq e^x \leqq e$ が成りたつことを示せ.

(2) $a_n = \displaystyle\int_0^1 x^{2n-1} e^x\,dx$ について, $\dfrac{1}{2n} \leqq a_n \leqq \dfrac{e}{2n}\ (n \geqq 1)$ を示せ.

115 定積分の評価（Ⅱ）

(1) 関数 $y=\dfrac{1}{x}\ (x>0)$ のグラフを利用して，k が自然数のとき
$$\dfrac{1}{k+1}<\int_{k}^{k+1}\dfrac{1}{x}dx<\dfrac{1}{k}$$
が成りたつことを示せ．

(2) n を2以上の自然数とするとき
$$\log n<\sum_{k=1}^{n-1}\dfrac{1}{k}<\log n+1$$
が成りたつことを示せ．

(3) $\displaystyle\lim_{n\to\infty}\dfrac{1}{\log n}\sum_{k=1}^{n-1}\dfrac{1}{k}$ を求めよ．

(1) $\displaystyle\int_{k}^{k+1}\dfrac{1}{x}dx$ は曲線 $y=\dfrac{1}{x}$，x 軸，2直線 $x=k$，$x=k+1$ で囲まれた図形の面積を表し，区間が1なので，$\dfrac{1}{k+1}$ も $\dfrac{1}{k}$ もどこかの面積を表しているはずです．

(2) 一般に，次の性質が成りたちます．
　　$b_k\leqq a_k\leqq c_k\ (k=1,\ 2,\ 3,\ \cdots,\ n)$ のとき
$$\sum_{k=1}^{n}b_k\leqq\sum_{k=1}^{n}a_k\leqq\sum_{k=1}^{n}c_k$$

注 逆は成りたちません．

(3) 極限の問題の前に不等式があるのではさみうちの原理を使います．（⇨ **44**）

解　答

(1)

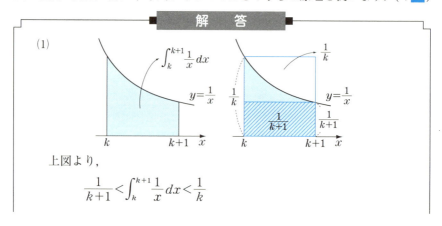

上図より，
$$\dfrac{1}{k+1}<\int_{k}^{k+1}\dfrac{1}{x}dx<\dfrac{1}{k}$$

(2) (1)より,

$$\frac{1}{k+1} < \int_k^{k+1} \frac{1}{x}\,dx \quad\cdots\cdots① , \quad \int_k^{k+1} \frac{1}{x}\,dx < \frac{1}{k} \quad\cdots\cdots②$$

①より, $\displaystyle\sum_{k=1}^{n-1} \frac{1}{k+1} < \sum_{k=1}^{n-1} \int_k^{k+1} \frac{1}{x}\,dx$

$\blacktriangleleft \displaystyle\int_1^2 + \int_2^3 + \cdots + \int_{n-1}^n = \int_1^n$

$\therefore\ \displaystyle\sum_{k=1}^{n} \frac{1}{k} - 1 < \int_1^n \frac{1}{x}\,dx$

$\blacktriangleleft \displaystyle\sum_{k=1}^{n-1} \frac{1}{k+1} = \frac{1}{2} + \frac{1}{3} + \cdots + \frac{1}{n}$

$\displaystyle\Longleftrightarrow \sum_{k=1}^{n-1} \frac{1}{k} + \frac{1}{n} < 1 + \Big[\log x\Big]_1^n$

$= \Big(1 + \dfrac{1}{2} + \dfrac{1}{3} + \cdots + \dfrac{1}{n}\Big) - 1$

$\displaystyle\Longleftrightarrow \sum_{k=1}^{n-1} \frac{1}{k} + \frac{1}{n} < 1 + \log n$

$= \displaystyle\sum_{k=1}^{n} \frac{1}{k} - 1$

$= \displaystyle\sum_{k=1}^{n-1} \frac{1}{k} + \frac{1}{n} - 1$

よって, $\displaystyle\sum_{k=1}^{n-1} \frac{1}{k} < \log n + 1$

②より, $\displaystyle\sum_{k=1}^{n-1} \int_k^{k+1} \frac{1}{x}\,dx < \sum_{k=1}^{n-1} \frac{1}{k}$

$\displaystyle\Longleftrightarrow \int_1^n \frac{1}{x}\,dx < \sum_{k=1}^{n-1} \frac{1}{k} \quad\Longleftrightarrow\quad \Big[\log x\Big]_1^n < \sum_{k=1}^{n-1} \frac{1}{k} \quad \therefore\ \log n < \sum_{k=1}^{n-1} \frac{1}{k}$

よって, $\displaystyle\log n < \sum_{k=1}^{n-1} \frac{1}{k} < \log n + 1 \quad\cdots\cdots③$

(3) ③の両辺を $\log n\,(>0)$ で割ると,

$$1 < \frac{1}{\log n} \sum_{k=1}^{n-1} \frac{1}{k} < 1 + \frac{1}{\log n}$$

$\displaystyle\lim_{n\to\infty} \frac{1}{\log n} = 0$ だから, はさみうちの原理より $\displaystyle\lim_{n\to\infty} \frac{1}{\log n} \sum_{k=1}^{n-1} \frac{1}{k} = 1$

◉ ポイント

定積分に関する不等式は面積で考える

演習問題 115

(1) k が 2 以上の自然数のとき

$\displaystyle\int_k^{k+1} \frac{1}{x}\,dx < \frac{1}{k} < \int_{k-1}^{k} \frac{1}{x}\,dx$ が成りたつことを示せ.

(2) n が 2 以上の自然数のとき

$\displaystyle\log(n+1) < \sum_{k=1}^{n} \frac{1}{k} < \log n + 1$ が成りたつことを示せ.

116 回転体の体積（Ⅰ）

$y=4-x^2$ $(x\geqq 0)$ と x 軸と y 軸で囲まれた部分について，次の問いに答えよ．
(1) この部分を x 軸のまわりに1回転してできる立体の体積 V_x を求めよ．
(2) この部分を y 軸のまわりに1回転してできる立体の体積 V_y を求めよ．

精講

x 軸，または，y 軸のまわりに曲線を回転してできる立体の体積の求め方を勉強しましょう．

$y=f(x)$ と2直線 $x=a$, $x=b$ $(a<b)$，および x 軸で囲まれた部分を x 軸のまわりに1回転してできる立体の体積 V_x は

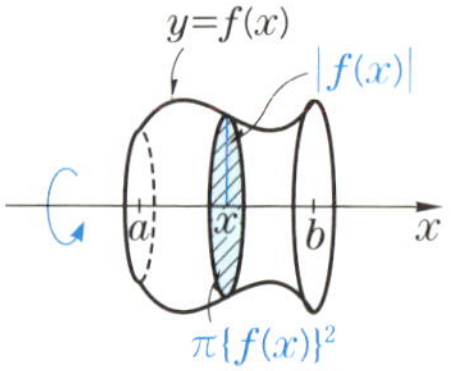

$$V_x = \pi \int_a^b \{f(x)\}^2 dx$$

と表せます．

この公式の $\pi\{f(x)\}^2$ は，断面の面積（図の斜線部分）を表しています．

同様に，$x=g(y)$ と2直線 $y=c$, $y=d$ $(c<d)$ および，y 軸で囲まれた部分を y 軸のまわりに1回転してできる立体の体積 V_y は，

$$V_y = \pi \int_c^d \{g(y)\}^2 dy$$

と表せます．

これらの公式を使えるのは，回転させる図形と回転軸の間にすき間がないときに限られることに注意しましょう．（**118**）

解　答

$y=4-x^2$ と x 軸，y 軸で囲まれた部分は右図の斜線部分．

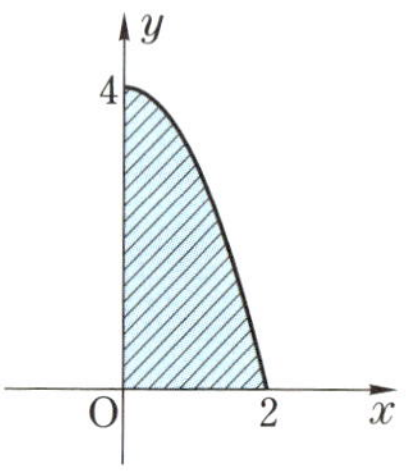

(1) $V_x = \pi \displaystyle\int_0^2 y^2 dx$ ◀この式をかく習慣をつける

$= \pi \displaystyle\int_0^2 (4-x^2)^2 dx$

$= \pi \displaystyle\int_0^2 (x^4 - 8x^2 + 16) dx$

213

$$= \pi \left[\frac{x^5}{5} - \frac{8x^3}{3} + 16x \right]_0^2 = \pi \left(\frac{2^5}{5} - \frac{2^6}{3} + 2^5 \right) \quad \blacktriangleleft 注$$

$$= \frac{2^5 \pi}{15}(3 - 10 + 15) = \frac{2^5 \cdot 8\pi}{15} = \frac{\mathbf{256}}{\mathbf{15}}\pi$$

注 うかつに，$2^5 = 32$，$2^6 = 64$ とするのは得策ではありません．

(2) $\displaystyle V_y = \pi \int_0^4 x^2 \, dy = \pi \int_0^4 (4 - y) \, dy$

$$= \pi \left[4y - \frac{1}{2}y^2 \right]_0^4 = \pi(16 - 8) = \mathbf{8\pi}$$

◉ ポイント

- 曲線 $y = f(x)$，2直線 $x = a$，$x = b$ $(a < b)$ および，x軸で囲まれた部分をx軸のまわりに1回転してできる立体の体積は

$$\pi \int_a^b \{f(x)\}^2 dx \quad \text{で表せる}$$

- 曲線 $x = g(y)$，2直線 $y = c$，$y = d$ $(c < d)$ および，y軸で囲まれた部分をy軸のまわりに1回転してできる立体の体積は

$$\pi \int_c^d \{g(y)\}^2 dy \quad \text{で表せる}$$

第6章

演習問題 116

曲線 $\sqrt{\dfrac{x}{a}} + \sqrt{\dfrac{y}{b}} = 1$ $(a > 0,\ b > 0)$ について，次の問いに答えよ．

(1) この曲線と x軸，y軸とで囲まれる部分をAとするとき，Aをx軸のまわりに1回転してできる立体の体積Vを求めよ．

(2) $a + b = 1$ のとき，Vを最大にするaの値を求めよ．

117 回転体の体積（Ⅱ）

(1) 3つの不等式 $y \leqq -x^2+2$, $y \geqq x$, および, $x \geqq 0$ が表す領域を x 軸のまわりに回転してできる立体の体積 V_1 を求めよ．

(2) 連立不等式 $y \leqq -x^2+2$, $y \geqq x$ で表される領域を x 軸のまわりに回転してできる立体の体積 V_2 を求めよ．

精講 回転体の体積公式は 116 で学んだものしかありませんが，これらの公式は の最後の2行にかいてあるように制約つきで，この基礎問の図形は公式を使うにあたって，次の問題点を含んでいます．

(1) 回転軸との間にすき間がある．
(2) まわす図形が回転軸の両側にまたがっている．

〈解決策〉
(1) とりあえず，すき間を含めて回転しておいて，あとですき間の分をひく．
(2) 回転軸で折り返して，図形を片側にまとめておいてそのあとで回転させる．

解答

(1) 3つの不等式で表される領域は，右図の斜線部分だから，

$$V_1 = \pi \int_0^1 (2-x^2)^2 dx - \pi \int_0^1 x^2 dx$$

$$= \pi \int_0^1 (x^4 - 5x^2 + 4) dx$$

$$= \pi \left(\frac{1}{5} - \frac{5}{3} + 4 \right)$$

$$= \frac{38}{15}\pi$$

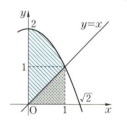

注 $\pi \int_0^1 x^2 dx$ は打点部分を x 軸のまわりに回転させた立体，すなわち，底面が半径1の円で高さが1の円すい．

よって，$\frac{1}{3} \cdot \pi \cdot 1^2 \cdot 1 = \frac{\pi}{3}$ としてもよい．

(2) $\begin{cases} y \leqq -x^2+2 \\ y \geqq x \end{cases}$ で表される領域は〈図Ⅰ〉の

斜線部分で，この領域のうち，x 軸より下側にある部分を x 軸で折り返すと〈図Ⅱ〉のようになり，これを x 軸のまわりに回転した立体の体積が求める V_2 である．

〈図Ⅰ〉
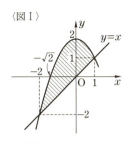

$$V_2 = 2V_1 + \frac{\pi}{3} \cdot 2^2 \cdot 2 - \pi \int_{-2}^{-\sqrt{2}} (x^2-2)^2 dx$$

$$= \frac{76}{15}\pi + \frac{8}{3}\pi - \pi \int_{\sqrt{2}}^{2} (x^4-4x^2+4) dx$$

$$= \frac{116}{15}\pi - \pi \left[\frac{x^5}{5} - \frac{4}{3}x^3 + 4x \right]_{\sqrt{2}}^{2}$$

$$= \frac{116}{15}\pi - \pi \left(\frac{32}{5} - \frac{32}{3} + 8 \right)$$

$$\quad + \sqrt{2}\,\pi \left(\frac{4}{5} - \frac{8}{3} + 4 \right)$$

$$= \left(4 + \frac{32\sqrt{2}}{15} \right)\pi$$

〈図Ⅱ〉
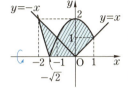

注 (1)がなければ，次のようになるでしょう．

$$V_2 = \frac{\pi}{3} \cdot 2^2 \cdot 2 + 2 \cdot \pi \int_0^1 (2-x^2)^2 dx - \pi \int_{-2}^{-\sqrt{2}} (x^2-2)^2 dx - 2 \cdot \frac{\pi}{3} \cdot 1^2 \cdot 1$$

$\begin{pmatrix} {}^2\!\!\triangle_2 \text{ をまわしたもの} + 2\times \text{▨ をまわしたもの} \\ - \text{▨ をまわしたもの} - 2\times {}^{\triangle^1}_{\ 1} \text{ をまわしたもの} \end{pmatrix}$

● ポイント｜まわす図形が回転軸の両側にあるとき，
　　　　　その図形を回転軸で折り返したものを回転すればよい

演習問題 117

xy 平面上の $x+y \leqq 3$, $x \geqq 2$, $y \geqq 0$ で表される三角形を y 軸のまわりに回転してできる立体の体積 V を求めよ．

118 回転体の体積（Ⅲ）

曲線 $y=e^x$ とこれに接する直線 $y=mx$ がある．このとき次の問いに答えよ．
(1) 接点の x 座標 t と m の値を求めよ．
(2) $y=e^x$, $y=mx$ および y 軸で囲まれた図形を y 軸のまわりに1回転してできる立体の体積 V を求めよ．

(1) 接線公式は，接点の x 座標がないと使えません．（⇦数学Ⅱ・B ）
(2) まわす図形と回転軸の間にすき間がありますから，117(1)で学んだように，「あとでひく」という展開になります．

解　答

(1) $y'=e^x$ だから，$(t,\ e^t)$ における
接線は，$y-e^t=e^t(x-t)$
∴ $y=e^t x+(1-t)e^t$
これが原点を通るので，
$(1-t)e^t=0$
$e^t>0$ だから，$t=1$
このとき，$m=e^t=e$

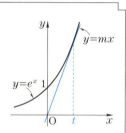

(2) 右図の斜線部分を y 軸のまわりに1回転
してできる立体の体積が V だから，
$y=e^x \iff x=\log y$ より
$$V=\frac{\pi}{3}\cdot 1^2\cdot e-\pi\int_1^e (\log y)^2\,dy$$
ここで，$\displaystyle\int_1^e (\log y)^2\,dy$
$\displaystyle =\int_1^e (y)'(\log y)^2\,dy$
$\displaystyle =\Big[y(\log y)^2\Big]_1^e-\int_1^e y\cdot 2(\log y)\cdot\frac{1}{y}\,dy$
　　　　　　　　　　　↳ $\{(\log y)^2\}'$

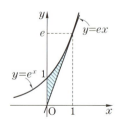

$$= e - 2\int_1^e \log y\, dy$$
$$= e - 2\Big[y(\log y - 1)\Big]_1^e \quad \blacktriangleleft 85$$
$$= e - 2\{0 - (-1)\} = e - 2$$
$$\therefore\ V = \frac{e}{3}\pi - \pi(e-2)$$
$$= \frac{6-2e}{3}\pi$$

注 $\dfrac{\pi}{3}\cdot 1^2\cdot e$ は，底面の半径 1，高さ e の円すいの体積と考えていますが，定積分で考えれば，$\pi\displaystyle\int_0^e\left(\dfrac{y}{e}\right)^2 dy = \dfrac{\pi}{3e^2}\Big[y^3\Big]_0^e = \dfrac{e}{3}\pi$ となります．

◉ ポイント 回転軸との間にすき間があるとき，
まず，その部分も含めて回転しておいて，
あとで，その部分を回転したものをひく

注 「すき間がある」とは次のようなことです．
　回転する図形は，回転軸 y についてみると $y=0$ から，$y=e$ の間に存在しています．
　この 2 直線をひくと，図の打点部分は回転するべき図形（左図の斜線部分）ではありません．この部分を「すき間がある」と考えています．

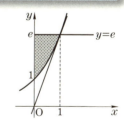

演習問題 118

$C: y = \log x$ に点 $(0, 1)$ からひいた接線を l とする．

(1) l を求めよ．

(2) $x \geqq 0,\ y \geqq 0$ をみたす，C と l で囲まれた部分を y 軸のまわりに 1 回転してできる立体の体積を求めよ．

119 回転体の体積(Ⅳ)

2つの曲線 $y=\sin x$ $(0 \leqq x \leqq 2\pi)$, $y=\cos x$ $(0 \leqq x \leqq 2\pi)$ について，次の問いに答えよ．

(1) 2つのグラフの交点の x 座標 α, β $(0<\alpha<\beta<2\pi)$ を求めよ．
(2) $\alpha \leqq x \leqq \beta$ において，2つのグラフで囲まれた部分を x 軸のまわりに1回転してできる立体の体積 V を求めよ．

(1) 三角方程式 $\sin x = \cos x$ を解くことになりますが，2つの方法があります．

(2) 回転するべき図形は，回転軸 (x 軸) の両側にまたがっていますから 117 の要領で式を立てますが，図を見るとある特徴があります．

解答

(1) $\sin x = \cos x$ において，$\cos x = 0$ とすると，
$\sin x = 0$ となり，$\sin^2 x + \cos^2 x = 1$ をみたさないので矛盾．
よって $\cos x \neq 0$ となる．
このとき，両辺を $\cos x$ でわると，$\tan x = 1$
$0 \leqq x \leqq 2\pi$ だから，$x = \dfrac{\pi}{4}, \dfrac{5\pi}{4}$

$\alpha < \beta$ だから，$\alpha = \dfrac{\pi}{4}$, $\beta = \dfrac{5\pi}{4}$

(別解) (数学Ⅱ・B 59：三角関数の合成)
$\sin x = \cos x \iff \sin x - \cos x = 0$
$\iff \sqrt{2} \sin\left(x - \dfrac{\pi}{4}\right) = 0$

$-\dfrac{\pi}{4} \leqq x - \dfrac{\pi}{4} \leqq \dfrac{7\pi}{4}$ だから，$x - \dfrac{\pi}{4} = 0, \pi$

$\therefore x = \dfrac{\pi}{4}, \dfrac{5\pi}{4}$

$\alpha < \beta$ より $\alpha = \dfrac{\pi}{4}$, $\beta = \dfrac{5\pi}{4}$

(2) 2つのグラフで囲まれた部分とは，〈図Ⅰ〉の斜線部分で，求める体

積 V は，x 軸より下側にある部分を上側に折り返してできる〈図Ⅱ〉の斜線部分を x 軸のまわりに回転したものである．

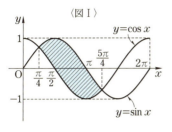
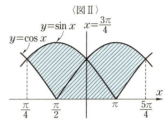

ところで，〈図Ⅱ〉において，斜線部分は，直線 $x=\dfrac{3\pi}{4}$ に関して対称だから， ◀このことに気付けば定積分の負担が減る

$$V=2\pi\left(\int_{\frac{\pi}{4}}^{\frac{3\pi}{4}}\sin^2 x\,dx-\int_{\frac{\pi}{4}}^{\frac{\pi}{2}}\cos^2 x\,dx\right)$$

$$=\pi\left\{\int_{\frac{\pi}{4}}^{\frac{3\pi}{4}}(1-\cos 2x)\,dx-\int_{\frac{\pi}{4}}^{\frac{\pi}{2}}(1+\cos 2x)\,dx\right\} \blacktriangleleft 半角の公式$$

$$=\pi\left(\left[x-\frac{1}{2}\sin 2x\right]_{\frac{\pi}{4}}^{\frac{3\pi}{4}}-\left[x+\frac{1}{2}\sin 2x\right]_{\frac{\pi}{4}}^{\frac{\pi}{2}}\right)$$

$$=\pi\left\{\left(\frac{3\pi}{4}-\frac{\pi}{4}\right)-\frac{1}{2}(-1-1)-\left(\frac{\pi}{2}-\frac{\pi}{4}\right)-\frac{1}{2}(0-1)\right\}$$

$$=\pi\left(\frac{\pi}{4}+\frac{3}{2}\right)$$

🌙 ポイント 面積，体積を定積分を用いて求めるとき，図をかいて，図形的な特徴をいかすことによって，計算の負担を軽くする

演習問題 119

(1) 曲線 $C:y=\sin x+x$ 上の点 $P(2\pi,\ 2\pi)$ における接線 l の方程式を求めよ．
(2) C と l は P 以外に共有点をもたないことを示せ．
(3) C と l と x 軸で囲まれる部分を x 軸のまわりに 1 回転してできる立体の体積 V を求めよ．

基礎問

120 回転体の体積（V）

曲線 $y=(\sqrt{x}-\sqrt{a})^2$ $(x\geqq 0,\ a>0)$ について，次の問いに答えよ．
(1) この曲線のグラフをかけ．
(2) この曲線と $y=a$ によって囲まれた部分を直線 $y=a$ のまわりに 1 回転してできる体積 V を求めよ．

精講

(1) 75 の 参考 をもう一度読みかえしてみましょう．今回は，極値を求める必要がありますから，y' は因数分解することになります．それならば，このまま微分した方がよいでしょう．

(2) 今まで学んだ回転体の体積は，回転軸が x 軸か y 軸でした．今回は，$y=a$ です．いったい，どのように考えればよいのでしょう．目標は，「**回転軸を x 軸に重ねる**」ことです．

解 答

(1) $x>0$ のとき

$$y'=2(\sqrt{x}-\sqrt{a})\cdot(\sqrt{x}-\sqrt{a})'=x^{-\frac{1}{2}}(\sqrt{x}-\sqrt{a})$$

$$=1-\frac{\sqrt{a}}{\sqrt{x}}$$

$$y''=\frac{\sqrt{a}}{2x\sqrt{x}}>0$$

◀ $x=0$ のとき，y' の分母$=0$ となるので

x	0	$\cdots$	a	$\cdots$
y'		$-$	0	$+$
y	a	$\searrow$	0	$\nearrow$

よって，グラフは下に凸で，増減は表のようになり，$\lim_{x\to+0}y'=-\infty$，$\lim_{x\to\infty}y=\infty$ よりグラフは右図．

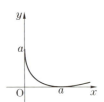

注 $\lim_{x\to+0}y'$ を調べているのは，y' が $x=0$ で定義されていない，すなわち，微分可能でないからです．このことは，グラフにおいて点 $(0,\ a)$ で y 軸に接するようにかかれている部分でいかされています．

(2) 曲線と直線 $y=a$ の交点の x 座標は

$(\sqrt{x}-\sqrt{a})^2=a$ より $\sqrt{x}-\sqrt{a}=\pm\sqrt{a}$

$\sqrt{x}=0,\ 2\sqrt{a}$ ∴ $x=0,\ 4a$

求める体積 V は〈図Ⅰ〉の斜線部分を直線 $y=a$ のまわりに回転させた立体の体積だから，この図形を y 軸の正方向に $-a$ だけ平行移動した〈図Ⅱ〉の斜線部分を x 軸のまわりに回転すればよい．

〈図Ⅰ〉

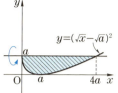

$$\therefore \quad V = \pi \int_0^{4a} \{(\sqrt{x}-\sqrt{a})^2 - a\}^2 dx$$

$$= \pi \int_0^{4a} (x - 2\sqrt{a}\sqrt{x})^2 dx$$

$$= \pi \int_0^{4a} (x^2 - 4\sqrt{a}\, x^{\frac{3}{2}} + 4ax) dx$$

〈図Ⅱ〉

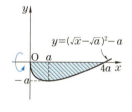

$$= \pi \left[\frac{x^3}{3} - \frac{8\sqrt{a}}{5} x^{\frac{5}{2}} + 2ax^2 \right]_0^{4a}$$

$$= \pi a^3 \left(\frac{4^3}{3} - \frac{8 \cdot 2^5}{5} + 2 \cdot 4^2 \right)$$

$$= \frac{2 \cdot 4^2}{15} \pi a^3 (10 - 24 + 15)$$

$$= \frac{32}{15} \pi a^3$$

注 数学Ⅱ・B **48** ポイントによれば，平行移動の公式は次の通り．

> $y = f(x)$ を x 軸の正方向に p，y 軸の正方向に q だけ平行移動すると，$y - q = f(x - p)$ となる．

ポイント 回転軸が x 軸や y 軸でないとき，
平行移動して回転軸を x 軸や y 軸に重ねる

演習問題 120

$y = \cos x$ のグラフと，点 $(0, 1)$ と点 $(2\pi, 1)$ を結ぶ線分で囲まれた領域を直線 $y = 1$ のまわりに1回転してできる立体の体積 V を求めよ．

121 回転体の体積（Ⅵ）

媒介変数 θ を用いて，$x=\sin\theta$, $y=\sin 2\theta$ $\left(0\leqq\theta\leqq\dfrac{\pi}{2}\right)$ と表される曲線 C について，次の問いに答えよ．

(1) C の概形をかけ．
(2) C の $y\geqq 0$ の部分を x 軸のまわりに 1 回転してできる立体の体積 V を求めよ．

精講

(1) 媒介変数 θ を用いて x, y が表されていますが，64 精講 によれば「$y=(x$の式$)$」の形にできるのであれば，媒介変数のまま微分する必要はありません．

(2) 関数が媒介変数を用いて表されていても，x 軸まわりの回転体の体積の公式は 1 つしかありません．

すなわち $\pi\displaystyle\int y^2\,dx$ です．

解 答

(1) $y=2\sin\theta\cos\theta$ において，$\sin\theta=x$ とおくと
$$\cos\theta=\sqrt{1-\sin^2\theta}=\sqrt{1-x^2} \quad (\cos\theta\geqq 0 \text{ より})$$
$\therefore\ y=2x\sqrt{1-x^2}\quad(0\leqq x\leqq 1)$

$0\leqq x<1$ のとき ◀ 82 (1) 注 参照

$$y'=2\sqrt{1-x^2}+2x\cdot\dfrac{1}{2}(1-x^2)^{-\frac{1}{2}}\cdot(-2x)$$
$$=2\left(\sqrt{1-x^2}-\dfrac{x^2}{\sqrt{1-x^2}}\right)=\dfrac{2(1-2x^2)}{\sqrt{1-x^2}}$$

$y'=0$ より $x=\dfrac{1}{\sqrt{2}}$ （$0\leqq x<1$ より）

$$y''=2\cdot\dfrac{-4x\sqrt{1-x^2}-(1-2x^2)\left(-\dfrac{x}{\sqrt{1-x^2}}\right)}{1-x^2}$$
$$=\dfrac{2x(2x^2-3)}{(1-x^2)\sqrt{1-x^2}}\leqq 0$$

$$\lim_{x \to 1-0} y' = -\infty$$

よって，上に凸で，増減は表のようになる．
ここで，求めるグラフは右図のようになる．

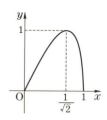

x	0	$\cdots$	$\dfrac{1}{\sqrt{2}}$	$\cdots$	1
y'		$+$	0	$-$	
y	0	↗	1	↘	0

(2) $\displaystyle V = \pi \int_0^1 y^2 dx = 4\pi \int_0^1 x^2(1-x^2)dx$

$\displaystyle \quad = 4\pi\left(\dfrac{1}{3} - \dfrac{1}{5}\right) = \dfrac{8\pi}{15}$

(別解) 媒介変数のまま V を求めると，次のようになります．

$0 \leq x \leq 1$ だから，$\displaystyle V = \pi \int_0^1 y^2 dx$

$y = \sin 2\theta$ と置換すると，$x = \sin\theta$ より

$x : 0 \to 1$ のとき，$\theta : 0 \to \dfrac{\pi}{2}$　また，$\dfrac{dx}{d\theta} = \cos\theta$

$\displaystyle \therefore \quad V = \pi \int_0^{\frac{\pi}{2}} \sin^2 2\theta \cdot \cos\theta\, d\theta = 4\pi \int_0^{\frac{\pi}{2}} \sin^2\theta \cos^3\theta\, d\theta$

$\displaystyle \quad = 4\pi \int_0^{\frac{\pi}{2}} \sin^2\theta (1 - \sin^2\theta)(\sin\theta)' d\theta$ ◀ 91

$\displaystyle \quad = 4\pi \left[\dfrac{1}{3}\sin^3\theta - \dfrac{1}{5}\sin^5\theta\right]_0^{\frac{\pi}{2}} = 4\pi\left(\dfrac{1}{3} - \dfrac{1}{5}\right) = \dfrac{8\pi}{15}$

> **ポイント**　媒介変数で表された関数のグラフを x 軸まわりに回転してできる立体の体積は $\pi\displaystyle\int y^2 dx$ として，置換積分

演習問題 121

媒介変数 θ を用いて，$x = \theta - \sin\theta$, $y = 1 - \cos\theta$ $(0 \leq \theta \leq 2\pi)$ と表される曲線 C と x 軸で囲まれる部分を x 軸のまわりに 1 回転してできる立体の体積 V を求めよ．

122 回転体でない体積（Ⅰ）

底面が半径1の円で高さ1の円柱がある．この円柱を底面の円の直径ABを含み，底面と45°の角度をなす平面で切ると，大，小2つの立体に分かれる．このとき小さい方の立体の体積Vを求めよ．

精講

今回は回転体でない立体の体積ですが，基本的には回転体の体積と同じ考え方です．たとえば， において

$V_x = \pi \int_a^b \{f(x)\}^2 dx$ という式がかいてありますが，$\pi\{f(x)\}^2$ とは，半径$|f(x)|$の円の面積のことです．すなわち，立体図形を回転軸に垂直な平面で切ったときの**断面積**です．

だから，軽いタッチでいえば，

体積は $\int$（断面積）dx で表せる

わけです．この考え方を使って体積を求めますが，立体をどこで切るかを判断するとき，**断面積が求められるような切り方**をしないといけません．

解答

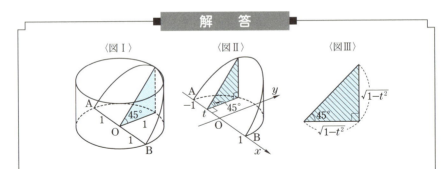

底面の円の中心を原点Oとし，$\overrightarrow{AB}$方向にx軸を定める．
すなわち，A$(-1, 0)$，B$(1, 0)$とする．
次に，小さい立体の底面の半円の弧が $y \geqq 0$ の領域にあるようにy軸をとる．〈図Ⅱ〉
このとき，点$(t, 0)$ $(-1 \leqq t \leqq 1)$ を通り，x軸に垂直な平面で切ると，その断面は，〈図Ⅲ〉のような直角二等辺三角形である．

その面積を S とすると，$S=\dfrac{1}{2}(1-t^2)$ だから，

$$V=\int_{-1}^{1}Sdt=\dfrac{1}{2}\int_{-1}^{1}(1-t^2)dt=\int_{0}^{1}(1-t^2)dt$$

$$=1-\dfrac{1}{3}=\dfrac{2}{3}$$

注 基準軸のとり方は1通りとは限りません．ちなみに，この立体の場合，y 軸の方を基準軸にしても体積は求められます．⇨**(別解)**

(別解) 点 $(0, t)$ $(0 \leq t \leq 1)$ を通り，y 軸に垂直な平面で切ると断面は〈図Ⅳ〉のような長方形で，その面積は $2t\sqrt{1-t^2}$

〈図Ⅳ〉

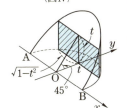

$\therefore\ V=\int_{0}^{1}2t\sqrt{1-t^2}\,dt$

$=-\int_{0}^{1}(1-t^2)'\sqrt{1-t^2}\,dt$

$=-\left[\dfrac{2}{3}(1-t^2)^{\frac{3}{2}}\right]_{0}^{1}=\dfrac{2}{3}$

> **ポイント** 回転体でない体積の求め方は
> Ⅰ．基準軸をとって
> Ⅱ．基準軸に垂直な平面で切ってできる断面の面積を求めて
> Ⅲ．Ⅱの断面積を積分する

演習問題 122

xy 平面上に円 $C: x^2+y^2=1$ がある．x 軸上の点 $\mathrm{T}(t, 0)$ $(-1 \leq t \leq 1)$ を通り，x 軸に垂直な円 C の弦を PQ とする．このとき，PQ を1辺とする正三角形 PQR を xy 平面に垂直になるようにつくる．次の問いに答えよ．

(1) $\triangle\mathrm{PQR}$ の面積 S を t で表せ．
(2) t が -1 から 1 まで動くとき，$\triangle\mathrm{PQR}$ がつくる立体の体積 V を求めよ．

123 回転体でない体積（Ⅱ）

次の問いに答えよ．

(1) 定積分 $\int_0^1 \dfrac{t^2}{1+t^2}dt$ を求めよ．

(2) 不等式 $x^2+y^2+\log(1+z^2) \leqq \log 2$ ……(∗) で表される立体Dについて，

　(ア) 立体Dを平面 $z=t$ で切ることを考える．このとき，断面が存在するような実数tのとりうる値を求めよ．

　(イ) (ア)における断面積を $S(t)$ とする．$S(t)$ を t で表せ．

　(ウ) 立体Dの体積Vを求めよ．

精講

(1) 分数関数の定積分は，次の手順で考えます．

① 「分子の次数＜分母の次数」の形へ

② $\int \dfrac{f'(x)}{f(x)}dx$ の形を疑う　（⇐ 89 ）

③ ②の形でなければ，分母の式を見て
　因数分解できれば，部分分数分解へ　（⇐ 89 ）
　因数分解できなければ，$\tan\theta$ の置換を考える　（⇐ 90 ）

(2) 立体Dの形が全くわかりませんが，122 によれば断面積を積分して求められます．だから立体の形がわからなくても，**断面積が求まれば体積は求められる**のです．そのときの定積分の式を求める作業が(イ)で，定積分の範囲を求める作業が(ア)になっています．

解　答

(1) $\displaystyle\int_0^1 \dfrac{t^2}{1+t^2}dt = \int_0^1\left(1-\dfrac{1}{1+t^2}\right)dt = 1-\int_0^1 \dfrac{1}{1+t^2}dt$

ここで，$\displaystyle\int_0^1 \dfrac{1}{1+t^2}dt$ において，$t=\tan\theta$ とおくと　◀ 90 (1)

, $\dfrac{dt}{d\theta}=\dfrac{1}{\cos^2\theta}$ だから，$\displaystyle\int_0^1 \dfrac{1}{1+t^2}dt = \int_0^{\frac{\pi}{4}} \dfrac{1}{1+\tan^2\theta}\cdot\dfrac{d\theta}{\cos^2\theta}$

$=\displaystyle\int_0^{\frac{\pi}{4}} d\theta = \dfrac{\pi}{4}$　　よって，$\displaystyle\int_0^1 \dfrac{t^2}{1+t^2}dt = 1-\dfrac{\pi}{4}$

227

(2) (ア) (*)に $z=t$ を代入して

$x^2+y^2 \leqq \log 2 - \log(1+t^2)$ ……①

◀これが $z=t$ で切る
ということ

この不等式をみたす実数 x, y が存在することから,

◀これが断面が存在するということ

$\log 2 - \log(1+t^2) \geqq 0 \iff 2 \geqq 1+t^2 \iff t^2 \leqq 1$

∴ $-1 \leqq t \leqq 1$

(イ) 立体 D の平面 $z=t$ ($-1 \leqq t \leqq 1$) による断面は xy 平面上の不等式①で表される図形で,これは (半径)^2 が $\log 2 - \log(1+t^2)$ の円の周および内部を表すので

$S(t) = \pi\{\log 2 - \log(1+t^2)\}$

(ウ) $V = \pi \displaystyle\int_{-1}^{1} \{\log 2 - \log(1+t^2)\}\,dt$

◀$S(t)$ は偶関数
87(1)

$= 2\pi \displaystyle\int_{0}^{1} \{\log 2 - \log(1+t^2)\}\,dt$

$= 2\pi \log 2 - 2\pi \displaystyle\int_{0}^{1} (t)' \log(1+t^2)\,dt$

◀部分積分

$= 2\pi \log 2 - 2\pi \Big[t\log(1+t^2) \Big]_{0}^{1} + 2\pi \displaystyle\int_{0}^{1} \frac{2t^2}{1+t^2}\,dt$

$= 4\pi \displaystyle\int_{0}^{1} \frac{t^2}{1+t^2}\,dt = 4\pi\left(1 - \frac{\pi}{4}\right) = \pi(4-\pi)$

注 $\displaystyle\int_{-1}^{1} \{\log 2 - \log(1+t^2)\}\,dt = \int_{-1}^{1} \log \frac{2}{1+t^2}\,dt$ と変形してしまうと定積分は厳しくなります.

第6章

◉ポイント

回転体でない体積の求め方は
Ⅰ.基準軸をとって
Ⅱ.基準軸に垂直な平面で切ってできる断面の面積を求めて
Ⅲ.Ⅱの断面積を積分する

演習問題 123

4つの不等式 $x+y-z \leqq 1$, $0 \leqq x \leqq 1$, $y \geqq 0$, $0 \leqq z \leqq 1$ で表される立体 D について,次の問いに答えよ.

(1) 立体 D の平面 $z=t$ による断面の面積 $S(t)$ を t で表せ.

(2) 立体 D の体積 V を求めよ.

124 曲線の長さ

(1) 曲線 $y = \dfrac{4}{3}x^{\frac{3}{2}}$ 上の $0 \leq x \leq 1$ に対応する部分の長さ l を求めよ．

(2) 媒介変数 θ を用いて表される曲線
$\begin{cases} x = \theta - \sin\theta \\ y = 1 - \cos\theta \end{cases}$ $(0 \leq \theta \leq \pi)$ の長さ L を求めよ．

曲線の長さを求める公式は，曲線の表し方によって2つの形があります（⇨**ポイント**）．これらの使い分けは簡単ですから，結局は今まで学んできた定積分ができるかどうかにかかっています．

定積分の学習で大切なことは，

① 最後まで自分の手で計算すること
② 間違いをくりかえしてもあきらめないこと

の2点です．

解答

(1) $y' = 2x^{\frac{1}{2}}$ だから

$l = \displaystyle\int_0^1 \sqrt{1+y'^2}\,dx = \int_0^1 \sqrt{1+4x}\,dx$ ◀ポイントI

$= \displaystyle\int_0^1 (1+4x)^{\frac{1}{2}}\,dx = \left[\dfrac{2}{3}(1+4x)^{\frac{3}{2}} \cdot \dfrac{1}{4}\right]_0^1$ ◀ $\displaystyle\int x^n\,dx = \dfrac{x^{n+1}}{n+1} + C$

$= \dfrac{1}{6}\left(5^{\frac{3}{2}} - 1^{\frac{3}{2}}\right)$ $\quad \dfrac{1}{4}$ を忘れないこと

$= \dfrac{5\sqrt{5}-1}{6}$

(2) $\dfrac{dx}{d\theta} = 1 - \cos\theta$, $\dfrac{dy}{d\theta} = \sin\theta$ だから

$\sqrt{\left(\dfrac{dx}{d\theta}\right)^2 + \left(\dfrac{dy}{d\theta}\right)^2} = \sqrt{(1-\cos\theta)^2 + \sin^2\theta}$

$= \sqrt{2(1-\cos\theta)}$ ◀ $\sin^2\theta + \cos^2\theta = 1$

$= \sqrt{2 \cdot 2\sin^2\dfrac{\theta}{2}} = 2\left|\sin\dfrac{\theta}{2}\right|$ ◀ $\sin^2\dfrac{\theta}{2} = \dfrac{1-\cos\theta}{2}$

$\sqrt{A^2} = |A|$

$$= 2\sin\frac{\theta}{2} \quad \left(\because \quad 0 \le \frac{\theta}{2} \le \frac{\pi}{2}\right)$$

$$\therefore \quad L = \int_0^{\pi} \sqrt{\left(\frac{dx}{d\theta}\right)^2 + \left(\frac{dy}{d\theta}\right)^2}\, d\theta = 2\int_0^{\pi} \sin\frac{\theta}{2}\, d\theta$$

◀ ポイントⅡ

◀ $\displaystyle\int \sin\theta\, d\theta = -\cos\theta + C$

$$= 2\left[-2\cos\frac{\theta}{2}\right]_0^{\pi} = 4$$

2 をかけることを忘れないように

◉ ポイント

Ⅰ．曲線 $y = f(x)$ 上の $a \le x \le b$ に対応する

弧の長さは $\displaystyle\int_a^b \sqrt{1 + \{f'(x)\}^2}\, dx$ で与えられる

Ⅱ．媒介変数 t を用いて，

$$\begin{cases} x = f(t) \\ y = g(t) \end{cases} (a \le t \le b) \quad と表される曲線の長さは$$

$\displaystyle\int_a^b \sqrt{\{f'(t)\}^2 + \{g'(t)\}^2}\, dt$ で与えられる

注 どちらの公式を使っても，$\sqrt{}$ がついた関数の積分がでてきます．特に，$\sqrt{}$ の中が完全平方式になることに気付きにくいものとして，次の 4 つがあります．

$$\sqrt{1 + \cos\theta},\ \sqrt{1 - \cos\theta},\ \sqrt{1 + \sin\theta},\ \sqrt{1 - \sin\theta}$$

これらは次のように変形すると（　）^{2} の形になります．

- $1 + \cos\theta = 2\cos^2\dfrac{\theta}{2}$　　・$1 - \cos\theta = 2\sin^2\dfrac{\theta}{2}$

- $1 \pm \sin\theta = \sin^2\dfrac{\theta}{2} \pm 2\sin\dfrac{\theta}{2}\cos\dfrac{\theta}{2} + \cos^2\dfrac{\theta}{2}$

  ◀ $\sin\theta = 2\sin\dfrac{\theta}{2}\cos\dfrac{\theta}{2}$,

  $$= \left(\sin\dfrac{\theta}{2} \pm \cos\dfrac{\theta}{2}\right)^2 \quad （複号同順）$$

  $1 = \sin^2\dfrac{\theta}{2} + \cos^2\dfrac{\theta}{2}$

演習問題 124

(1) $y = \dfrac{1}{2}(e^x + e^{-x})\ (0 \le x \le 1)$ で表される曲線の長さを求めよ．

(2) 媒介変数 t を用いて $\begin{cases} x = e^{-t}\cos t \\ y = e^{-t}\sin t \end{cases} \left(0 \le t \le \dfrac{\pi}{2}\right)$ で表される曲線の長さ l を求めよ．

125 水の問題

放物線の一部 $y=x^2$ ($0 \leqq x \leqq 2$) を y 軸のまわりに1回転してできる容器（右図）がある．ただし，目盛り1を1cmとする．この容器の上方から，毎秒 $2\,\text{cm}^3$ の割合で水をゆっくりと注ぐとき，次の問いに答えよ．

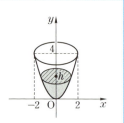

(1) 水面の高さが $h\,\text{cm}$ のとき ($0 < h \leqq 4$)，注がれた水の体積 V を求めよ．

(2) 水が満杯になるまでにかかる時間 T を求めよ．

(3) 水面の高さが $2\,\text{cm}$ のとき，水面の上昇する速度を求めよ．

(1) この容器は y 軸まわりの回転体ですから 116 精講 の公式を使います．

(2) $T = \dfrac{\text{容器の体積}}{2}$ で求まります．

(3) 速度とは何でしょうか？ 速度 $= \dfrac{\text{距離}}{\text{時間}}$ と習いましたが，これでは平均した速度になってしまい，「水面の高さが2cmのとき」という瞬間の速度にはなりません．この容器の場合，常識的にも，水面の高さが高くなるほど，水面はゆっくりと上がっていくはずですから，水面の高さによって，水面の上昇する速度は異なります．そこで，次の性質を利用します．

$$\text{位 置} \xrightleftharpoons[t\text{で積分}]{t\text{で微分}} \text{速 度} \xrightleftharpoons[t\text{で積分}]{t\text{で微分}} \text{加速度}$$

この関係式で，「位置」って何だろうと思うかもしれませんが，y 軸という数直線上で点 $(0,\ h)$ が動点と考えれば，h のことであることがわかります．そして，この考え方の最大の注意点は，上の図にもあるように，**時刻 t で微分（積分）**しなければならない点です．

解　答

(1) $V = \pi \int_0^h x^2 \, dy = \pi \int_0^h y \, dy = \pi \left[\dfrac{y^2}{2} \right]_0^h = \dfrac{\pi}{2} h^2$ (cm³)

注 単位「cm³」を忘れないように．

(2) 水が満杯のときの体積は(1)の結果に $h=4$ を代入して，8π cm³

よって，$T = \dfrac{8\pi}{2} = 4\pi$（秒）

(3) $V = \dfrac{\pi}{2} h^2$ より，$\dfrac{dV}{dh} = \pi h$

∴ $\dfrac{dV}{dt} = \dfrac{dV}{dh} \cdot \dfrac{dh}{dt}$　　◀ 64 注1

ここで，$\dfrac{dV}{dt} = 2$ だから　　◀体積が増加する速度を意味するのでこの問題では，2 cm³/秒

$2 = \pi h \cdot \dfrac{dh}{dt}$　　∴ $\dfrac{dh}{dt} = \dfrac{2}{\pi h}$

$h = 2$ のときの速度だから，$\dfrac{1}{\pi}$（cm/秒）

参考 $\dfrac{dh}{dt} = \dfrac{2}{\pi h}$ の値は h の値が大きくなるほど小さくなります．確かに，**精講**(3)で予想したように，水深が深くなるほど，水面がゆっくり上昇することを示しています．

ポイント　////// の変化する速度とは，////// を時刻 t で微分したもの，すなわち，$\dfrac{d}{dt}$//////

注 問題文の中に「t がない」と思う人もいるかもしれませんが，「**毎秒 2 cm³**」の中に含まれています．

演習問題 125

125 において時刻 $\dfrac{T}{2}$ における水面の上昇速度を T を用いて表せ．

演習問題の解答

1

(1) $\dfrac{x^2}{2^2}+y^2=1$ だから，**焦点は $(\pm\sqrt{3},\ 0)$**

長軸の長さは 4，短軸の長さは 2

(2) C と l を連立すると，$x^2+(2k-x)^2=4$

$$\therefore\ x^2-2kx+2k^2-2=0\ \cdots\cdots①$$

①は，重解をもつので，

$$k^2-(2k^2-2)=0\quad \therefore\ k^2=2$$

$k>0$ だから，$k=\sqrt{2}$

このとき，接点の x 座標は①の重解，すなわち k

よって，接点は $\left(\sqrt{2},\ \dfrac{\sqrt{2}}{2}\right)$

2

(1) 直線の式とだ円の式を連立すると

$$x^2-2kx+2k^2-2=0\ \cdots\cdots①$$

①は，異なる 2 つの実数解をもつので，

$$k^2-(2k^2-2)>0$$
$$\therefore\ k^2-2<0$$

よって，$-\sqrt{2}<k<\sqrt{2}$

(2) ①の実数解を $\alpha,\ \beta$ とし，$M(x,\ y)$ とおくと

$$x=\dfrac{\alpha+\beta}{2}=k,\ y=-\dfrac{1}{2}x+k$$

k を消去して，$y=\dfrac{1}{2}x$

また，(1)より $-\sqrt{2}<x<\sqrt{2}$

よって，求める軌跡の方程式は，

$$y=\dfrac{1}{2}x\quad(-\sqrt{2}<x<\sqrt{2})$$

3

$P(a,\ b)$ とおくと，$Q(a,\ 2a)$，$R(a,\ -2a)$

$$\therefore\ PQ\cdot PR=|2a-b||2a+b|$$
$$=|4a^2-b^2|$$

ここで，$\dfrac{a^2}{7}-\dfrac{b^2}{28}=1$ より

$$4a^2-b^2=28$$

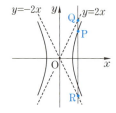

よって，PQ・PR=**28**

4

(1) Pから直線 $y=\dfrac{4}{\sqrt{5}}$ におろした垂線の足をHとすると，
$$PH^2=\left|y-\dfrac{4}{\sqrt{5}}\right|^2$$

また，$PF^2=x^2+(y-\sqrt{5})^2$

$PF=\dfrac{\sqrt{5}}{2}PH$ より　$4PF^2=5PH^2$

∴ $5\left(y-\dfrac{4}{\sqrt{5}}\right)^2=4\{x^2+(y-\sqrt{5})^2\}$

$\Longleftrightarrow 5y^2-8\sqrt{5}\,y+16=4x^2+4y^2-8\sqrt{5}\,y+20$

∴ $4x^2-y^2=-4$

よって，Pの軌跡は双曲線．

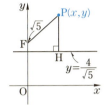

(2) $P(p,\ q)$ における接線は
$$4px-qy=-4 \quad \cdots\cdots ①$$
また，漸近線は，$y=2x \cdots\cdots ②$
と　$y=-2x \qquad \cdots\cdots ③$

①，②の交点の x 座標は

$4px-q\cdot 2x=-4$ より　$x=\dfrac{-2}{2p-q}$

①，③の交点の x 座標は

$4px-q\cdot(-2x)=-4$ より　$x=\dfrac{-2}{2p+q}$

$\dfrac{-2}{2p-q}+\dfrac{-2}{2p+q}=\dfrac{-8p}{4p^2-q^2}=2p$　（$4p^2-q^2=-4$ より）

よって，点Pは線分QRの中点．

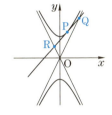

5

(1) $4\times\dfrac{1}{4}y=x^2$ だから，$F\left(0,\ \dfrac{1}{4}\right),\ l:y=-\dfrac{1}{4}$

(2) $y=\dfrac{t^2-\dfrac{1}{4}}{t-0}x+\dfrac{1}{4}$　∴　$y=\dfrac{4t^2-1}{4t}x+\dfrac{1}{4}$

(3) $x^2=\dfrac{4t^2-1}{4t}x+\dfrac{1}{4} \Longleftrightarrow 4tx^2-(4t^2-1)x-t=0$

Qの x 座標を s とおくと，解と係数の関係より
$$st=-\dfrac{1}{4}\quad∴\quad s=-\dfrac{1}{4t}$$

(4) P, Qから l におろした垂線の足をそれぞれ，H, K とすると，定義より，

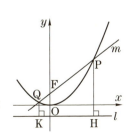

$$PQ = PF + FQ = PH + QK$$
$$= \left(t^2 + \frac{1}{4}\right) + \left\{\left(-\frac{1}{4t}\right)^2 + \frac{1}{4}\right\}$$
$$= t^2 + \frac{1}{16t^2} + \frac{1}{2}$$

(5) 相加平均, 相乗平均の関係より
$$t^2 + \frac{1}{16t^2} \geq 2\sqrt{t^2 \times \frac{1}{16t^2}} = \frac{1}{2}$$

等号は, $t^2 = \frac{1}{16t^2}$, すなわち, $t = \frac{1}{2}$ のとき成立するので,

PQ の最小値は **1**

6

(1) 放物線 $4py = x^2$ の焦点は
 $(0, p)$ だから, $p = 1$
 また, 準線は $y = -1$

(2) 定義より, TF=TH だから, △FTH が正三角形となるとき, F から TH におろした垂線の足は, TH の中点.
$$\therefore \quad \frac{1}{2}\left\{\frac{t^2}{4} + (-1)\right\} = 1 \iff t^2 = 12$$

$t > 0$ だから, $t = 2\sqrt{3}$

このとき, 正三角形の1辺の長さは4だから,

求める面積は $\frac{1}{2} \cdot 4^2 \cdot \sin 60° = \boldsymbol{4\sqrt{3}}$

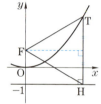

7

右図より, $(1, 0)$, $(-\sqrt{3}, -1)$ を極座標で表すと, それぞれ
$$(1, 0), \left(2, \frac{7\pi}{6}\right)$$

また, $2\cos\left(-\frac{\pi}{3}\right) = 1$, $2\sin\left(-\frac{\pi}{3}\right) = -\sqrt{3}$

ゆえに, $\left(2, -\frac{\pi}{3}\right)$ を直交座標で表すと
$$(1, -\sqrt{3})$$

8

(1) 余弦定理より
$$AB^2 = 3 + 4 - 2 \cdot \sqrt{3} \cdot 2 \cdot \cos\frac{\pi}{6} = 1$$
$$\therefore \quad AB = 1$$
$$BC^2 = 4 + 8 - 2 \cdot 2 \cdot 2\sqrt{2} \cdot \cos\frac{\pi}{4} = 4$$

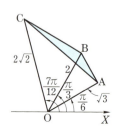

$\therefore$ BC=2

(2) $\angle ABC = \angle ABO + \angle OBC$
$$= \frac{\pi}{3} + \frac{\pi}{2} = \frac{5\pi}{6}$$
$\therefore \triangle ABC = \frac{1}{2} \cdot AB \cdot BC \cdot \sin\frac{5\pi}{6} = \frac{1}{2}$

9

右図より
$$r\cos\left(\theta - \frac{\pi}{4}\right) = 2$$

10

$\begin{cases} x = r\cos\theta \\ y = r\sin\theta \end{cases}$ とおくと

$r^2 \cos^2\theta = x^2, \quad r^2 = x^2 + y^2$
$\therefore \quad r^2(7\cos^2\theta + 9) = 144$
$\iff 7x^2 + 9(x^2 + y^2) = 144$
$\iff 16x^2 + 9y^2 = 144$
$\iff \frac{x^2}{9} + \frac{y^2}{16} = 1$

よって，右図のようなだ円．

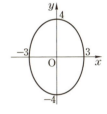

11

(1) 余弦定理より
$$(r+a)^2 = r^2 + 1 - 2r\cos(\pi - \theta)$$
$$\iff 2r(a - \cos\theta) = 1 - a^2$$

(2) PA が最小 $\iff$ r が最小
$\iff a - \cos\theta$ が最大
$\iff \cos\theta = -1 \iff \theta = \pi$
$\therefore r = \frac{1-a^2}{2(1+a)} = \frac{1-a}{2}$

よって，$P\left(\frac{1-a}{2}, \pi\right)$

12

(1) 右図より
$$r = PH = 2p + r\cos\theta$$
$\therefore \quad r(1 - \cos\theta) = 2p$

(2) FP=r とおくと，(1)より
$$r(1 - \cos\theta) = 2p$$

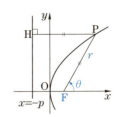

$$\therefore \quad \frac{1}{\mathrm{FP}} = \frac{1}{r} = \frac{1-\cos\theta}{2p}$$

次に，$\mathrm{FQ} = r'$ とおくと
$$r'\{1-\cos(\pi+\theta)\} = 2p$$
$$\Longleftrightarrow r'(1+\cos\theta) = 2p$$
$$\therefore \quad \frac{1}{\mathrm{FQ}} = \frac{1}{r'} = \frac{1+\cos\theta}{2p}$$

よって，$\dfrac{1}{\mathrm{FP}} + \dfrac{1}{\mathrm{FQ}} = \dfrac{1}{p}$（一定）

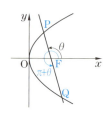

13

(1) $z = \dfrac{\sqrt{2}(1-i)}{(1+i)(1-i)} = \dfrac{\sqrt{2}(1-i)}{2} = \dfrac{1-i}{\sqrt{2}}$

$= \dfrac{1}{\sqrt{2}} + \left(-\dfrac{1}{\sqrt{2}}\right)i = \cos 315° + i\sin 315°$

(2) $\left|\dfrac{2z-1}{z}\right| = 2$, $\arg\left(\dfrac{2z-1}{z}\right) = 120°$ より，

$$\dfrac{2z-1}{z} = 2(\cos 120° + i\sin 120°) \Longleftrightarrow 2 - \dfrac{1}{z} = -1 + \sqrt{3}\,i$$

$$\Longleftrightarrow \dfrac{1}{z} = 3 - \sqrt{3}\,i \Longleftrightarrow z = \dfrac{1}{3-\sqrt{3}\,i}$$

$\therefore \quad z = \dfrac{1}{\sqrt{3}(\sqrt{3}-i)} = \dfrac{\sqrt{3}+i}{\sqrt{3}(\sqrt{3}-i)(\sqrt{3}+i)} = \dfrac{1}{4\sqrt{3}}(\sqrt{3}+i)$

$= \dfrac{1}{2\sqrt{3}}\left(\dfrac{\sqrt{3}}{2} + \dfrac{1}{2}i\right) = \dfrac{1}{2\sqrt{3}}(\cos 30° + i\sin 30°)$

14

$$|z-\alpha|^2 = |1-\overline{\alpha}z|^2 \Longleftrightarrow (z-\alpha)(\overline{z}-\overline{\alpha}) = (1-\overline{\alpha}z)(1-\alpha\overline{z})$$
$$\Longleftrightarrow |z|^2 + |\alpha|^2 = 1 + |\alpha|^2|z|^2 \Longleftrightarrow (1-|\alpha|^2)|z|^2 = 1-|\alpha|^2$$

$|\alpha|^2 \neq 1$ より $|z|^2 = 1$ $\therefore \quad |z| = 1$

15

(1) $\overline{\alpha} = 1 - i = \sqrt{2}\left\{\dfrac{1}{\sqrt{2}} + \left(-\dfrac{1}{\sqrt{2}}\right)i\right\} = \sqrt{2}(\cos 315° + i\sin 315°)$

よって，$|\overline{\alpha}| = \sqrt{2}$, $\arg\overline{\alpha} = 315°$

(2) $\beta = 2\left(\dfrac{\sqrt{3}}{2} + \dfrac{1}{2}i\right) = 2(\cos 30° + i\sin 30°)$

よって，$|\beta| = 2$, $\arg\beta = 30°$

$\therefore \quad |\gamma| = \dfrac{|\beta|}{|\overline{\alpha}|} = \dfrac{2}{\sqrt{2}} = \sqrt{2}$

また，$\arg\gamma = \arg\dfrac{\beta}{\overline{\alpha}} = \arg\beta - \arg\overline{\alpha} = 30° - 315° = -285°$

237

$-180°\leqq\arg\gamma\leqq180°$ だから，$\arg\gamma=\boldsymbol{75°}$

16

$1+i=\sqrt{2}\left(\dfrac{1}{\sqrt{2}}+\dfrac{1}{\sqrt{2}}i\right)=\sqrt{2}\,(\cos45°+i\sin45°)$

$1-i=\sqrt{2}\left(\dfrac{1}{\sqrt{2}}-\dfrac{1}{\sqrt{2}}i\right)=\sqrt{2}\,\{\cos(-45°)+i\sin(-45°)\}$　より

$\qquad\therefore\quad(1+i)^n=2^{\frac{n}{2}}\{\cos(45°\times n)+i\sin(45°\times n)\}$

$\qquad\qquad(1-i)^n=2^{\frac{n}{2}}\{\cos(-45°\times n)+i\sin(-45°\times n)\}$

$\cos(-45°\times n)=\cos(45°\times n),\ \sin(-45°\times n)=-\sin(45°\times n)$

より　$(1+i)^n+(1-i)^n=2^{\frac{n}{2}+1}\cos(45°\times n)=2^5$

よって，$\cos(45°\times n)=2^{4-\frac{n}{2}}$　　ここで，$2^{4-\frac{n}{2}}>0$　より，

$\qquad\cos(45°\times n)=1,\ \dfrac{1}{\sqrt{2}}\qquad\therefore\quad2^{4-\frac{n}{2}}=2^0,\ 2^{-\frac{1}{2}}\Longleftrightarrow4-\dfrac{n}{2}=0,\ -\dfrac{1}{2}$

$\qquad\therefore\quad n=\boldsymbol{8,\ 9}$

17

(1)　$z+\dfrac{1}{z}=2\cos\theta\ \cdots\cdots①$

　より，$z^2-2\cos\theta\cdot z+1=0$

　　判別式をDとすると，$\dfrac{D}{4}=\cos^2\theta-1<0$

　　$(\because\ \ 0°<\theta<90°$　より，$0<\cos\theta<1)$

　よって，①は虚数解をもつ．

(2)　解と係数の関係より，$|z|^2=z\bar{z}=1\qquad\therefore\quad|z|=\boldsymbol{1}$

(3)　$z=\cos\theta\pm\sqrt{\cos^2\theta-1}=\cos\theta\pm i\sqrt{1-\cos^2\theta}=\cos\theta\pm i\sin\theta$

　　$0°\leqq\arg z\leqq180°$　より，z の虚部は正

$\qquad\qquad\qquad\therefore\quad z=\boldsymbol{\cos\theta+i\sin\theta}$

(4)　$|z|^2=1$　より，$z\bar{z}=1$

$\qquad\therefore\quad z^n+\dfrac{1}{z^n}=z^n+(\bar{z})^n=(\cos\theta+i\sin\theta)^n+(\cos\theta-i\sin\theta)^n$

$\qquad\qquad=(\cos n\theta+i\sin n\theta)+(\cos n\theta-i\sin n\theta)=\boldsymbol{2\cos n\theta}$

18

$|z|^4=\sqrt{8^2\{(-1)^2+(\sqrt{3}\,)^2\}}=16$　より，$|z|=2$

よって，$z=2(\cos\theta+i\sin\theta)\quad(0°\leqq\theta<360°)$ とおくと

$\qquad\qquad\qquad z^4=16(\cos4\theta+i\sin4\theta)=8(-1+\sqrt{3}\,i)$

$\qquad\qquad\qquad\therefore\quad\cos4\theta=-\dfrac{1}{2},\ \sin4\theta=\dfrac{\sqrt{3}}{2}$

$0°\leqq4\theta<1440°$ より，$4\theta=120°,\ 480°,\ 840°,\ 1200°$

$$\therefore \quad \theta = 30°, \ 120°, \ 210°, \ 300°$$
よって，$z = \sqrt{3}+i, \ -1+\sqrt{3}i, \ -\sqrt{3}-i, \ 1-\sqrt{3}i$

19

求める頂点を z_3 とすると
(ⅰ) 四角形 $Oz_1z_3z_2$ が平行四辺形のとき，
$\overrightarrow{Oz_3} = \overrightarrow{Oz_1} + \overrightarrow{Oz_2} = 3-i$
(ⅱ) 四角形 $Oz_1z_2z_3$ が平行四辺形のとき，
$\overrightarrow{Oz_3} = \overrightarrow{z_1z_2} = \overrightarrow{Oz_2} - \overrightarrow{Oz_1} = -1-7i$
(ⅲ) 四角形 $Oz_3z_1z_2$ が平行四辺形のとき，
$\overrightarrow{Oz_3} = \overrightarrow{z_2z_1} = \overrightarrow{Oz_1} - \overrightarrow{Oz_2} = 1+7i$
(ⅰ)，(ⅱ)，(ⅲ)より，求める第4頂点は，$3-i, \ -1-7i, \ 1+7i$

(ⅰ) 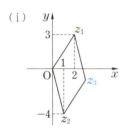 (ⅱ) 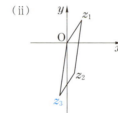 (ⅲ)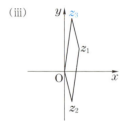

20

(1) $\alpha = \dfrac{2z_1+z_2}{2+1} = \dfrac{(4+2i)+(-1+2i)}{3} = 1+\dfrac{4}{3}i$

(2) $\beta = \dfrac{2z_1-z_2}{2+(-1)} = (4+2i)-(-1+2i) = 5$

21

$z_1z_2{}^2 = |(2+3i)-(1+i)|^2 = |1+2i|^2 = 1+4 = 5$
$z_2z_3{}^2 = |(6+i)-(2+3i)|^2 = |4-2i|^2 = 16+4 = 20$
$z_3z_1{}^2 = |(6+i)-(1+i)|^2 = |5|^2 = 25$
$z_1z_2{}^2 + z_2z_3{}^2 = z_3z_1{}^2$ だから，
$\triangle z_1z_2z_3$ は z_3z_1 を斜辺とする直角三角形．

22

(1) $i = \cos 90° + i\sin 90°$ より，iz は，z を原点まわりに $90°$ 回転させた点である．

(2) $\dfrac{\sqrt{2}}{1-i} = \dfrac{\sqrt{2}(1+i)}{(1-i)(1+i)} = \dfrac{1}{\sqrt{2}} + \dfrac{1}{\sqrt{2}}i = \cos 45° + i\sin 45°$ より
z を原点まわりに $45°$ 回転させた点である．

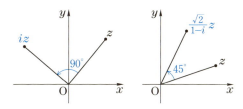

23

$\alpha = iz + z = (i+1) + (1-i) = 2$
$\beta = i(z+z) = i(2-2i) = 2+2i$

24

$z_1 - z_2 = -\dfrac{1}{2} - \dfrac{\sqrt{3}}{2}i$

$\therefore \ \arg(z_1 - z_2) = 240°$

$z_3 - z_2 = -\dfrac{\sqrt{3}}{2} - \dfrac{1}{2}i \quad \therefore \ \arg(z_3 - z_2) = 210°$

よって, $\arg\dfrac{z_3 - z_2}{z_1 - z_2} = \arg(z_3 - z_2) - \arg(z_1 - z_2) = -30°$

$\therefore \ \angle P_1 P_2 P_3 = \mathbf{30°}$

25

$z - (1+2i) = (\cos 45° + i \sin 45°)\{0 - (1+2i)\}$

$\therefore \ z = (1+2i)\left\{1 - \dfrac{1}{\sqrt{2}}(1+i)\right\}$

$= 1 + 2i - \dfrac{\sqrt{2}}{2}(1 + i + 2i + 2i^2) = \dfrac{2+\sqrt{2} + (4-3\sqrt{2})i}{2}$

26

(1) Cから線分 AB におろした垂線の足をHとすると,
$\angle ACH = 60°$ より,

$$AC : AH = 2 : \sqrt{3}$$

$\therefore \ AC = \dfrac{2}{\sqrt{3}} AH = \dfrac{2}{\sqrt{3}} \cdot \dfrac{AB}{2}$

$= \dfrac{2}{\sqrt{3}} \times \dfrac{\sqrt{10}}{2} = \dfrac{\sqrt{30}}{3}$

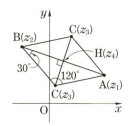

(2) (1)より, z_3 は z_2 を z_1 のまわりに $\pm 30°$ 回転し, $\dfrac{1}{\sqrt{3}}$ 倍したものであるから

$$z_3 - z_1 = \frac{1}{\sqrt{3}}(z_2 - z_1)\{\cos(\pm 30°) + i\sin(\pm 30°)\}$$
$$= \frac{1}{\sqrt{3}}(-3+i)\left(\frac{\sqrt{3}}{2} \pm \frac{1}{2}i\right)$$
$$\therefore \quad z_3 = \frac{1}{2\sqrt{3}}\{(\sqrt{3}-1) + (3\sqrt{3}-3)i\},$$
$$\frac{1}{2\sqrt{3}}\{(\sqrt{3}+1) + (3\sqrt{3}+3)i\}$$

27

$w = \dfrac{z}{z+1}$ とおくと,
$$\mathrm{Im}\, w = \frac{1}{2i}(w - \overline{w}) = \frac{z - \overline{z}}{2i(z+1)(\overline{z}+1)} = 0$$
$$\therefore \quad z - \overline{z} = 0$$

よって, $\mathrm{Im}\, z = \dfrac{1}{2i}(z - \overline{z}) = 0$ となり, z は実数である.

28

$z = (2-3t) + (1+2t)i = (2+i) + (-3+2i)t$ より
z は, **点 $2+i$ を通り, 傾き $-3+2i$ 方向の直線をえがく.**

29

(1) $|z_1 - 4| = 1$ より, z_1 は 4 を中心とし, 半径 1 の円周上を動き, $|z_2| = 1$ より, z_2 は O を中心とし, 半径 1 の円周上を動く. よって, 右図のようになる.

(2) $|z_1 - z_2|$ は z_1 と z_2 の距離を表すので,
$z_1 = 3$, $z_2 = 1$ のとき最小となり, 最小値 2
$z_1 = 5$, $z_2 = -1$ のとき最大となり, 最大値 6
$$\therefore \quad 2 \leqq |z_1 - z_2| \leqq 6$$

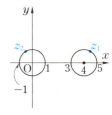

30

$\left|\dfrac{z-i}{z-1}\right| = 2 \iff |z-i| = 2|z-1|$ より, z は, 2 点 i, 1 からの距離の比が, 2:1 である点. よって, i, 1 を 2:1 に内分する点 $\dfrac{2}{3} + \dfrac{1}{3}i$ と外分する点 $2 - i$ を直径の両端とする円をえがく.

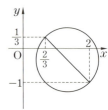

31

$w = (1-i)z \iff \dfrac{w}{1-i} = z \iff \dfrac{w}{1-i} - 1 = z - 1$

$$\iff w-(1-i)=(1-i)(z-1)$$
$$\therefore \quad |w-(1-i)|=|(1-i)(z-1)|$$
$$\iff |w-(1-i)|=\sqrt{2} \quad (\because \ |z-1|=1)$$

よって，w は点 $1-i$ を中心とし，半径 $\sqrt{2}$ の円をえがく．

32

(1) $z=x+yi$ とおくと
$$\begin{cases} 2|z-2|=2|(x-2)+yi|=2\sqrt{(x-2)^2+y^2} \\ |z-5|=|(x-5)+yi|=\sqrt{(x-5)^2+y^2} \\ |z+1|=|(x+1)+yi|=\sqrt{(x+1)^2+y^2} \end{cases}$$

よって，与えられた不等式は
$$4(x-2)^2+4y^2 \leqq (x-5)^2+y^2 \leqq (x+1)^2+y^2$$
$$\iff \begin{cases} (x-1)^2+y^2 \leqq 4 \\ x \geqq 2 \end{cases}$$

ゆえに，D は右図の斜線部で，境界も含む．

(2) $S=\dfrac{4}{3}\pi-\dfrac{1}{2}\cdot 2\cdot 2\cdot \sin\dfrac{2}{3}\pi=\dfrac{4}{3}\pi-\sqrt{3}$

(3) 図より，$-\dfrac{\sqrt{3}}{2} \leqq \tan\theta \leqq \dfrac{\sqrt{3}}{2}$

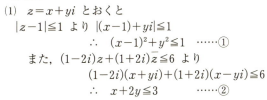

33

(1) $z=x+yi$ とおくと
$|z-1| \leqq 1$ より $|(x-1)+yi| \leqq 1$
$$\therefore \quad (x-1)^2+y^2 \leqq 1 \quad \cdots\cdots ①$$
また，$(1-2i)z+(1+2i)\bar{z} \leqq 6$ より
$$(1-2i)(x+yi)+(1+2i)(x-yi) \leqq 6$$
$$\therefore \quad x+2y \leqq 3 \quad \cdots\cdots ②$$
よって，D は右図の斜線部で，境界も含む．

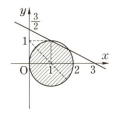

(2) P(z)，A(i) とおくと，$|z-i|$ は線分 AP の長さを表すので
$z=1+\dfrac{-1+i}{\sqrt{2}}=1-\dfrac{1}{\sqrt{2}}+\dfrac{1}{\sqrt{2}}i$ のとき，**最小値** $\sqrt{2}-1$ をとり，
$z=1+\dfrac{1}{\sqrt{2}}-\dfrac{1}{\sqrt{2}}i$ のとき，**最大値** $\sqrt{2}+1$ をとる．

34

$w=\dfrac{1+iz}{1+z} \iff w-i=\dfrac{1-i}{1+z} \iff z=-1+\dfrac{1-i}{w-i}$ これを，$|z|=1$ に代入すると，$\left|\dfrac{1-i}{w-i}-1\right|=1 \iff |1-w|=|w-i| \iff |w-1|=|w-i|$

よって，w は 2 点 1，i を結ぶ線分の垂直二等分線をえがく．

35

$|z| \leqq 1$ ……①, $(1-i)z+(1+i)\bar{z} \leqq 2$ ……②

$w = \dfrac{2i}{z+1} \iff z = -1 + \dfrac{2i}{w}$ より

①に代入すると,
$$\left|-1+\dfrac{2i}{w}\right| \leqq 1 \iff \left|\dfrac{-w+2i}{w}\right| \leqq 1$$
$$\iff |w-2i| \leqq |w|$$

より, w は 2 点 $2i$, O を結ぶ線分の垂直二等分線で分けられる 2 つの部分のうち $2i$ を含む部分を動く.

また, ②に代入すると, $w \neq 0$ だから

$$(1-i)\left(-1+\dfrac{2i}{w}\right)+(1+i)\left(-1-\dfrac{2i}{\bar{w}}\right) \leqq 2$$
$$\iff -2 + \dfrac{2+2i}{w} + \dfrac{2-2i}{\bar{w}} \leqq 2$$
$$\iff 2w\bar{w} - (1-i)w - (1+i)\bar{w} \geqq 0$$
$$\iff \left(w - \dfrac{1+i}{2}\right)\left(\bar{w} - \dfrac{1-i}{2}\right) \geqq \dfrac{1+i}{2} \cdot \dfrac{1-i}{2}$$
$$\iff \left(w - \dfrac{1+i}{2}\right)\overline{\left(w - \dfrac{1+i}{2}\right)} \geqq \dfrac{1}{2}$$

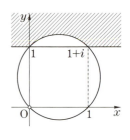

ゆえに, $\left|w - \dfrac{1+i}{2}\right| \geqq \dfrac{1}{\sqrt{2}}$ より, 中心 $\dfrac{1+i}{2}$, 半径 $\dfrac{1}{\sqrt{2}}$ の円の周または外部を動く. ただし, 原点 O は除く. よって, 求める領域は, 右上図の斜線部分. ただし境界は含む.

36

w は実数より, $w = \bar{w} \iff \dfrac{(1+i)(z-1)}{z} = \dfrac{(1-i)(\bar{z}-1)}{\bar{z}}$

$z \neq 0$ だから
$$-2iz\bar{z} - (1-i)z + (1+i)\bar{z} = 0$$
$$\iff z\bar{z} - \dfrac{1+i}{2}z - \dfrac{1-i}{2}\bar{z} = 0$$
$$\iff \left(z - \dfrac{1-i}{2}\right)\left(\bar{z} - \dfrac{1+i}{2}\right) = \dfrac{1-i}{2} \cdot \dfrac{1+i}{2}$$
$$\iff \left(z - \dfrac{1-i}{2}\right)\overline{\left(z - \dfrac{1-i}{2}\right)} = \dfrac{1}{2}$$
$$\iff \left|z - \dfrac{1-i}{2}\right| = \dfrac{1}{\sqrt{2}}$$

よって, z は点 $\dfrac{1-i}{2}$ を中心とし, 半径 $\dfrac{1}{\sqrt{2}}$ の円をえがく. ただし, 点 O は除く.

37

(1) 漸近線は $x=1$, $y=0$ だからグラフは下の〈図Ⅰ〉.

(2) $y=-|x|+k$ ……① のグラフは，$y=-|x|$ のグラフを y 軸方向に k だけ平行移動したものだから下の〈図Ⅱ〉.

(1)のグラフと①のグラフが2個以上の交点をもてばよいので，〈図Ⅲ〉の k_0 に対して，$k_0 \leq k$

ここで，2式を連立させて

$$-x+k_0 = \dfrac{1}{x-1} \iff (x-1)(-x+k_0)=1$$
$$\iff x^2-(k_0+1)x+k_0+1=0$$

この2次方程式が重解をもつので，

$$(k_0+1)^2-4(k_0+1)=(k_0+1)(k_0-3)=0 \quad \therefore \quad k_0=-1,\ 3$$

図より，$k_0=3$ だから $\boldsymbol{3 \leq k}$

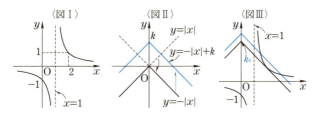

38

$y=\sqrt{2-x}=\sqrt{-(x-2)}$ より，このグラフは $y=\sqrt{-x}$ を x 軸方向に2だけ平行移動したもの．よって，2曲線のグラフは右図．

長方形 ABCD を図のようにとり，2曲線の交点 P から x 軸におろした垂線の足を E とすると E の x 座標は

$$\sqrt{x}=\sqrt{2-x} \quad \text{より} \quad x=1$$

次に，AE$=a$ $(0<a<1)$ とおくと，AD$=\sqrt{1-a}$

よって，$S=\text{AB}\cdot\text{AD}=2a\sqrt{1-a}$ である．

$S>0$ なので S^2 が最大になるとき S も最大であるから $S^2=4a^2(1-a)=4a^2-4a^3=f(a)$ を考える．

$$f'(a)=8a-12a^2=4a(2-3a)$$
$$f'(a)=0 \quad \text{より} \quad a=\dfrac{2}{3}$$

よって，増減は右表のようになり，

$a=\dfrac{2}{3}$ のとき $f(a)$ は最大．

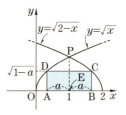

このとき，S の最大値は $2\cdot\dfrac{2}{3}\sqrt{1-\dfrac{2}{3}}=\dfrac{4\sqrt{3}}{9}$

a	0	$\cdots$	$\dfrac{2}{3}$	$\cdots$	1
$f'(a)$		+	0	−	
$f(a)$		↗	最大	↘	

244 演習問題の解答 （㊴〜㊸）

39

$f(g(x))=f(x^2)=a^{x^2+b},$
$g(f(x))=g(a^{x+b})=(a^{x+b})^2=a^{2x+2b}$ より

$$f(g(x))=g(f(x)) \Longleftrightarrow a^{x^2+b}=a^{2x+2b}$$
$$\Longleftrightarrow x^2+b=2x+2b \Longleftrightarrow x^2-2x-b=0 \quad\cdots\cdots①$$

①がただ１つの実数解をもつための条件は 判別式＝0 だから

$$1+b=0 \qquad \therefore \quad b=-1$$

40

(1) 条件式より $f\left(\dfrac{4}{3}\right)=0$, $f(2)=2$, $f(3)=10$ だから

$$\frac{16}{9}a+\frac{4}{3}b+c=0 \quad\cdots\cdots①$$
$$4a+2b+c=2 \quad\cdots\cdots②$$
$$9a+3b+c=10 \quad\cdots\cdots③$$

①, ②, ③を連立して解くと $a=3$, $b=-7$, $c=4$

(2) $y=f(x)$ と $y=f^{-1}(x)$ のグラフが１点で接しているとき，$y=f(x)$ と $y=x$ は１点で接している（⇨**ポイント**）.

$f(x)=3x^2-7x+c$ と $y=x$ を連立させて

$$3x^2-7x+c=x \Longleftrightarrow 3x^2-8x+c=0$$

判別式＝0 より $16-3c=0$ $\therefore c=\dfrac{16}{3}$

41

(1) $\displaystyle\lim_{n\to\infty}n\left(\frac{2}{n}+\frac{1}{n+1}\right)=\lim_{n\to\infty}\left(2+\frac{n}{n+1}\right)=\lim_{n\to\infty}\left(2+\frac{1}{1+\dfrac{1}{n}}\right)=3$

(2) $\displaystyle\sum_{k=1}^{n}k^3=\left\{\frac{1}{2}n(n+1)\right\}^2$ だから

$$\lim_{n\to\infty}\frac{1^3+2^3+\cdots+n^3}{n^4}=\lim_{n\to\infty}\frac{1}{n^4}\left\{\frac{1}{2}n(n+1)\right\}^2$$
$$=\lim_{n\to\infty}\frac{1}{4}\left(1+\frac{1}{n}\right)^2=\frac{1}{4}$$

(3) $\displaystyle\lim_{n\to\infty}(\sqrt{n+\sqrt{n}}-\sqrt{n-\sqrt{n}})$

$$=\lim_{n\to\infty}\frac{(\sqrt{n+\sqrt{n}}-\sqrt{n-\sqrt{n}})(\sqrt{n+\sqrt{n}}+\sqrt{n-\sqrt{n}})}{\sqrt{n+\sqrt{n}}+\sqrt{n-\sqrt{n}}}$$

$$=\lim_{n\to\infty}\frac{2\sqrt{n}}{\sqrt{n+\sqrt{n}}+\sqrt{n-\sqrt{n}}}=\lim_{n\to\infty}\frac{2}{\sqrt{\dfrac{n+\sqrt{n}}{n}}+\sqrt{\dfrac{n-\sqrt{n}}{n}}}$$

$$=\lim_{n\to\infty}\frac{2}{\sqrt{1+\dfrac{1}{\sqrt{n}}}+\sqrt{1-\dfrac{1}{\sqrt{n}}}}=1$$

42

$$a_n=\frac{r^{2n+1}+1}{r^{2n}+1}=\frac{r(r^2)^n+1}{(r^2)^n+1}\ \text{とおく.}$$

(i) $r=1$ のとき，　$a_n=1$　$\therefore$　$\lim_{n\to\infty}a_n=1$

(ii) $r=-1$ のとき，$a_n=0$　$\therefore$　$\lim_{n\to\infty}a_n=0$

(iii) $r^2<1$ すなわち $-1<r<1$ のとき，

$\qquad\lim_{n\to\infty}r^{2n}=\lim_{n\to\infty}r^{2n+1}=0$ より　$\lim_{n\to\infty}a_n=1$

(iv) $r^2>1$ すなわち $r<-1$，$1<r$ のとき，

$$a_n=\frac{r+\left(\dfrac{1}{r}\right)^{2n}}{1+\left(\dfrac{1}{r}\right)^{2n}}\ \text{において，}\ -1<\frac{1}{r}<1\ \text{だから}$$

$$\lim_{n\to\infty}\left(\frac{1}{r}\right)^{2n}=0\qquad\therefore\quad\lim_{n\to\infty}a_n=r$$

(i)～(iv)より　$\displaystyle\lim_{n\to\infty}a_n=\left\{\begin{array}{l}\mathbf{0}\ (r=-1)\\\mathbf{1}\ (-1<r\leqq1)\\\boldsymbol{r}\ (r<-1,\ 1<r)\end{array}\right\}$ **収束**

43

(1) 与えられた漸化式の両辺に $-a_{n+1}$ を加えると

$$a_{n+2}-a_{n+1}=\frac{1}{4}(a_{n+1}+3a_n)-a_{n+1}=-\frac{3}{4}(a_{n+1}-a_n)$$

$\qquad\Longleftrightarrow\ b_{n+1}=-\dfrac{3}{4}b_n,\ b_1=a_2-a_1=1\ \text{より}\ \{b_n\}\ \text{は初項}\ 1,$

公比 $-\dfrac{3}{4}$ の等比数列である．　$\therefore\ b_n=\left(-\dfrac{3}{4}\right)^{n-1}$

(2) $\{b_n\}$ は $\{a_n\}$ の階差数列だから，$n\geqq2$ のとき，

$$a_n=a_1+\sum_{k=1}^{n-1}b_k=\sum_{k=1}^{n-1}\left(-\frac{3}{4}\right)^{k-1}=\frac{1\cdot\left\{1-\left(-\dfrac{3}{4}\right)^{n-1}\right\}}{1-\left(-\dfrac{3}{4}\right)}$$

$$=\frac{4}{7}\left\{1-\left(-\frac{3}{4}\right)^{n-1}\right\}$$

これは $n=1$ のときも成りたつ．

(3) $\displaystyle\lim_{n\to\infty}\left(-\frac{3}{4}\right)^{n-1}=0$ より　$\displaystyle\lim_{n\to\infty}a_n=\frac{4}{7}$

246 演習問題の解答（㊹～㊼）

44

(1) $n=1$ のとき，（左辺）$=3$，（右辺）$=1$ より成りたつ．

$n=2$ のとき，（左辺）$=9$，（右辺）$=4$ より成りたつ．

$n=k$ $(k\geqq2)$ のとき，$3^k>k^2$ が成りたつと仮定する．

両辺に 3 をかけて，$3^{k+1}>3k^2$ ここで，

$$3k^2-(k+1)^2=2k^2-2k-1=2\left(k-\frac{1}{2}\right)^2-\frac{3}{2}>0 \quad (k\geqq2 \text{ より})$$

$$\therefore \quad 3^{k+1}>3k^2>(k+1)^2 \quad \text{すなわち，} 3^{k+1}>(k+1)^2$$

よって，$n=k+1$ のときも成りたつので，すべての自然数 n について，$3^n>n^2$ が成りたつ．

(2) $$S_n=\frac{1}{3}+\frac{2}{3^2}+\cdots+\frac{n}{3^n} \qquad \cdots\cdots①$$

$$\frac{1}{3}S_n=\quad\frac{1}{3^2}+\cdots+\frac{n-1}{3^n}+\frac{n}{3^{n+1}} \quad \cdots\cdots②$$

①$-$②より

$$\frac{2}{3}S_n=\frac{1}{3}+\frac{1}{3^2}+\cdots+\frac{1}{3^n}-\frac{n}{3^{n+1}}=\sum_{k=1}^{n}\frac{1}{3^k}-\frac{n}{3^{n+1}}$$

(3) $$\sum_{k=1}^{n}\frac{1}{3^k}=\frac{\frac{1}{3}\left\{1-\left(\frac{1}{3}\right)^n\right\}}{1-\frac{1}{3}}=\frac{1}{2}\left\{1-\left(\frac{1}{3}\right)^n\right\} \text{ より(2)の結果から}$$

$$S_n=\frac{3}{4}\left\{1-\left(\frac{1}{3}\right)^n\right\}-\frac{n}{2\cdot3^n}$$

(1)より $3^n>n^2$ だから，$0<\dfrac{n}{3^n}<\dfrac{1}{n}$

$\displaystyle\lim_{n\to\infty}\frac{1}{n}=0$ より，はさみうちの原理から，$\displaystyle\lim_{n\to\infty}\frac{n}{3^n}=0$

さらに $\displaystyle\lim_{n\to\infty}\left(\frac{1}{3}\right)^n=0$ より，$\displaystyle\lim_{n\to\infty}S_n=\frac{3}{4}$

45

(1) （$\sqrt{2}<x_n$ の証明）

(i) $n=1$ のとき，条件より，$\sqrt{2}<x_1$ が成りたつ．

(ii) $n=k$ のとき，$\sqrt{2}<x_k$ と仮定すると

$$x_{k+1}-\sqrt{2}=\frac{x_k^2+2}{2x_k}-\sqrt{2}=\frac{(x_k-\sqrt{2})^2}{2x_k}>0$$

$$\therefore \quad \sqrt{2}<x_{k+1}$$

(i)，(ii)より，すべての自然数 n で，$\sqrt{2}<x_n$ が成りたつ．

（$x_{n+1}<x_n$ の証明）

$$x_n-x_{n+1}=x_n-\frac{x_n^2+2}{2x_n}=\frac{x_n^2-2}{2x_n}>0 \quad (x_n>\sqrt{2} \text{ より})$$

よって，　$x_{n+1} < x_n$
以上のことより　$\sqrt{2} < x_{n+1} < x_n$

(2) $x_{n+1} - \sqrt{2} = \dfrac{(x_n - \sqrt{2})^2}{2x_n} = \dfrac{x_n - \sqrt{2}}{2x_n}(x_n - \sqrt{2})$

ここで，$\dfrac{x_n - \sqrt{2}}{2x_n} < \dfrac{x_n}{2x_n} = \dfrac{1}{2}$ だから

$x_n - \sqrt{2} > 0$ より　$x_{n+1} - \sqrt{2} < \dfrac{1}{2}(x_n - \sqrt{2})$

(3) (2)の不等式をくり返し用いると

$$x_n - \sqrt{2} < \dfrac{1}{2}(x_{n-1} - \sqrt{2}) < \cdots < \left(\dfrac{1}{2}\right)^{n-1}(x_1 - \sqrt{2})$$

$$\therefore\ 0 < x_n - \sqrt{2} < \left(\dfrac{1}{2}\right)^{n-1}(x_1 - \sqrt{2})$$

$\displaystyle\lim_{n\to\infty}\left\{\left(\dfrac{1}{2}\right)^{n-1}(x_1 - \sqrt{2})\right\} = 0$ だから，はさみうちの原理より

$$\lim_{n\to\infty}(x_n - \sqrt{2}) = 0 \quad \therefore\ \lim_{n\to\infty} x_n = \sqrt{2}$$

46

m 項までの部分和を S_m とすると

$$S_m = \sum_{n=1}^{m}\left(\dfrac{2}{9n^2-1} + \dfrac{4}{9n^2-4}\right)$$

$$= \sum_{n=1}^{m}\left\{\dfrac{2}{(3n-1)(3n+1)} + \dfrac{4}{(3n-2)(3n+2)}\right\}$$

$$= \sum_{n=1}^{m}\left\{\left(\dfrac{1}{3n-1} - \dfrac{1}{3n+1}\right) + \left(\dfrac{1}{3n-2} - \dfrac{1}{3n+2}\right)\right\}$$

$$= \sum_{n=1}^{m}\left(\dfrac{1}{3n-1} - \dfrac{1}{3n+2}\right) + \sum_{n=1}^{m}\left(\dfrac{1}{3n-2} - \dfrac{1}{3n+1}\right)$$

$$= \left\{\left(\dfrac{1}{2} - \dfrac{1}{5}\right) + \left(\dfrac{1}{5} - \dfrac{1}{8}\right) + \cdots + \left(\dfrac{1}{3m-1} - \dfrac{1}{3m+2}\right)\right\}$$

$$+ \left\{\left(1 - \dfrac{1}{4}\right) + \left(\dfrac{1}{4} - \dfrac{1}{7}\right) + \cdots + \left(\dfrac{1}{3m-2} - \dfrac{1}{3m+1}\right)\right\}$$

$$= \left(\dfrac{1}{2} - \dfrac{1}{3m+2}\right) + \left(1 - \dfrac{1}{3m+1}\right) = \dfrac{3}{2} - \dfrac{1}{3m+1} - \dfrac{1}{3m+2}$$

$\therefore$ 与式 $= \displaystyle\lim_{m\to\infty} S_m = \lim_{m\to\infty}\left(\dfrac{3}{2} - \dfrac{1}{3m+1} - \dfrac{1}{3m+2}\right) = \boldsymbol{\dfrac{3}{2}}$

47

(1) P_0，P_1 の x 座標は，それぞれ a，$\dfrac{a}{2}$ だから，A_0 は右図の斜線部分の面積を表す．

直線 $P_0 P_1$ を　$y = sx + t$　とおくと，

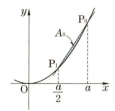

$$A_0 = \int_{\frac{a}{2}}^{a} (sx+t-x^2)\,dx$$
$$= -\int_{\frac{a}{2}}^{a} (x-a)\left(x-\frac{a}{2}\right)dx$$
$$= \frac{1}{6}\left(a-\frac{a}{2}\right)^3 = \frac{a^3}{48}$$

(2) (1)と同様に直線 $P_n P_{n+1}$ を $y=s'x+t'$ とおくと,
$$A_n = \int_{\frac{a}{2^{n+1}}}^{\frac{a}{2^n}} (s'x+t'-x^2)\,dx$$
$$= -\int_{\frac{a}{2^{n+1}}}^{\frac{a}{2^n}} \left(x-\frac{a}{2^n}\right)\left(x-\frac{a}{2^{n+1}}\right)dx$$
$$= \frac{1}{6}\left(\frac{a}{2^n}-\frac{a}{2^{n+1}}\right)^3 = \frac{1}{6\cdot 2^{3n}}\cdot\frac{a^3}{8} = \frac{a^3}{6\cdot 8^{n+1}}$$

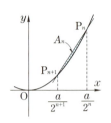

(3) (1), (2)より, $\sum_{n=0}^{\infty} A_n$ は, 初項 A_0, 公比 $\frac{1}{8}$ の無限等比級数を表すので,
$$\sum_{n=0}^{\infty} A_n = \frac{A_0}{1-\frac{1}{8}} = \frac{a^3}{42}$$

48

(1) $\lim_{x\to 1}\dfrac{\sqrt{x}-1}{x-1} = \lim_{x\to 1}\dfrac{\sqrt{x}-1}{(\sqrt{x}-1)(\sqrt{x}+1)} = \lim_{x\to 1}\dfrac{1}{\sqrt{x}+1} = \dfrac{1}{2}$

(2) $x=-t$ とすると, $x\to -\infty$ のとき, $t\to \infty$ だから
$$\text{与式} = \lim_{t\to\infty}(\sqrt{t^2-2t+4}-t+1)$$
$$= \lim_{t\to\infty}\frac{\{\sqrt{t^2-2t+4}-(t-1)\}\{\sqrt{t^2-2t+4}+(t-1)\}}{\sqrt{t^2-2t+4}+(t-1)}$$
$$= \lim_{t\to\infty}\frac{3}{\sqrt{t^2-2t+4}+t-1} = 0$$

49

(i)より $\lim_{x\to +\infty}\dfrac{(a-2)x^3+bx^2+cx}{x^2} = \lim_{x\to +\infty}\left\{(a-2)x+b+\dfrac{c}{x}\right\}$

これが収束するためには $a-2=0$ でなければならない.

∴ $a=2$　このとき, 極限値は b　∴ $b=1$

(ii)より $\lim_{x\to 0}\dfrac{2x^3+x^2+cx}{x} = \lim_{x\to 0}(2x^2+x+c) = c$　∴ $c=-3$

(iii)より $\lim_{x\to -1}(x+1)=0$ だから
$\lim_{x\to -1}(2x^3+x^2-3x+d) = d+2 = 0$　∴ $d=-2$

このとき, 分子 $=(x+1)(2x^2-x-2)$ だから　$e=1$

50

$\lim_{\theta \to \frac{\pi}{3}}\left(\theta - \frac{\pi}{3}\right) = 0$ より $\lim_{\theta \to \frac{\pi}{3}} f(\theta) = 0$

$$f\left(\frac{\pi}{3}\right) = a\left(\frac{1}{2}\right)^3 + b\left(\frac{1}{2}\right)^2 - 12\left(\frac{1}{2}\right) + 5 = 0$$

$$\therefore\ a = 8 - 2b\ \cdots\cdots ①$$

これを $f(\theta)$ に代入すると
$$f(\theta) = 2(4-b)\cos^3\theta + b\cos^2\theta - 12\cos\theta + 5$$
$$= (2\cos\theta - 1)\{(4-b)\cos^2\theta + 2\cos\theta - 5\}$$

$t = \theta - \frac{\pi}{3}$ とおくと，$\theta \to \frac{\pi}{3}$ のとき，$t \to 0$ であり

$$\frac{2\cos\theta - 1}{\theta - \frac{\pi}{3}} = \frac{2\cos\left(t + \frac{\pi}{3}\right) - 1}{t} = -\frac{1 - \cos t}{t} - \sqrt{3} \cdot \frac{\sin t}{t}$$

$$= -\frac{1 - \cos t}{t^2} \cdot t - \sqrt{3} \cdot \frac{\sin t}{t} \longrightarrow -\sqrt{3}\ (t \to 0)$$

よって，$\lim_{\theta \to \frac{\pi}{3}} \frac{f(\theta)}{\theta - \frac{\pi}{3}} = \sqrt{3}\left(3 + \frac{b}{4}\right) = 3\sqrt{3}$ $\therefore\ b = \mathbf{0}$

① より $a = \mathbf{8}$

51

(1) 与式 $= \lim_{n \to \infty}\left(\frac{1}{1 + \frac{1}{2n}}\right)^n = \lim_{2n \to \infty}\frac{1}{\left\{\left(1 + \frac{1}{2n}\right)^{2n}\right\}^{\frac{1}{2}}} = \dfrac{1}{\sqrt{e}}$

(2) 与式 $= \lim_{2n \to \infty}\left\{\left(1 + \frac{1}{2n}\right)^{2n}\right\}^{\frac{3}{2}} = \sqrt{e^3}$

52

$y = [x]\ (1 \leq x < 3),\ y = [2x]\ (1 \leq x < 3)$ のグラフはそれぞれ右図のようになる．

(1) $\lim_{x \to 2+0}[x] = 2,\ \lim_{x \to 2-0}[x] = 1$

$\lim_{x \to 2+0}[2x] = 4,\ \lim_{x \to 2-0}[2x] = 3$

$\therefore\ \lim_{x \to 2+0}([2x] - [x]) = \mathbf{2}$

$\lim_{x \to 2-0}([2x] - [x]) = \mathbf{2}$

(2) (1)より，$\lim_{x \to 2+0} f(x) = \lim_{x \to 2-0} f(x)$

よって，$\lim_{x \to 2} f(x)$ は存在する．

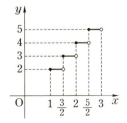

250 演習問題の解答 (53〜57)

(3) $\lim\limits_{x \to \frac{3}{2}}[x]=1,\ \ \lim\limits_{x \to \frac{3}{2}+0}[2x]=3,\ \ \lim\limits_{x \to \frac{3}{2}-0}[2x]=2$

よって，$\lim\limits_{x \to \frac{3}{2}+0}([2x]-[x])=2,\ \ \lim\limits_{x \to \frac{3}{2}-0}([2x]-[x])=1$

以上のことより，$\lim\limits_{x \to \frac{3}{2}}f(x)$ は存在しない．

53

(1) $\left|\sin\dfrac{1}{x}\right|\leqq 1$ だから，$0\leqq\left|x\sin\dfrac{1}{x}\right|\leqq|x|$

$\lim\limits_{x \to 0}|x|=0$ だから，はさみうちの原理より，$\lim\limits_{x \to 0}x\sin\dfrac{1}{x}=0$

(2) $\lim\limits_{x \to 0}\dfrac{1}{x}\sin x=\lim\limits_{x \to 0}\dfrac{\sin x}{x}=1$ だから

$$\lim_{x \to 0}\left(x\sin\dfrac{1}{x}+\dfrac{1}{x}\sin x\right)=1$$

よって，$a=1$

54

$$\lim_{n \to \infty}x^{2n}=\begin{cases}\infty & (x^2>1)\\ 1 & (x^2=1)\\ 0 & (0\leqq x^2<1)\end{cases}\quad\text{だから}$$

i) $x^2>1$，すなわち，$x<-1,\ 1<x$ のとき

$$f(x)=\lim_{n \to \infty}\dfrac{1-\dfrac{1}{x}+\dfrac{a}{x^{2n-2}}+\dfrac{b}{x^{2n-1}}}{1+\dfrac{1}{x^{2n}}}=1-\dfrac{1}{x}$$

ii) $x^2=1$，すなわち，$x=\pm 1$ のとき

$$f(1)=\dfrac{1-1+a+b}{2}=\dfrac{a+b}{2}$$

$$f(-1)=\dfrac{1+1+a-b}{2}=\dfrac{a-b+2}{2}$$

iii) $0\leqq x^2<1$，すなわち，$-1<x<1$ のとき

$$f(x)=\lim_{n \to \infty}\dfrac{x^{2n}-x^{2n-1}+ax^2+bx}{x^{2n}+1}=ax^2+bx$$

$x=\pm 1$ で連続であればよいので，

$$\begin{cases}\lim\limits_{x \to 1+0}f(x)=\lim\limits_{x \to 1-0}f(x)=f(1)\\ \lim\limits_{x \to -1+0}f(x)=\lim\limits_{x \to -1-0}f(x)=f(-1)\end{cases}$$

$$\therefore\ \begin{cases}0=a+b=\dfrac{a+b}{2}\\ a-b=2=\dfrac{a-b+2}{2}\end{cases}\quad \therefore\ \ a=1,\ b=-1$$

251

55

$z_{n+1}=iz_n+i$ ……① に対して，$\alpha=i\alpha+i$ ……② をみたす α を考える．

①−②より　$z_{n+1}-\alpha=i(z_n-\alpha)$

ここで，$\alpha=\dfrac{i}{1-i}=\dfrac{i(1+i)}{2}=\dfrac{-1+i}{2}$ だから

$$z_n-\alpha=(z_1-\alpha)i^{n-1}$$

$$\therefore\quad z_n=\alpha+(1+i-\alpha)i^{n-1}=\dfrac{-1+i}{2}+\dfrac{3+i}{2}i^{n-1}$$

56

$z_{n+1}=\dfrac{2+\sqrt{3}\,i}{3}z_n+1$ ……① に対して，$\alpha=\dfrac{2+\sqrt{3}\,i}{3}\alpha+1$ ……② をみたす α を考える．

①−②より，$z_{n+1}-\alpha=\dfrac{2+\sqrt{3}\,i}{3}(z_n-\alpha)$

$$\therefore\quad z_n-\alpha=(z_1-\alpha)\left(\dfrac{2+\sqrt{3}\,i}{3}\right)^{n-1}$$

$$\therefore\quad z_n=\alpha+\left(\dfrac{2+\sqrt{3}\,i}{3}\right)^{n-1}(z_1-\alpha)$$

ここで，$\left|\dfrac{2+\sqrt{3}\,i}{3}\right|=\sqrt{\dfrac{4}{9}+\dfrac{3}{9}}=\sqrt{\dfrac{7}{9}}<1$ だから

$$\lim_{n\to\infty}\left(\dfrac{2+\sqrt{3}\,i}{3}\right)^{n-1}=0$$

よって，$\displaystyle\lim_{n\to\infty}z_n=\alpha$

②より，$\alpha=\dfrac{3}{1-\sqrt{3}\,i}=\dfrac{3}{4}(1+\sqrt{3}\,i)$ だから

$$\lim_{n\to\infty}z_n=\dfrac{3}{4}(1+\sqrt{3}\,i)$$

57

$$\dfrac{f(a+h)-f(a-h)}{h}=\dfrac{f(a+h)-f(a)-f(a-h)+f(a)}{h}$$

$$=\dfrac{f(a+h)-f(a)}{h}+\dfrac{f(a+(-h))-f(a)}{-h}$$

ここで，

$$\lim_{h\to 0}\dfrac{f(a+h)-f(a)}{h}=\lim_{h\to 0}\dfrac{f(a+(-h))-f(a)}{-h}=f'(a)$$

$$\therefore\quad \lim_{h\to 0}\dfrac{f(a+h)-f(a-h)}{h}=f'(a)+f'(a)=\mathbf{2f'(a)}$$

252 演習問題の解答 (㊽〜㊿)

58

(1) $y' = \lim_{h \to 0} \dfrac{\sqrt{x+h+1} - \sqrt{x+1}}{h}$

$= \lim_{h \to 0} \dfrac{(\sqrt{x+h+1} - \sqrt{x+1})(\sqrt{x+h+1} + \sqrt{x+1})}{h(\sqrt{x+h+1} + \sqrt{x+1})}$

$= \lim_{h \to 0} \dfrac{1}{\sqrt{x+h+1} + \sqrt{x+1}} = \dfrac{1}{2\sqrt{x+1}}$

(2) $\dfrac{x+2}{x+1} = 1 + \dfrac{1}{x+1}$ だから,

$y' = \lim_{h \to 0} \dfrac{\left(1 + \dfrac{1}{x+h+1}\right) - \left(1 + \dfrac{1}{x+1}\right)}{h}$

$= \lim_{h \to 0} \dfrac{1}{h}\left(\dfrac{1}{x+h+1} - \dfrac{1}{x+1}\right)$

$= \lim_{h \to 0} \dfrac{-h}{h(x+h+1)(x+1)}$

$= \lim_{h \to 0} \dfrac{-1}{(x+h+1)(x+1)} = -\dfrac{1}{(x+1)^2}$

59

まず, $f(0) = 0$

次に, $\displaystyle\lim_{h \to +0} \dfrac{f(h) - f(0)}{h} = \lim_{h \to +0} \dfrac{h \sin h}{h} = \lim_{h \to +0} \sin h = 0$

また, $\displaystyle\lim_{h \to -0} \dfrac{f(h) - f(0)}{h} = \lim_{h \to -0} \dfrac{-h \sin h}{h} = -\lim_{h \to -0} \sin h = 0$

左側極限と右側極限が一致するので
$f(x)$ は $x = 0$ で微分可能.

60

(1) $y' = (x+1)(x+3) + (x-1)(x+3) + (x-1)(x+1)$

$= x^2 + 4x + 3 + x^2 + 2x - 3 + x^2 - 1$

$= 3x^2 + 6x - 1$

(2) $y = x + 1 + \dfrac{2}{x-1}$ より

$y' = 1 - \dfrac{2}{(x-1)^2} = \dfrac{x^2 - 2x - 1}{(x-1)^2}$

61

(1) $y = x^2 + 2x^{\frac{1}{2}} + x^{-1}$ より

$$y' = 2x + 2 \cdot \frac{1}{2} x^{-\frac{1}{2}} - x^{-2}$$
$$= 2x + x^{-\frac{1}{2}} - x^{-2}$$
$$= 2x + \frac{1}{\sqrt{x}} - \frac{1}{x^2}$$

(2) $y' = (2^x)' \cos x + 2^x (\cos x)'$
$$= 2^x \log 2 \cdot \cos x - 2^x \sin x$$

(3) $y = \log_2 \left| \dfrac{x-1}{x+1} \right| = \log_2 |x-1| - \log_2 |x+1|$

$\quad \therefore \quad y' = \dfrac{1}{(x-1)\log 2} - \dfrac{1}{(x+1)\log 2} = \dfrac{2}{(x^2-1)\log 2}$

62

(1) $y' = \dfrac{1}{3x \log 3} \cdot (3x)' = \dfrac{1}{x \log 3}$

(2) $y' = \dfrac{1}{(x^2-4)\log 2} \cdot (x^2-4)' = \dfrac{2x}{(x^2-4)\log 2}$

(3) $y' = 3(x^3+2x)^2 \cdot (x^3+2x)' = 3(x^3+2x)^2(3x^2+2)$

(4) $y' = 3\left(x-\dfrac{1}{x}\right)^2 \left(x-\dfrac{1}{x}\right)' = 3\left(x-\dfrac{1}{x}\right)^2\left(1+\dfrac{1}{x^2}\right)$

(5) $y' = -\sin(\sin x) \cdot (\sin x)' = -\sin(\sin x) \cdot \cos x$

(6) $y' = \dfrac{(\cos x)'}{\cos x} = -\dfrac{\sin x}{\cos x} \quad (= -\tan x)$

(7) $y' = 2 \cdot \dfrac{x}{x^2-1} \left(\dfrac{x}{x^2-1}\right)' = \dfrac{2x}{x^2-1} \cdot \dfrac{1 \cdot (x^2-1) - x \cdot 2x}{(x^2-1)^2}$

$\quad = -\dfrac{2x(x^2+1)}{(x^2-1)^3}$

63

(1) $y = x^{\sqrt{x}}$ の両辺の自然対数をとると， $\log y = \sqrt{x} \log x$
両辺を x で微分すると，
$$\frac{y'}{y} = \frac{1}{2} x^{-\frac{1}{2}} \cdot \log x + \sqrt{x} \cdot \frac{1}{x}$$
$$\therefore \quad y' = \frac{x^{\sqrt{x}}(\log x + 2)}{2\sqrt{x}}$$

(2) 両辺の絶対値の自然対数をとると，
$$\log|y| = \log|x+1| + \log|x+2| + \log|x+3|$$
両辺を x で微分して，
$$\frac{y'}{y} = \frac{1}{x+1} + \frac{1}{x+2} + \frac{1}{x+3}$$
$$\therefore \quad y' = \frac{3x^2+12x+11}{(x+1)(x+2)(x+3)} \cdot y = 3x^2+12x+11$$

254 演習問題の解答 （㉔～㉘）

64

(1) $\dfrac{dx}{dy}=2y-2$ より $\dfrac{dy}{dx}=\dfrac{1}{2(y-1)}$

ここで，$y^2-2y-x=0$ より

$$y=1+\sqrt{1+x} \quad (y>1 \text{ より})$$

$$\therefore \quad \dfrac{dy}{dx}=\dfrac{1}{2\sqrt{1+x}}$$

(2) $x=-1+\dfrac{2}{1+t^2}$ より $\dfrac{dx}{dt}=-\dfrac{4t}{(1+t^2)^2}$

また，$\dfrac{dy}{dt}=\dfrac{2(1+t^2)-2t\cdot 2t}{(1+t^2)^2}=-\dfrac{2(t^2-1)}{(1+t^2)^2}$

$$\therefore \quad \dfrac{dy}{dx}=\dfrac{\dfrac{dy}{dt}}{\dfrac{dx}{dt}}=\dfrac{-2(t^2-1)}{-4t}=\dfrac{t^2-1}{2t}$$

次に，$\dfrac{d^2y}{dx^2}=\dfrac{d}{dx}\Big(\dfrac{dy}{dx}\Big)=\dfrac{dt}{dx}\cdot\dfrac{d}{dt}\Big(\dfrac{t^2-1}{2t}\Big)$

$$=-\dfrac{(1+t^2)^2}{4t}\cdot\dfrac{2t\cdot 2t-(t^2-1)\cdot 2}{4t^2}$$

$$=-\dfrac{(1+t^2)^3}{8t^3}$$

65

$x^2-2xy+2y^2=1$ の両辺を x で微分すると，

$$2x-2(y+xy')+4y\cdot y'=0 \Longleftrightarrow (x-2y)y'=x-y$$

$$\therefore \quad \dfrac{dy}{dx}=y'=\dfrac{x-y}{x-2y}$$

次に，$\dfrac{d^2y}{dx^2}=\dfrac{d}{dx}\Big(\dfrac{x-y}{x-2y}\Big)$

$$=\dfrac{(x-y)'(x-2y)-(x-y)(x-2y)'}{(x-2y)^2}$$

$$=\dfrac{(1-y')(x-2y)-(x-y)(1-2y')}{(x-2y)^2}=\dfrac{xy'-y}{(x-2y)^2}$$

$$=\dfrac{\dfrac{x^2-xy}{x-2y}-y}{(x-2y)^2}=\dfrac{x^2-2xy+2y^2}{(x-2y)^3}=\dfrac{1}{(x-2y)^3}$$

66

(1) 接点を $T(t,\ \log t)$ とおくと，T における接線は $y'=\dfrac{1}{x}$ より

$$y-\log t=\dfrac{1}{t}(x-t) \quad \cdots\cdots①$$

255

これが点 $(0,\ 2)$ を通るので,

$$2-\log t=\frac{1}{t}(0-t)$$

$$\log t=3 \quad \therefore \quad t=e^3$$

これを①へ代入して

$$y-\log e^3=\frac{1}{e^3}\,(x-e^3)$$

$$\therefore \quad y=\frac{1}{e^3}x+2$$

(2) $y'=\dfrac{1}{x}$ より法線の傾きは $-x$

よって,点 $(2,\ \log 2)$ における法線の方程式は,

$$y-\log 2=-2\,(x-2)$$

$$\therefore \quad y=-2x+4+\log 2$$

67

①と l,②と l の接点をそれぞれ,

$$\mathrm{P}(p,\ -e^{-p}),\ \mathrm{Q}(q,\ e^{aq})$$

とおくと,P における接線は,$y'=e^{-x}$ より

$$y+e^{-p}=e^{-p}(x-p)$$

すなわち,$y=e^{-p}x-e^{-p}(p+1)$ ……③

次に,Q における接線は,$y'=ae^{ax}$ より

$$y-e^{aq}=ae^{aq}(x-q)$$

すなわち,$y=ae^{aq}x-e^{aq}(aq-1)$ ……④

③,④は,一致するので

$$\begin{cases} e^{-p}=ae^{aq} & \cdots\cdots ⑤ \\ e^{-p}(p+1)=e^{aq}(aq-1) & \cdots\cdots ⑥ \end{cases}$$

⑥の両辺に a をかけて,$ae^{-p}(p+1)=ae^{aq}(aq-1)$

⑤より $ae^{-p}(p+1)=e^{-p}(aq-1)$

$e^{-p}\neq 0$ だから, $a(p+1)=aq-1$

$$\therefore \quad aq=a(p+1)+1$$

⑤に代入して,$e^{-p}=ae^{a(p+1)+1} \Longleftrightarrow ae^{(a+1)(p+1)}=1$

両辺の自然対数をとると,$(a+1)(p+1)=-\log a$

$$\therefore \quad p=-1-\frac{\log a}{a+1}$$

68

(1) $f'(x)=e^x\sin x+e^x\cos x=e^x(\sin x+\cos x)$

(2) 関数 $f(x)$ の区間 $[\alpha,\ \beta]$ に平均値の定理を適用すると,

$$e^\beta\sin\beta-e^\alpha\sin\alpha=e^c(\sin c+\cos c)(\beta-\alpha) \quad (\alpha<c<\beta)$$

をみたす c が存在する.

$$\therefore \ |e^\beta \sin\beta - e^\alpha \sin\alpha| = e^c |\sin c + \cos c||\beta - \alpha|$$

ここで，$e^c < e^\beta$

また，$|\sin c + \cos c| = \sqrt{2}\left|\sin\left(c + \dfrac{\pi}{4}\right)\right| \leq \sqrt{2}$

$\beta - \alpha > 0$ だから
$$|e^\beta \sin\beta - e^\alpha \sin\alpha| < \sqrt{2}(\beta - \alpha)e^\beta$$

69

(i)より，$y = f(x)$ のグラフは直線 $x = 1$ に関して対称．
(iii)より，$x = 3$ で極小値をもつので，$x = 1$ で極大値となる．よって x^4 の係数は正で，グラフの概形は右図．
$$\therefore \ f'(x) = 4a(x+1)(x-1)(x-3)$$
$$= 4a(x^3 - 3x^2 - x + 3)$$
$$\therefore \ f(x) = \int f'(x)\,dx = ax^4 - 4ax^3 - 2ax^2 + 12ax + e$$

$f(1) = 4$, $f(3) = -4$ より
$$\begin{cases} 7a + e = 4 \\ -9a + e = -4 \end{cases}$$

よって，$a = \dfrac{1}{2}$, $e = \dfrac{1}{2}$

$$\therefore \ f(x) = \dfrac{1}{2}x^4 - 2x^3 - x^2 + 6x + \dfrac{1}{2}$$

$$\therefore \ \boldsymbol{a = \dfrac{1}{2}, \ b = -2, \ c = -1, \ d = 6, \ e = \dfrac{1}{2}}$$

70

(1) $\sin\theta = u \ (-1 < u < 1)$ とおくと，
$$f(x) = \dfrac{x^2 + (2u+1)x - u^2 + 2u + 1}{x+1}$$
$$f'(x) = \dfrac{(2x + 2u + 1)(x+1) - \{x^2 + (2u+1)x - u^2 + 2u + 1\}}{(x+1)^2}$$
$$= \dfrac{x^2 + 2x + u^2}{(x+1)^2} = \boldsymbol{\dfrac{x^2 + 2x + \sin^2\theta}{(x+1)^2}}$$

(2) $f'(x) = 0$ より $x^2 + 2x + u^2 = 0$
$$\therefore \ x = -1 \pm \sqrt{1 - u^2}$$
右図より，$x = -1 + \sqrt{1-u^2}$ で極小となり，極小値は，
$$f(-1 + \sqrt{1-u^2})$$
分母 $= \sqrt{1 - u^2}$
分子 $= (\sqrt{1-u^2} - 1)^2 + (2u+1)(\sqrt{1-u^2} - 1) - u^2 + 2u + 1$
$= 1 - u^2 - 2\sqrt{1-u^2} + 1 + (2u+1)\sqrt{1-u^2} - u^2$
$= \sqrt{1-u^2}(2\sqrt{1-u^2} - 1 + 2u)$

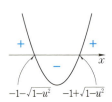

257

$$\therefore \quad 2\sqrt{1-u^2}-1+2u=-1 \Longleftrightarrow \sqrt{1-u^2}=-u$$

左辺 $\geqq 0$ だから，$u\leqq 0$ で，このとき，両辺を平方して

$$1-u^2=u^2 \quad \therefore \quad u=-\frac{1}{\sqrt{2}}$$

$-\dfrac{\pi}{2}<\theta<\dfrac{\pi}{2}$ より $\theta=-\dfrac{\pi}{4}$

71

(1) $f(x)=x(x-1)^3$

$\quad f'(x)=(x-1)^3+x\cdot 3(x-1)^2$

$\qquad =(x-1)^2(4x-1)$

よって，増減は右表のようになる．

ゆえに，　**極小値** $-\dfrac{27}{256}$ $\left(x=\dfrac{1}{4}\ \text{のとき}\right)$

x	$\cdots$	$\dfrac{1}{4}$	$\cdots$	1	$\cdots$
$f'(x)$	$-$	0	$+$	0	$+$
$f(x)$	$\searrow$	$-\dfrac{27}{256}$	$\nearrow$	0	$\nearrow$

(2) $f''(x)=2(x-1)(4x-1)+(x-1)^2\cdot 4$

$\qquad =6(x-1)(2x-1)$

よって，凹凸は右表のようになり，

変曲点は $\left(\dfrac{1}{2},\ -\dfrac{1}{16}\right)$ **と** $(1,\ 0)$

x	$\cdots$	$\dfrac{1}{2}$	$\cdots$	1	$\cdots$
$f''(x)$	$+$	0	$-$	0	$+$
$f(x)$	$\cup$	$-\dfrac{1}{16}$	$\cap$	0	$\cup$

72

(1) $\cos\theta=\dfrac{1}{2}$ $(-\pi\leqq\theta\leqq\pi)$ より $\theta=\pm\dfrac{\pi}{3}$

(2) $g(x)=x-\sin 2x$ $\left(-\dfrac{\pi}{2}\leqq x\leqq\dfrac{\pi}{2}\right)$ とおくと，

$\quad f(x)=a\cdot g(x)$

$\quad g'(x)=1-2\cos 2x=0$ $\left(-\dfrac{\pi}{2}\leqq x\leqq\dfrac{\pi}{2}\right)$ より $x=\pm\dfrac{\pi}{6}$

よって，増減は表のようになる．

x	$-\dfrac{\pi}{2}$	$\cdots$	$-\dfrac{\pi}{6}$	$\cdots$	$\dfrac{\pi}{6}$	$\cdots$	$\dfrac{\pi}{2}$
$g'(x)$		$+$	0	$-$	0	$+$	
$g(x)$	$-\dfrac{\pi}{2}$	$\nearrow$	$-\dfrac{\pi}{6}+\dfrac{\sqrt{3}}{2}$	$\searrow$	$\dfrac{\pi}{6}-\dfrac{\sqrt{3}}{2}$	$\nearrow$	$\dfrac{\pi}{2}$

また，$g(-x)=-g(x)$ であり，

$-\dfrac{\pi}{6}+\dfrac{\sqrt{3}}{2}=\dfrac{3\sqrt{3}-\pi}{6}<\dfrac{4\pi-\pi}{6}=\dfrac{\pi}{2}$ だから

$a>0$ より，$f(x)$ の最大値は

$$f\left(\dfrac{\pi}{2}\right)=\dfrac{\pi a}{2} \quad \therefore \quad \dfrac{\pi a}{2}=\pi \quad \therefore \quad a=2$$

(3) $g(-x)=-g(x)$ だから，$a<0$ より

最大値は $f\left(-\dfrac{\pi}{2}\right)=-\dfrac{\pi a}{2}$

$\therefore\ -\dfrac{\pi a}{2}=\pi \quad \therefore\ a=-2$

73

$f(x)=x\log x-2x$
$f'(x)=\log x+1-2$
$\quad\ =\log x-1$
$f'(x)=0$ より $x=e$

よって，増減は表のようになり，**最小値は，$-e$**

x	0	$\cdots$	e	$\cdots$
$f'(x)$	/	$-$	0	$+$
$f(x)$	/	↘	$-e$	↗

74

$f(x)=e^x-ax,\ f'(x)=e^x-a$
$a>0$ だから，$f'(x)=0$ より
$\qquad\qquad\qquad e^x=a$
$\qquad\qquad\quad \therefore\ x=\log a$

右の増減表より

最小値は $a(1-\log a)$

x	$\cdots$	$\log a$	$\cdots$
$f'(x)$	$-$	0	$+$
$f(x)$	↘	$a(1-\log a)$	↗

75

$f(x)=e^{-2x}$
$f'(x)=-2e^{-2x}$

(1) $l:y-e^{-2\alpha}=-2e^{-2\alpha}(x-\alpha)$
$\iff \boldsymbol{y=-2e^{-2\alpha}x+(2\alpha+1)e^{-2\alpha}}$

(2) $S(\alpha)=\dfrac{1}{2}\left(\alpha+\dfrac{1}{2}\right)(2\alpha+1)e^{-2\alpha}$
$\quad\quad\ =\left(\alpha+\dfrac{1}{2}\right)^2 e^{-2\alpha}$

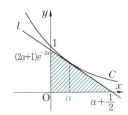

(3) $S'(\alpha)=2\left(\alpha+\dfrac{1}{2}\right)e^{-2\alpha}-2\left(\alpha+\dfrac{1}{2}\right)^2 e^{-2\alpha}$
$\qquad\ =2\left(\alpha+\dfrac{1}{2}\right)e^{-2\alpha}\left(1-\alpha-\dfrac{1}{2}\right)=2\left(\alpha+\dfrac{1}{2}\right)e^{-2\alpha}\left(\dfrac{1}{2}-\alpha\right)$

$S'(\alpha)=0\ (\alpha>0)$ より $\alpha=\dfrac{1}{2}$

この α の前後で，$S'(\alpha)$ の符号は，$+$ から $-$ に変化するので，$\boldsymbol{\alpha=\dfrac{1}{2}}$ で，極大かつ最大．

よって，**最大値は，$S\left(\dfrac{1}{2}\right)=\dfrac{1}{e}$**

76

(1) $t^2 = 1 - 2\sin x \cos x$ だから

$\sin x \cos x = \dfrac{1}{2}(1-t^2)$

∴ $f(x) = t \times \dfrac{2}{5-t^2} = \dfrac{2t}{5-t^2}$ $(= g(t)$ とおく$)$

(2) $t = \sqrt{2}\sin\left(x - \dfrac{\pi}{4}\right)$ より $-\sqrt{2} \leq t \leq \sqrt{2}$

$$g'(t) = \dfrac{2(5-t^2) - 2t(-2t)}{(5-t^2)^2} = \dfrac{2(5+t^2)}{(5-t^2)^2} > 0$$

よって，$g(t)$ は単調増加．

ゆえに，最大値は $g(\sqrt{2}) = \dfrac{2\sqrt{2}}{3}$，最小値は $g(-\sqrt{2}) = -\dfrac{2\sqrt{2}}{3}$

77

$y = x - 1 + \dfrac{1}{x+3}$ より，

漸近線は，$x = -3$，$y = x - 1$

また，$y' = 1 - \dfrac{1}{(x+3)^2}$ だから，

$y' = 0$ より

$(x+3)^2 = 1 \iff x+3 = \pm 1 \iff x = -4, -2$

よって，増減は表のようになる．

x	$\cdots$	-4	$\cdots$	-3	$\cdots$	-2	$\cdots$
y'	$+$	0	$-$	/	$-$	0	$+$
y	↗	-6	↘	/	↘	-2	↗

極大値 -6 ($x = -4$ のとき)
極小値 -2 ($x = -2$ のとき)
グラフは右図．

78

$y = e^x x^{-2}$ より

$$y' = e^x(x^{-2} - 2x^{-3}) = \dfrac{e^x(x-2)}{x^3}$$

ゆえに，$y' = 0$ より $x = 2$
よって，増減は表のようになる．

x	$\cdots$	0	$\cdots$	2	$\cdots$
y'	$+$	/	$-$	0	$+$
y	↗	/	↘	$\dfrac{e^2}{4}$	↗

ゆえに，**極小値** $\dfrac{e^2}{4}$ ($x=2$ のとき)

ここで，$\displaystyle\lim_{x \to +0}\dfrac{e^x}{x^2}=\lim_{x \to -0}\dfrac{e^x}{x^2}=+\infty$

また，$\displaystyle\lim_{x \to +\infty}\dfrac{x^2}{e^x}=0$ より $\displaystyle\lim_{x \to +\infty}\dfrac{e^x}{x^2}=+\infty$

次に，$\displaystyle\lim_{x \to -\infty}\dfrac{e^x}{x^2}=\lim_{t \to +\infty}\dfrac{e^{-t}}{(-t)^2}=\lim_{t \to \infty}\dfrac{1}{t^2 e^t}=0$
$\qquad\qquad\qquad\qquad$ ($x=-t$ とおいた)

以上のことより，グラフは右図．

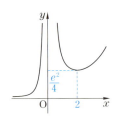

79

$y=x\log x$ より $y'=\log x+1$

$y'=0$ より $\log x=-1$ ∴ $x=\dfrac{1}{e}$

よって，増減は表のようになる．

ゆえに，

$\qquad\qquad$ **極小値** $-\dfrac{1}{e}$ $\left(x=\dfrac{1}{e}\ \text{のとき}\right)$

また，$y''=\dfrac{1}{x}>0$ より，**下に凸**で，**変曲点はなし**．

次に，$\displaystyle\lim_{t \to \infty}\dfrac{\log t}{t}=0$ で $t=\dfrac{1}{x}$ とおくと

$\qquad\qquad\displaystyle\lim_{t \to \infty}\dfrac{\log t}{t}=\lim_{x \to +0}x\log\dfrac{1}{x}$
$\qquad\qquad\qquad\qquad=-\lim_{x \to +0}x\log x=0$

$\qquad$ ∴ $\displaystyle\lim_{x \to +0}x\log x=0$

よって，グラフは右図．

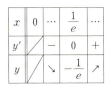

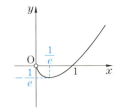

80

$x=0$ は，$2x^3-3ax^2+8=0$ の解ではないので
$x\neq 0$ として考えると，$\dfrac{2x^3+8}{3x^2}=a$

ここで，$f(x)=\dfrac{2x^3+8}{3x^2}$ $(0<x\leq 3)$ とおくと

$\qquad\qquad f(x)=\dfrac{2}{3}x+\dfrac{8}{3x^2}$

ゆえに，漸近線は，$y=\dfrac{2}{3}x$ と $x=0$

$f'(x)=\dfrac{2}{3}-\dfrac{16}{3x^3}=0$ より $x=2$

よって，増減は表のようになり，

x	0	$\cdots$	2	$\cdots$	3
$f'(x)$		$-$	0	$+$	
$f(x)$		↘	2	↗	$\dfrac{62}{27}$

グラフは右図．
このグラフと直線 $y=a$ が共有点をもつので，$a \geqq 2$

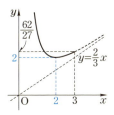

81

(1) $f(x)=\sqrt{x}-\log x$ $(x>0)$ とおくと
$$f'(x)=\frac{1}{2\sqrt{x}}-\frac{1}{x}=\frac{\sqrt{x}-2}{2x}$$
$f'(x)=0$ より，$x=4$ だから，増減は表のようになる．

x	0	$\cdots$	4	$\cdots$
$f'(x)$		$-$	0	$+$
$f(x)$		$\searrow$	$2-2\log 2$	$\nearrow$

ここで，$2-2\log 2=2(1-\log 2)$ において
$\log 2<\log e=1$ より，$1-\log 2>0$ だから $2-2\log 2>0$
よって，$f(x)>0$，すなわち，$\sqrt{x}>\log x$

(2) $x\to\infty$ だから，$x>1$ として考えてよい．
このとき，(1)より，$\sqrt{x}>\log x$ だから，$0<\dfrac{\log x}{x}<\dfrac{1}{\sqrt{x}}$
$\displaystyle\lim_{x\to\infty}\dfrac{1}{\sqrt{x}}=0$ だから，はさみうちの原理より
$$\lim_{x\to\infty}\frac{\log x}{x}=0$$

82

$\dfrac{dx}{dt}=2\sqrt{3}\,t$，$\dfrac{dy}{dt}=3t^2-1$

$\dfrac{dy}{dx}=0$ だから，$\dfrac{dy}{dt}=0$，$\dfrac{dx}{dt}\neq 0$ $\quad\therefore\quad t=\pm\dfrac{1}{\sqrt{3}}$

よって，$\mathrm{P}\left(\dfrac{\sqrt{3}}{3}-1,\ \pm\dfrac{2\sqrt{3}}{9}\right)$

262 演習問題の解答 (⑧～⑨)

83

(1) $\displaystyle\int_0^1 (x^{\frac{1}{3}}-x^{\frac{4}{3}})dx=\left[\frac{3}{4}x^{\frac{4}{3}}-\frac{3}{7}x^{\frac{7}{3}}\right]_0^1=\frac{3}{4}-\frac{3}{7}=\frac{9}{28}$

(2) $\displaystyle\int_{\frac{\pi}{3}}^{\frac{4\pi}{3}}(\cos x-\sin x)dx=\left[\sin x+\cos x\right]_{\frac{\pi}{3}}^{\frac{4\pi}{3}}$

$\displaystyle=\left(-\frac{\sqrt{3}}{2}-\frac{1}{2}\right)-\left(\frac{\sqrt{3}}{2}+\frac{1}{2}\right)=-\sqrt{3}-1$

(3) $\displaystyle 3\int_1^2 3^x dx=3\left[\frac{3^x}{\log 3}\right]_1^2=\frac{3(9-3)}{\log 3}=\frac{18}{\log 3}$

(4) $\displaystyle\frac{1}{e}\int_0^1 e^x dx=\frac{1}{e}\left[e^x\right]_0^1=\frac{e-1}{e}$

84

$\displaystyle\int\frac{\cos x}{\sin x}dx$ で, $\sin x=t$ とおくと

$\displaystyle\frac{dt}{dx}=\cos x$ だから, $dt=\cos x\,dx$

$\qquad\qquad\therefore$ 与式$\displaystyle=\int\frac{dt}{t}=\log|t|+C=\boldsymbol{\log|\sin x|+C}$ (C は積分定数)

85

$\displaystyle\int\log(x+1)dx=\int(x+1)'\log(x+1)dx$

$\displaystyle=(x+1)\log(x+1)-\int dx$

$=\boldsymbol{(x+1)\log(x+1)-x+C}$ (Cは積分定数)

86

(1) $\displaystyle\int_1^2(2x-1)^4 dx=\left[\frac{1}{2}\cdot\frac{1}{5}(2x-1)^5\right]_1^2=\frac{1}{10}(3^5-1^5)=\frac{121}{5}$

(2) $\displaystyle\int_0^4(2x+1)^{\frac{1}{2}}dx=\left[\frac{1}{2}\cdot\frac{2}{3}(2x+1)^{\frac{3}{2}}\right]_0^4=\frac{1}{3}(9^{\frac{3}{2}}-1^{\frac{3}{2}})=\frac{26}{3}$

(3) $\displaystyle\int_e^{2e}\frac{dx}{3x-1}=\left[\frac{1}{3}\log(3x-1)\right]_e^{2e}$

$\displaystyle=\frac{1}{3}\{\log(6e-1)-\log(3e-1)\}=\frac{1}{3}\log\frac{6e-1}{3e-1}$

87

(1) $\displaystyle\int_{-1}^1 x^2(x^4+2x^2+1)dx$

$\displaystyle=2\int_0^1(x^6+2x^4+x^2)dx=2\left(\frac{1}{7}+\frac{2}{5}+\frac{1}{3}\right)=\frac{184}{105}$

263

(2) $\sqrt{2x+1}=t$ とおくと，$x=\dfrac{1}{2}(t^2-1)$

$x:1\to2$ のとき，$t:\sqrt{3}\to\sqrt{5}$

また，$\dfrac{dt}{dx}=\dfrac{2}{2\sqrt{2x+1}}=\dfrac{1}{t}$ より $dx=t\,dt$

$\therefore$ 与式$=\displaystyle\int_{\sqrt{3}}^{\sqrt{5}}\dfrac{t^2+1}{2t}\cdot t\,dt=\dfrac{1}{2}\int_{\sqrt{3}}^{\sqrt{5}}(t^2+1)\,dt$

$\qquad=\dfrac{1}{2}\Big[\dfrac{1}{3}t^3+t\Big]_{\sqrt{3}}^{\sqrt{5}}=\dfrac{1}{2}\Big(\dfrac{8\sqrt{5}}{3}-2\sqrt{3}\Big)=\dfrac{4\sqrt{5}}{3}-\sqrt{3}$

88

(1) $\dfrac{1}{2}\displaystyle\int_0^{\pi}(\sin4x+\sin2x)\,dx=-\dfrac{1}{2}\Big[\dfrac{1}{4}\cos4x+\dfrac{1}{2}\cos2x\Big]_0^{\pi}$

$=-\dfrac{1}{2}\Big\{\Big(\dfrac{1}{4}+\dfrac{1}{2}\Big)-\Big(\dfrac{1}{4}+\dfrac{1}{2}\Big)\Big\}=\mathbf{0}$

(2) $\dfrac{1}{4}\displaystyle\int_0^{\frac{\pi}{2}}(\cos3x+3\cos x)\,dx=\dfrac{1}{4}\Big[\dfrac{1}{3}\sin3x+3\sin x\Big]_0^{\frac{\pi}{2}}$

$=\dfrac{1}{4}\Big(-\dfrac{1}{3}+3\Big)=\dfrac{\mathbf{2}}{\mathbf{3}}$

89

$\dfrac{ax+b}{x^2-2x+3}+\dfrac{c}{x-1}=\dfrac{(ax+b)(x-1)+c(x^2-2x+3)}{(x^2-2x+3)(x-1)}$

$\qquad\qquad\qquad\qquad=\dfrac{(a+c)x^2+(b-a-2c)x+3c-b}{(x^2-2x+3)(x-1)}$

分子が，x^2-2x-1 と一致するとき，

$\begin{cases}a+c=1\\ b-a-2c=-2\\ 3c-b=-1\end{cases}\quad\therefore\quad\begin{cases}a=2\\ b=-2\\ c=-1\end{cases}$

$\therefore\quad\displaystyle\int_2^3\Big(\dfrac{2x-2}{x^2-2x+3}-\dfrac{1}{x-1}\Big)dx$

$=\displaystyle\int_2^3\Big\{\dfrac{(x^2-2x+3)'}{x^2-2x+3}-\dfrac{1}{x-1}\Big\}dx$

$=\Big[\log(x^2-2x+3)-\log(x-1)\Big]_2^3=\Big[\log\dfrac{x^2-2x+3}{x-1}\Big]_2^3$

$=\log3-\log3=\mathbf{0}$

90

(1) $x=a\tan\theta$ とおくと

$x:0\to a$ のとき，$\theta:0\to\dfrac{\pi}{4}$

また，$x^2+a^2=a^2(1+\tan^2\theta)=\dfrac{a^2}{\cos^2\theta}$

次に，$\dfrac{dx}{d\theta}=\dfrac{a}{\cos^2\theta}$ より $dx=\dfrac{a}{\cos^2\theta}d\theta$

∴ 与式$=\displaystyle\int_0^{\frac{\pi}{4}}\dfrac{\cos^2\theta}{a^2}\cdot\dfrac{a}{\cos^2\theta}d\theta=\dfrac{1}{a}\int_0^{\frac{\pi}{4}}d\theta=\boldsymbol{\dfrac{\pi}{4a}}$

(2) $x=\sin\theta$ とおくと

$x:\dfrac{1}{2}\to 1$ のとき，$\theta:\dfrac{\pi}{6}\to\dfrac{\pi}{2}$

また，$\sqrt{1-\sin^2\theta}=\sqrt{\cos^2\theta}=|\cos\theta|=\cos\theta$

次に，$\dfrac{dx}{d\theta}=\cos\theta$ より $dx=\cos\theta\cdot d\theta$

∴ 与式$=\displaystyle\int_{\frac{\pi}{6}}^{\frac{\pi}{2}}\cos\theta\cdot\cos\theta\,d\theta=\dfrac{1}{2}\int_{\frac{\pi}{6}}^{\frac{\pi}{2}}(1+\cos 2\theta)\,d\theta$

$=\dfrac{1}{2}\left[\theta+\dfrac{1}{2}\sin 2\theta\right]_{\frac{\pi}{6}}^{\frac{\pi}{2}}=\dfrac{1}{2}\left\{\dfrac{\pi}{2}-\left(\dfrac{\pi}{6}+\dfrac{\sqrt{3}}{4}\right)\right\}=\boldsymbol{\dfrac{\pi}{6}-\dfrac{\sqrt{3}}{8}}$

(別解) $\displaystyle\int_{\frac{1}{2}}^{1}\sqrt{1-x^2}\,dx$ は右図の斜線部分の面積を表すので，

$\dfrac{1}{2}\cdot 1^2\cdot\dfrac{\pi}{3}-\dfrac{1}{2}\cdot\dfrac{1}{2}\cdot\dfrac{\sqrt{3}}{2}$

$=\dfrac{\pi}{6}-\dfrac{\sqrt{3}}{8}$

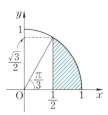

91

$\displaystyle\int_0^{\frac{\pi}{3}}\sin^2 x\cdot\dfrac{\sin x}{\cos x}dx=\int_0^{\frac{\pi}{3}}\dfrac{1-\cos^2 x}{\cos x}\cdot\sin x\,dx$

$\cos x=t$ とおくと，$x:0\to\dfrac{\pi}{3}$ のとき，$t:1\to\dfrac{1}{2}$

また，$\dfrac{dt}{dx}=-\sin x$ より $-dt=\sin x\,dx$

∴ 与式$=-\displaystyle\int_1^{\frac{1}{2}}\dfrac{1-t^2}{t}dt=\int_{\frac{1}{2}}^{1}\left(\dfrac{1}{t}-t\right)dt=\left[\log t-\dfrac{1}{2}t^2\right]_{\frac{1}{2}}^{1}$

$=-\dfrac{1}{2}-\left(\log\dfrac{1}{2}-\dfrac{1}{8}\right)=\boldsymbol{\log 2-\dfrac{3}{8}}$

92

$\displaystyle\int_0^1\dfrac{dx}{1+e^x}=\int_0^1\dfrac{e^{-x}}{e^{-x}+1}dx=-\int_0^1\dfrac{(e^{-x}+1)'}{e^{-x}+1}dx$

$=-\left[\log(e^{-x}+1)\right]_0^1=\log 2-\log(1+e^{-1})$

$=\log\dfrac{2}{1+e^{-1}}=\boldsymbol{\log\dfrac{2e}{e+1}}$

265

（**別解**） $1+e^x=t$ とおくと，$x:0\to1$ のとき，$t:2\to1+e$

また，$\dfrac{dt}{dx}=e^x=t-1$ より $dx=\dfrac{1}{t-1}dt$

$\therefore \displaystyle\int_0^1\dfrac{dx}{1+e^x}=\int_2^{1+e}\dfrac{1}{t}\cdot\dfrac{1}{t-1}dt=\int_2^{1+e}\left(\dfrac{1}{t-1}-\dfrac{1}{t}\right)dt$

$\qquad=\Big[\log|t-1|-\log|t|\Big]_2^{1+e}=\left[\log\left|\dfrac{t-1}{t}\right|\right]_2^{1+e}$

$\qquad=\log\dfrac{e}{1+e}-\log\dfrac{1}{2}=\log\dfrac{2e}{1+e}$

93

$1+x^2=t$ とおくと，$x:0\to1$ のとき，$t:1\to2$

また，$\dfrac{dt}{dx}=2x$ より $\dfrac{1}{2}dt=x\,dx$

$\therefore$ 与式$=\displaystyle\int_1^2\dfrac{\log t}{t}\cdot\dfrac{1}{2}dt=\dfrac{1}{2}\int_1^2(\log t)'\log t\,dt$

$\qquad=\left[\dfrac{1}{4}(\log t)^2\right]_1^2=\dfrac{1}{4}(\log 2)^2$

94

$x=2\sin\theta$ とおくと，$x:0\to2$ のとき，$\theta:0\to\dfrac{\pi}{2}$

また，$\sqrt{4-x^2}=2\sqrt{1-\sin^2\theta}=2\sqrt{\cos^2\theta}=2|\cos\theta|=2\cos\theta$

次に，$\dfrac{dx}{d\theta}=2\cos\theta$ $\therefore$ $dx=2\cos\theta\,d\theta$

よって，$\displaystyle\int_0^2 x\sqrt{4-x^2}\,dx=\int_0^{\frac{\pi}{2}}2\sin\theta\cdot2\cos\theta\cdot2\cos\theta\,d\theta$

$\qquad=8\displaystyle\int_0^{\frac{\pi}{2}}\cos^2\theta\sin\theta\,d\theta=-8\int_0^{\frac{\pi}{2}}\cos^2\theta(\cos\theta)'\,d\theta$

$\qquad=-\dfrac{8}{3}\left[\cos^3\theta\right]_0^{\frac{\pi}{2}}=\dfrac{8}{3}$

95

$\begin{cases}(e^{-x}\sin x)'=-e^{-x}\sin x+e^{-x}\cos x &\cdots\cdots① \\ (e^{-x}\cos x)'=-e^{-x}\cos x-e^{-x}\sin x &\cdots\cdots②\end{cases}$

①$+$②より $-2e^{-x}\sin x=(e^{-x}\sin x)'+(e^{-x}\cos x)'$

$\therefore \displaystyle\int_0^{\frac{\pi}{4}}e^{-x}\sin x\,dx=-\dfrac{1}{2}\left[e^{-x}(\sin x+\cos x)\right]_0^{\frac{\pi}{4}}$

$\qquad=\dfrac{1}{2}(1-\sqrt{2}\,e^{-\frac{\pi}{4}})$

96

(1) $f(a)=\int_1^a (x^2-2x)(-e^{-x})'dx$

$=\left[-(x^2-2x)e^{-x}\right]_1^a + 2\int_1^a (x-1)e^{-x}dx$

$=-(a^2-2a)e^{-a} - e^{-1} + 2\int_1^a (x-1)(-e^{-x})'dx$

$=-(a^2-2a)e^{-a} - e^{-1} - 2\left[(x-1)e^{-x}\right]_1^a + 2\int_1^a e^{-x}dx$

$=-(a^2-2a)e^{-a} - e^{-1} - 2(a-1)e^{-a} - 2\left[e^{-x}\right]_1^a$

$=-a^2 e^{-a} + e^{-1}$

(**別解**) (📖 Ⅰの公式を使えば，次のようになります．)
$$\int_1^a (x^2-2x)e^{-x}dx = -\left[\{(x^2-2x)+(2x-2)+2\}e^{-x}\right]_1^a$$
$$= -\left[x^2 e^{-x}\right]_1^a$$
$$= -a^2 e^{-a} + e^{-1}$$

(2) $f'(a)=(a^2-2a)e^{-a}$ ($a>1$) だから，
$f'(a)=0$ のとき $e^{-a}>0$ より $a=2$
右のグラフより，$a=2$ の前後で，
$f'(a)$ の符号は － から ＋ に変わるので，
$a=2$ で，極小かつ最小となり
最小値は，$-4e^{-2}+e^{-1}$

97

$\int_1^2 x^{-2}(\log x)^2 dx = \int_1^2 (-x^{-1})'(\log x)^2 dx$

$= -\left[\dfrac{(\log x)^2}{x}\right]_1^2 + \int_1^2 x^{-1}\cdot 2\log x \cdot \dfrac{1}{x}dx$

$= -\dfrac{(\log 2)^2}{2} + 2\int_1^2 x^{-2}\log x\, dx$

$= -\dfrac{(\log 2)^2}{2} + 2\int_1^2 (-x^{-1})'\log x\, dx$

$= -\dfrac{(\log 2)^2}{2} - 2\left[\dfrac{\log x}{x}\right]_1^2 + 2\int_1^2 x^{-2}dx$

$= -\dfrac{(\log 2)^2}{2} - \dfrac{2\log 2}{2} - 2\left[\dfrac{1}{x}\right]_1^2$

$= \dfrac{-(\log 2)^2 - 2\log 2 + 2}{2}$

98

$$I_n=\int_0^{\frac{\pi}{2}}\cos^{n-1}x\cdot\cos x\,dx=\int_0^{\frac{\pi}{2}}\cos^{n-1}x\cdot(\sin x)'\,dx$$

$$=\Big[\cos^{n-1}x\sin x\Big]_0^{\frac{\pi}{2}}-(n-1)\int_0^{\frac{\pi}{2}}\cos^{n-2}x\cdot(-\sin x)\sin x\,dx$$

$$=(n-1)\int_0^{\frac{\pi}{2}}\cos^{n-2}x\cdot(1-\cos^2 x)\,dx=(n-1)I_{n-2}-(n-1)I_n$$

$$\therefore\quad nI_n=(n-1)I_{n-2}$$

よって，$I_n=\dfrac{n-1}{n}I_{n-2}\quad(n\geqq3)$

99

$$I_{n+1}=\int_0^1 e^{-x}x^{n+1}\,dx=\int_0^1 x^{n+1}(-e^{-x})'\,dx$$

$$=\Big[-x^{n+1}e^{-x}\Big]_0^1+\int_0^1(n+1)x^n e^{-x}\,dx$$

$$=-\frac{1}{e}+(n+1)\int_0^1 e^{-x}x^n\,dx$$

よって，$\boldsymbol{I_{n+1}=-\dfrac{1}{e}+(n+1)I_n\quad(n=0,\ 1,\ 2,\ \cdots)}$

100

$\displaystyle\int_0^1 f(x)\,dx=a$ とおくと

$$f'(x)=xe^x-2a$$

$$\therefore\quad f(x)=\int(xe^x-2a)\,dx=(x-1)e^x-2ax+C$$

$f(0)=0$ より　　$-1+C=0\quad\therefore\quad C=1$

よって，　$\displaystyle a=\int_0^1\{(x-1)e^x-2ax+1\}\,dx$

$$=\Big[(x-2)e^x-ax^2+x\Big]_0^1=-e-a+3$$

$$\therefore\quad 2a=3-e$$

ゆえに，　$\boldsymbol{f(x)=(x-1)e^x+(e-3)x+1}$

101

$$f(x)=\int_0^x(x-t)\sin^2 t\,dt=x\int_0^x\sin^2 t\,dt-\int_0^x t\sin^2 t\,dt$$

$$\therefore\quad f'(x)=\int_0^x\sin^2 t\,dt+x\sin^2 x-x\sin^2 x=\int_0^x\sin^2 t\,dt$$

よって，$\boldsymbol{f''(x)=\sin^2 x}$

$-\dfrac{\pi}{4} \leq x \leq 0$ のとき，$\tan x \leq 0$

$0 \leq x \leq \dfrac{\pi}{3}$ のとき，$\tan x \geq 0$ だから，

$$\int_{-\frac{\pi}{4}}^{\frac{\pi}{3}} |\tan x| dx = -\int_{-\frac{\pi}{4}}^{0} \tan x \, dx + \int_{0}^{\frac{\pi}{3}} \tan x \, dx$$

ここで，

$$\int \tan x \, dx = \int \dfrac{\sin x}{\cos x} dx$$
$$= -\int \dfrac{(\cos x)'}{\cos x} dx = -\log|\cos x| + C$$

だから，与式 $= \left[\log|\cos x|\right]_{-\frac{\pi}{4}}^{0} - \left[\log|\cos x|\right]_{0}^{\frac{\pi}{3}}$

$= \left(0 - \log\dfrac{\sqrt{2}}{2}\right) - \left(\log\dfrac{1}{2} - 0\right) = \dfrac{3}{2}\log 2$

103

関数 $y = \sin t$ と直線 $y = \sin x$ のグラフは，$0 \leq t \leq \dfrac{\pi}{2}$，

$0 \leq x \leq \dfrac{\pi}{2}$ より右図のようになる．よって，

$0 \leq t \leq x$ のとき，$\sin t \leq \sin x$

$x \leq t \leq \dfrac{\pi}{2}$ のとき，$\sin t \geq \sin x$

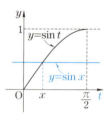

$\therefore \quad f(x) = \int_{0}^{x} (\sin x - \sin t) dt - \int_{x}^{\frac{\pi}{2}} (\sin x - \sin t) dt$

$= \left[t\sin x + \cos t\right]_{0}^{x} - \left[t\sin x + \cos t\right]_{x}^{\frac{\pi}{2}}$

$= 2(x\sin x + \cos x) - 1 - \dfrac{\pi}{2}\sin x$

$= \left(2x - \dfrac{\pi}{2}\right)\sin x + 2\cos x - 1$

104

(1) 接点を $(t, t^3 - 3t)$ とおくと，$f'(x) = 3x^2 - 3$ より
$$y - (t^3 - 3t) = (3t^2 - 3)(x - t) \quad \therefore \quad y = (3t^2 - 3)x - 2t^3$$

この直線上に $\left(0, \dfrac{1}{4}\right)$ があるので，$-2t^3 = \dfrac{1}{4}$

t は実数だから，$t = -\dfrac{1}{2}$

ゆえに，求める接線は $y = -\dfrac{9}{4}x + \dfrac{1}{4}$

(2) $x^3 - 3x = -\dfrac{9}{4}x + \dfrac{1}{4}$

$\iff 4x^3 - 3x - 1 = 0$

$\iff (2x+1)^2(x-1) = 0 \quad \therefore \quad x = -\dfrac{1}{2},\ 1$

よって，接点以外の交点の x 座標は 1 で，求める面積は図の斜線部．

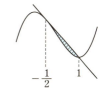

$\therefore\ S = \displaystyle\int_{-\frac{1}{2}}^{1} \left\{\left(-\dfrac{9}{4}x + \dfrac{1}{4}\right) - (x^3 - 3x)\right\} dx$

$= -\displaystyle\int_{-\frac{1}{2}}^{1} \left(x + \dfrac{1}{2}\right)^2 (x - 1)\, dx$

$= -\displaystyle\int_{-\frac{1}{2}}^{1} \left(x + \dfrac{1}{2}\right)^2 \left\{\left(x + \dfrac{1}{2}\right) - \dfrac{3}{2}\right\} dx$

$= -\displaystyle\int_{-\frac{1}{2}}^{1} \left\{\left(x + \dfrac{1}{2}\right)^3 - \dfrac{3}{2}\left(x + \dfrac{1}{2}\right)^2\right\} dx$

$= -\left[\dfrac{1}{4}\left(x + \dfrac{1}{2}\right)^4 - \dfrac{1}{2}\left(x + \dfrac{1}{2}\right)^3\right]_{-\frac{1}{2}}^{1}$

$= \dfrac{1}{2}\left(\dfrac{3}{2}\right)^3 - \dfrac{1}{4}\left(\dfrac{3}{2}\right)^4 = \dfrac{3^3}{2^6}(4 - 3) = \underline{\dfrac{27}{64}}$

105

(1) $y = x^4 - 2x^2 + a$ は y 軸対称だから，接点の x 座標は $-t,\ t\ (t > 0)$ とおける．

$\therefore\ x^4 - 2x^2 + a = (x + t)^2 (x - t)^2$

$\iff x^4 - 2x^2 + a = x^4 - 2t^2 x^2 + t^4$

これは，x についての恒等式だから

$t^2 = 1,\ a = t^4 \quad \therefore \quad a = \mathbf{1}$

(2) 曲線と直線 $y = b$ の交点のうち，第 1 象限にあるものの x 座標を $\alpha,\ \beta\ (0 < \alpha < \beta)$ とおくと，曲線が y 軸対称であることより

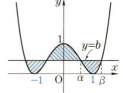

$\displaystyle\int_0^{\alpha} (x^4 - 2x^2 + 1 - b)\, dx = -\int_{\alpha}^{\beta} (x^4 - 2x^2 + 1 - b)\, dx$

$\iff \displaystyle\int_0^{\beta} (x^4 - 2x^2 + 1 - b)\, dx = 0 \iff \dfrac{1}{5}\beta^5 - \dfrac{2}{3}\beta^3 + (1 - b)\beta = 0$

$\iff 3\beta^5 - 10\beta^3 + 15(1 - b)\beta = 0$

ここで，$\beta^4 - 2\beta^2 + 1 - b = 0$ より

$3\beta^5 - 10\beta^3 + 15\beta(2\beta^2 - \beta^4) = 0 \iff 4\beta^3(5 - 3\beta^2) = 0$

$\beta \neq 0$ だから，$\beta^2 = \dfrac{5}{3}$

よって，$b = \beta^4 - 2\beta^2 + 1 = \dfrac{25}{9} - \dfrac{10}{3} + 1 = \dfrac{4}{9}$

106

(1) $a\sin x = \sin 2x \iff 2\sin x\cos x - a\sin x = 0$
$\iff \sin x(2\cos x - a) = 0$

$0 < x < \dfrac{\pi}{2}$ のとき，$\sin x > 0$ だから，$\cos x = \dfrac{a}{2}$

$0 < \cos x < 1$ より $0 < \dfrac{a}{2} < 1$ ∴ $\boldsymbol{0 < a < 2}$

(2) $\cos\theta = \dfrac{a}{2}$ $\left(0 < \theta < \dfrac{\pi}{2}\right)$ とおく．

図形 D の面積は

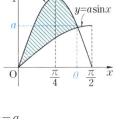

$\displaystyle\int_0^{\frac{\pi}{2}} \sin 2x\, dx = -\dfrac{1}{2}\Big[\cos 2x\Big]_0^{\frac{\pi}{2}} = 1$

∴ $\displaystyle\int_0^{\theta}(\sin 2x - a\sin x)dx = \dfrac{1}{2}$

左辺 $= \left[-\dfrac{1}{2}\cos 2x + a\cos x\right]_0^{\theta} = -\dfrac{1}{2}\cos 2\theta + a\cos\theta + \dfrac{1}{2} - a$

ここで，$\cos 2\theta = 2\cos^2\theta - 1 = \dfrac{a^2}{2} - 1$ だから，

$-\dfrac{1}{2}\left(\dfrac{a^2}{2} - 1\right) + \dfrac{a^2}{2} + \dfrac{1}{2} - a = \dfrac{1}{2} \iff \dfrac{a^2}{4} - a + \dfrac{1}{2} = 0$
$\iff a^2 - 4a + 2 = 0$

$0 < a < 2$ より $\boldsymbol{a = 2 - \sqrt{2}}$

107

(1) $y = \sin^2 x$ より $y' = 2\sin x\cos x = \sin 2x$
∴ $\sin 2x = 1$ $(0 \leqq 2x \leqq 2\pi)$

よって，$2x = \dfrac{\pi}{2}$ ∴ $x = \dfrac{\pi}{4}$

ゆえに，接点は $\left(\dfrac{\pi}{4}, \dfrac{1}{2}\right)$ となり，接線は

$y - \dfrac{1}{2} = 1\cdot\left(x - \dfrac{\pi}{4}\right)$ ∴ $\boldsymbol{y = x + \dfrac{1}{2} - \dfrac{\pi}{4}}$

(2) $y = \sin^2 x = \dfrac{1}{2}(1 - \cos 2x)$ だから，

求める面積は図の斜線部．

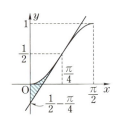

∴ $S = \displaystyle\int_0^{\frac{\pi}{4}}\left(\sin^2 x - x - \dfrac{1}{2} + \dfrac{\pi}{4}\right)dx$

$= \displaystyle\int_0^{\frac{\pi}{4}}\left(-\dfrac{1}{2}\cos 2x - x + \dfrac{\pi}{4}\right)dx$

$$= \left[-\frac{1}{4}\sin 2x - \frac{1}{2}x^2 + \frac{\pi}{4}x\right]_0^{\frac{\pi}{4}}$$
$$= -\frac{1}{4} - \frac{\pi^2}{32} + \frac{\pi^2}{16} = \frac{\pi^2}{32} - \frac{1}{4}$$

108

(1) $f(x) = e^x + e^{1-x}$ より $f'(x) = e^x - e^{1-x}$
$f'(x) = 0$ より $e^x - e^{1-x} = 0 \iff (e^x)^2 = e$
ゆえに, $x = \dfrac{1}{2}$ となり, 増減は右表.

次に, $f''(x) = e^x + e^{1-x} > 0$ より, グラフは下に凸.
また, $\displaystyle\lim_{x \to \pm\infty} f(x) = \infty$ より, 概形は右図.

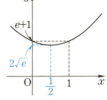

(2) 2つのグラフが y 軸上で交わるとき,
$g(0) = e+1$
∴ $-2 + k = e+1 \iff k = e+3$

(3) $f(x) = g(x)$
$\iff e^x + e^{1-x} = -(e^x + e^{-x}) + e + 3$
$\iff (e^x)^2 + e = -(e^x)^2 - 1 + (e+3)e^x$
$\iff 2(e^x)^2 - (e+3)e^x + e + 1 = 0$
$\iff (e^x - 1)\{2e^x - (e+1)\} = 0$

∴ $x = 0$, $\log\dfrac{e+1}{2}$ ($=\alpha$ とおく)

右図より

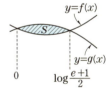

$S = \displaystyle\int_0^\alpha \{-(e^x + e^{-x}) + e + 3 - e^x - e^{1-x}\}dx$
$= -\displaystyle\int_0^\alpha \{2e^x + e^{-x} + e^{1-x} - (e+3)\}dx$
$= -\left[2e^x - e^{-x} - e^{1-x} - (e+3)x\right]_0^\alpha$
$= 1 - e - \{2e^\alpha - e^{-\alpha} - e^{1-\alpha} - (e+3)\alpha\}$

ここで, $e^\alpha = \dfrac{e+1}{2}$, $e^{-\alpha} = \dfrac{2}{e+1}$, $e^{1-\alpha} = \dfrac{2e}{e+1}$ だから,

$S = 1 - e - \left\{e+1 - \dfrac{2}{e+1} - \dfrac{2e}{e+1} - (e+3)\log\dfrac{e+1}{2}\right\}$
$= -2e + 2 + (e+3)\log\dfrac{e+1}{2}$

109

$f(x) = \dfrac{\log x^2}{x} = \dfrac{2\log x}{x}$

(1) $f'(x) = 2 \cdot \dfrac{1 - \log x}{x^2} = 0$ より

$1-\log x=0$　∴　$x=e$

増減表より，最大値は　$\dfrac{2}{e}$

x	0	$\cdots$	e	$\cdots$
$f'(x)$		$+$	0	$-$
$f(x)$		↗	$\dfrac{2}{e}$	↘

(2)　$f''(x)=2\cdot\dfrac{2\log x-3}{x^3}=0$　より　$\log x=\dfrac{3}{2}$

ゆえに，$x=e^{\frac{3}{2}}$ より　$P(e^{\frac{3}{2}},\ 3e^{-\frac{3}{2}})$

$f'(e^{\frac{3}{2}})=-e^{-3}$　より，P における接線は

$y-3e^{-\frac{3}{2}}=-e^{-3}(x-e^{\frac{3}{2}})\ \Longleftrightarrow\ y=-e^{-3}x+4e^{-\frac{3}{2}}$

$Q(q,\ 0)$ を通るので，

$0=-e^{-3}q+4e^{-\frac{3}{2}}$　∴　$q=4e^{\frac{3}{2}}$

(3)　$e^{\frac{3}{2}}=\alpha$ とおくと

$S=\displaystyle\int_{\alpha}^{4\alpha}\dfrac{2\log x}{x}dx-\dfrac{1}{2}\cdot 3\alpha\cdot\dfrac{3}{\alpha}$

　　$=2\displaystyle\int_{\alpha}^{4\alpha}(\log x)'\log x\,dx-\dfrac{9}{2}$

　　$=\Big[(\log x)^2\Big]_{\alpha}^{4\alpha}-\dfrac{9}{2}=(\log 4\alpha)^2-(\log\alpha)^2-\dfrac{9}{2}$

　　$=(\log 4+\log\alpha)^2-(\log\alpha)^2-\dfrac{9}{2}$

　　$=(\log 4)^2+2\log 4\cdot\log\alpha-\dfrac{9}{2}$

　　$=\mathbf{4(\log 2)^2+6\log 2-\dfrac{9}{2}}$

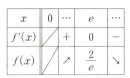
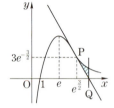

110

(1)　P の x 座標を t とすると，

$\begin{cases} 2\cos t=k-\sin 2t & \cdots\cdots① \\ -2\sin t=-2\cos 2t & \cdots\cdots② \end{cases}$

② より　$2\sin^2 t+\sin t-1=0$

$\Longleftrightarrow\ (\sin t+1)(2\sin t-1)=0$

$0\leqq t\leqq\dfrac{\pi}{2}$ より　$0\leqq\sin t\leqq 1$　よって

$\sin t+1\neq 0$　∴　$\sin t=\dfrac{1}{2}$，すなわち，$t=\dfrac{\pi}{6}$

よって，P の x 座標は，$\dfrac{\pi}{6}$

① より　$k=2\cos\dfrac{\pi}{6}+\sin\dfrac{\pi}{3}=\sqrt{3}+\dfrac{\sqrt{3}}{2}=\dfrac{3\sqrt{3}}{2}$

(2)　$S=\displaystyle\int_0^{\frac{\pi}{6}}\Big(\dfrac{3\sqrt{3}}{2}-\sin 2x-2\cos x\Big)dx$

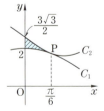

$$=\left[\frac{3\sqrt{3}}{2}x+\frac{1}{2}\cos 2x-2\sin x\right]_0^{\frac{\pi}{6}}$$
$$=\frac{\sqrt{3}}{4}\pi+\frac{1}{2}\cdot\frac{1}{2}-2\cdot\frac{1}{2}-\frac{1}{2}=\frac{\sqrt{3}\pi-5}{4}$$

111

$\dfrac{dx}{dt}=1-\cos t,\ \dfrac{dy}{dt}=\sin t$

$\therefore\ \dfrac{dy}{dx}=\dfrac{\sin t}{1-\cos t}\quad(0<t<2\pi)$

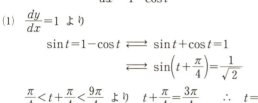

(1) $\dfrac{dy}{dx}=1$ より

$\sin t=1-\cos t\iff \sin t+\cos t=1$
$\iff \sin\left(t+\dfrac{\pi}{4}\right)=\dfrac{1}{\sqrt{2}}$

$\dfrac{\pi}{4}<t+\dfrac{\pi}{4}<\dfrac{9\pi}{4}$ より $t+\dfrac{\pi}{4}=\dfrac{3\pi}{4}$ $\therefore\ t=\dfrac{\pi}{2}$

よって,P の x 座標は,$\dfrac{\pi}{2}-1$

$\dfrac{dy}{dx}=-1$ より $\sin t=\cos t-1$ $\therefore\ \sin\left(t-\dfrac{\pi}{4}\right)=-\dfrac{1}{\sqrt{2}}$

$-\dfrac{\pi}{4}<t-\dfrac{\pi}{4}<\dfrac{7\pi}{4}$ より $t-\dfrac{\pi}{4}=\dfrac{5\pi}{4}$ $\therefore\ t=\dfrac{3\pi}{2}$

よって,Q の x 座標は,$\dfrac{3\pi}{2}+1$

(2) $S=\displaystyle\int_{\frac{\pi}{2}-1}^{\frac{3\pi}{2}+1}y\,dx-\left\{\left(\dfrac{3\pi}{2}+1\right)-\left(\dfrac{\pi}{2}-1\right)\right\}\cdot 1=\int_{\frac{\pi}{2}-1}^{\frac{3\pi}{2}+1}y\,dx-(\pi+2)$

ここで,$y=1-\cos t$ と置換すると(1)より

$x:\dfrac{\pi}{2}-1\to\dfrac{3\pi}{2}+1$ のとき, $t:\dfrac{\pi}{2}\to\dfrac{3\pi}{2}$

また, $\dfrac{dx}{dt}=1-\cos t$ より $dx=(1-\cos t)dt$

$\therefore\ \displaystyle\int_{\frac{\pi}{2}-1}^{\frac{3\pi}{2}+1}y\,dx=\int_{\frac{\pi}{2}}^{\frac{3\pi}{2}}(1-\cos t)^2\,dt$

$\displaystyle=\int_{\frac{\pi}{2}}^{\frac{3\pi}{2}}\left(1-2\cos t+\dfrac{1+\cos 2t}{2}\right)dt$

$\displaystyle=\int_{\frac{\pi}{2}}^{\frac{3\pi}{2}}\left(\dfrac{3}{2}-2\cos t+\dfrac{1}{2}\cos 2t\right)dt$

$=\left[\dfrac{3}{2}t-2\sin t+\dfrac{1}{4}\sin 2t\right]_{\frac{\pi}{2}}^{\frac{3\pi}{2}}=\dfrac{3\pi}{2}+4$

よって，$S=\dfrac{\pi}{2}+2$

112

(1) C_1 上の点 $P(s, e^s)$ における接線は，$y'=e^x$ より
$$y-e^s=e^s(x-s) \quad \therefore \quad y=e^s x+e^s(1-s)$$
C_2 上の点 $Q(t, e^{2t})$ における接線は，$y'=2e^{2x}$ より
$$y-e^{2t}=2e^{2t}(x-t) \quad \therefore \quad y=2e^{2t}x+e^{2t}(1-2t)$$
この2つの接線は一致するので
$$\begin{cases} e^s=2e^{2t} & \cdots\cdots ① \\ e^s(1-s)=e^{2t}(1-2t) & \cdots\cdots ② \end{cases}$$
①を②に代入して
$$2e^{2t}(1-s)=e^{2t}(1-2t), \quad 2(1-s)=1-2t$$
$$\therefore \quad 2t=2s-1$$
①に代入して，$e^s=2e^{2s-1}$
両辺の対数をとると
$$s=\log 2e^{2s-1}$$
$$\therefore \quad s=\log 2+(2s-1)$$

よって，$s=1-\log 2$, $t=\dfrac{1}{2}-\log 2$

(2) $S=\displaystyle\int_t^0 e^{2x}dx+\int_0^s e^x dx-\dfrac{1}{2}(s-t)(e^s+e^{2t})$
$=\dfrac{1}{2}\Big[e^{2x}\Big]_t^0+\Big[e^x\Big]_0^s-\dfrac{1}{4}(e^s+e^{2t})$
$=\dfrac{1}{2}(1-e^{2t})+(e^s-1)-\dfrac{1}{4}(e^s+e^{2t})$
$=\dfrac{3}{4}e^s-\dfrac{3}{4}e^{2t}-\dfrac{1}{2}$

ここで，$e^s=e^{1-\log 2}=e^1\cdot e^{\log \frac{1}{2}}=\dfrac{1}{2}e$

$e^{2t}=e^{1-2\log 2}=e^1\cdot e^{\log \frac{1}{4}}=\dfrac{1}{4}e$

よって，$S=\dfrac{3}{4}\cdot\dfrac{1}{2}e-\dfrac{3}{4}\cdot\dfrac{1}{4}e-\dfrac{1}{2}=\dfrac{3}{16}e-\dfrac{1}{2}$

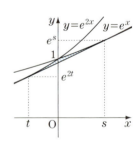

113

$\displaystyle\lim_{n\to\infty}\sum_{k=1}^n \dfrac{n+2k}{n^2+nk+k^2}=\lim_{n\to\infty}\dfrac{1}{n}\sum_{k=1}^n \dfrac{n^2+2nk}{n^2+nk+k^2}$
$=\displaystyle\lim_{n\to\infty}\dfrac{1}{n}\sum_{k=1}^n \dfrac{1+2\left(\dfrac{k}{n}\right)}{1+\dfrac{k}{n}+\left(\dfrac{k}{n}\right)^2}$

$$= \int_0^1 \frac{2x+1}{x^2+x+1}dx$$
$$= \int_0^1 \frac{(x^2+x+1)'}{x^2+x+1}dx$$
$$= \Big[\log(x^2+x+1)\Big]_0^1$$
$$= \log 3$$

114

(1) $y = e^x$ は単調増加だから，$e^0 \leqq e^x \leqq e^1$
$$\therefore \quad 1 \leqq e^x \leqq e$$

(2) (1)より，$0 \leqq x \leqq 1$ において
$$x^{2n-1} \leqq x^{2n-1}e^x \leqq e \cdot x^{2n-1}$$
$$\therefore \int_0^1 x^{2n-1}dx \leqq \int_0^1 x^{2n-1}e^x dx \leqq e\int_0^1 x^{2n-1}dx$$
$$\Longleftrightarrow \Big[\frac{x^{2n}}{2n}\Big]_0^1 \leqq a_n \leqq e\Big[\frac{x^{2n}}{2n}\Big]_0^1 \quad \therefore \quad \frac{1}{2n} \leqq a_n \leqq \frac{e}{2n} \quad (n \geqq 1)$$

115

(1) 右図より，$k \geqq 2$ のとき
$$\int_k^{k+1}\frac{1}{x}dx < \frac{1}{k} < \int_{k-1}^k \frac{1}{x}dx$$

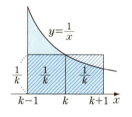

(2) (1)より
$$\int_k^{k+1}\frac{1}{x}dx < \frac{1}{k} \quad \cdots\cdots ①$$
$$\frac{1}{k} < \int_{k-1}^k \frac{1}{x}dx \quad \cdots\cdots ②$$

①より
$$\sum_{k=1}^n \int_k^{k+1}\frac{1}{x}dx < \sum_{k=1}^n \frac{1}{k} \Longleftrightarrow \int_1^{n+1}\frac{1}{x}dx < \sum_{k=1}^n \frac{1}{k}$$
$$\int_1^{n+1}\frac{1}{x}dx = \Big[\log x\Big]_1^{n+1} = \log(n+1) \text{ より}$$
$$\log(n+1) < \sum_{k=1}^n \frac{1}{k} \quad \cdots\cdots ①'$$

②より，$n \geqq 2$ のとき
$$\sum_{k=2}^n \frac{1}{k} < \sum_{k=2}^n \int_{k-1}^k \frac{1}{x}dx \Longleftrightarrow 1+\sum_{k=2}^n \frac{1}{k} < 1+\int_1^n \frac{1}{x}dx$$
$$\Longleftrightarrow \sum_{k=1}^n \frac{1}{k} < 1+\Big[\log x\Big]_1^n \Longleftrightarrow \sum_{k=1}^n \frac{1}{k} < \log n + 1 \quad \cdots\cdots ②'$$

①'，②'より，$\log(n+1) < \sum_{k=1}^n \frac{1}{k} < \log n + 1$

116

(1) $V = \pi \int_0^a y^2 dx = b^2\pi \int_0^a \left(1 - \sqrt{\frac{x}{a}}\right)^4 dx$

$= b^2\pi \int_0^a \left(1 - \frac{4}{\sqrt{a}}\sqrt{x} + \frac{6}{a}x - \frac{4}{a\sqrt{a}}x\sqrt{x} + \frac{x^2}{a^2}\right)dx$

$= b^2\pi \left[x - \frac{8}{3\sqrt{a}}x\sqrt{x} + \frac{3}{a}x^2 - \frac{8}{5a\sqrt{a}}x^2\sqrt{x} + \frac{x^3}{3a^2}\right]_0^a$

$= b^2\pi\left(a - \frac{8}{3}a + 3a - \frac{8}{5}a + \frac{1}{3}a\right) = \boldsymbol{\frac{ab^2}{15}\pi}$

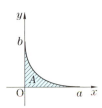

(2) $V = \frac{\pi}{15}(1-b)b^2 \quad (0 < b < 1)$

$f(b) = (1-b)b^2$ とおくと
$f'(b) = 2b - 3b^2 = -b(3b-2)$
$f'(b) = 0$ より

$b = \frac{2}{3} \quad (0 < b < 1$ より$)$

右の増減表より $b = \frac{2}{3}$,

すなわち, $a = \frac{1}{3}$ のとき

最大.

b	0	$\cdots$	$\frac{2}{3}$	$\cdots$	1
$f'(b)$		+	0	−	
$f(b)$		↗		↘	

117

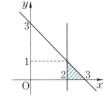

$V = \pi\int_0^1 (3-y)^2 dy - \pi \cdot 2^2 \cdot 1$

$= \pi\int_0^1 (y^2 - 6y + 9)dy - 4\pi$

$= \pi\left(\frac{1}{3} - 3 + 9\right) - 4\pi = \boldsymbol{\frac{7}{3}\pi}$

118

(1) 接点を $(t, \log t)$ $(t > 0)$ とおく

と, $y' = \frac{1}{x}$ より, 接線は

$$y - \log t = \frac{1}{t}(x - t)$$

これが $(0, 1)$ を通るので,
$1 - \log t = -1 \iff \log t = 2$

∴ $t = e^2$ よって, $l : \boldsymbol{y = \frac{1}{e^2}x + 1}$

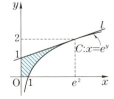

(2) $y = \log x$ より $x = e^y$

よって，$\pi\int_0^2 (e^y)^2 dy - \dfrac{\pi}{3}\cdot(e^2)^2\cdot 1 = \dfrac{\pi}{2}\Big[e^{2y}\Big]_0^2 - \dfrac{\pi}{3}e^4 = \dfrac{(e^4-3)\pi}{6}$

119

(1) $y' = \cos x + 1$ より
$$l : y - 2\pi = 2(x - 2\pi) \qquad \therefore \quad \boldsymbol{y = 2x - 2\pi}$$

(2) $f(x) = (\sin x + x) - (2x - 2\pi) = \sin x - x + 2\pi$
とおくと，$f'(x) = \cos x - 1 \leqq 0$
となり，$f(x)$ は単調減少．
よって，$f(x) = 0$ は高々 1 個しか実数解をもたない．
$f(2\pi) = 0$ だから，点 P 以外に共有点をもたない．

(3) C と l と x 軸で囲まれた部分は右図の斜線部分だから，

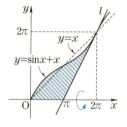

$$V = \pi\int_0^{2\pi} (\sin x + x)^2 dx - \dfrac{\pi}{3}(2\pi)^2 \pi$$

ここで，$\displaystyle\int_0^{2\pi} (\sin x + x)^2 dx$

$\quad = \displaystyle\int_0^{2\pi} (\sin^2 x + 2x\sin x + x^2) dx$

$\quad = \displaystyle\int_0^{2\pi} \left(\dfrac{1-\cos 2x}{2} + 2x\sin x + x^2\right) dx$

$\quad = \left[\dfrac{x}{2} - \dfrac{\sin 2x}{4} - 2x\cos x + 2\sin x + \dfrac{x^3}{3}\right]_0^{2\pi}$

$\quad = \pi - 4\pi + \dfrac{8}{3}\pi^3$

$\quad = -3\pi + \dfrac{8}{3}\pi^3$

$\therefore \quad V = \pi\left(-3\pi + \dfrac{8}{3}\pi^3\right) - \dfrac{4}{3}\pi^4$

$\qquad = \boldsymbol{\pi^2\left(-3 + \dfrac{4}{3}\pi^2\right)}$

120

右図のように，
$$y = \cos x - 1 \quad (0 \leqq x \leqq 2\pi)$$
と x 軸で囲まれた部分を x 軸のまわりに回転すればよい．

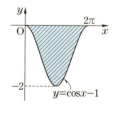

$\therefore \quad V = \pi\displaystyle\int_0^{2\pi} (\cos x - 1)^2 dx$

$\qquad = \pi\displaystyle\int_0^{2\pi} \left(\dfrac{1+\cos 2x}{2} - 2\cos x + 1\right) dx$

$\qquad = \pi\displaystyle\int_0^{2\pi} \left(\dfrac{3}{2} + \dfrac{1}{2}\cos 2x - 2\cos x\right) dx$

$\qquad = \pi\left[\dfrac{3}{2}x + \dfrac{1}{4}\sin 2x - 2\sin x\right]_0^{2\pi} = \boldsymbol{3\pi^2}$

121

$V = \pi \int_0^{2\pi} y^2 dx$ において，$y = 1 - \cos\theta$ と置換すると

$\dfrac{dx}{d\theta} = 1 - \cos\theta \geqq 0$ より

$x : 0 \to 2\pi$ のとき，$\theta : 0 \to 2\pi$

また，$dx = (1 - \cos\theta)d\theta$

ゆえに，$V = \pi \int_0^{2\pi} (1 - \cos\theta)^3 d\theta$ において

$(1 - \cos\theta)^3 = 1 - 3\cos\theta + 3\cos^2\theta - \cos^3\theta$

$= 1 - 3\cos\theta + \dfrac{3}{2}(1 + \cos 2\theta) - \dfrac{1}{4}(\cos 3\theta + 3\cos\theta)$

$= \dfrac{5}{2} - \dfrac{15}{4}\cos\theta + \dfrac{3}{2}\cos 2\theta - \dfrac{1}{4}\cos 3\theta$

$\therefore V = \pi \left[\dfrac{5}{2}\theta - \dfrac{15}{4}\sin\theta + \dfrac{3}{4}\sin 2\theta - \dfrac{1}{12}\sin 3\theta\right]_0^{2\pi}$

$= \boldsymbol{5\pi^2}$

122

(1) $PQ = 2\sqrt{1 - t^2}$ だから，

$S = \dfrac{1}{2} \cdot PQ^2 \cdot \sin 60° = \boldsymbol{\sqrt{3}(1 - t^2)}$

(2) $V = \int_{-1}^{1} S dt = 2\sqrt{3} \int_0^1 (1 - t^2)dt$

$= 2\sqrt{3}\left(1 - \dfrac{1}{3}\right)$

$= \dfrac{4\sqrt{3}}{3}$

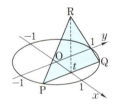

123

(1) 平面 $z = t$ $(0 \leqq t \leqq 1)$ による断面は，xy 平面上の連立不等式

$\begin{cases} 0 \leqq x \leqq 1, \ y \geqq 0 \\ x + y \leqq t + 1 \end{cases}$

で表される図形で，これは右図の斜線部分の面積を表すので，

$S(t) = \dfrac{1}{2}(t + t + 1) \times 1 = \boldsymbol{t + \dfrac{1}{2}}$

(2) $V = \int_0^1 S(t)dt = \int_0^1 \left(t + \dfrac{1}{2}\right)dt = \left[\dfrac{1}{2}t^2 + \dfrac{1}{2}t\right]_0^1 = \boldsymbol{1}$

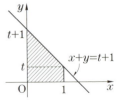

279

124

(1) $y'=\dfrac{1}{2}(e^x-e^{-x})$ だから，求める曲線の長さは

$$\int_0^1 \sqrt{1+\left\{\dfrac{1}{2}(e^x-e^{-x})\right\}^2}\,dx$$

$$=\dfrac{1}{2}\int_0^1 \sqrt{(e^x+e^{-x})^2}\,dx$$

$$=\dfrac{1}{2}\int_0^1 |e^x+e^{-x}|\,dx=\dfrac{1}{2}\int_0^1 (e^x+e^{-x})\,dx$$

$$=\dfrac{1}{2}\Big[e^x-e^{-x}\Big]_0^1=\boldsymbol{\dfrac{1}{2}\Big(e-\dfrac{1}{e}\Big)}$$

(2) $\dfrac{dx}{dt}=-e^{-t}\cos t-e^{-t}\sin t=-e^{-t}(\sin t+\cos t)$

$\dfrac{dy}{dt}=-e^{-t}\sin t+e^{-t}\cos t=-e^{-t}(\sin t-\cos t)$

$\therefore\ \ \sqrt{\left(\dfrac{dx}{dt}\right)^2+\left(\dfrac{dy}{dt}\right)^2}=\sqrt{e^{-2t}\{(\sin t+\cos t)^2+(\sin t-\cos t)^2\}}$

$$=\sqrt{2e^{-2t}}=\sqrt{2}\,e^{-t}$$

$\therefore\ \ l=\sqrt{2}\int_0^{\frac{\pi}{2}} e^{-t}\,dt=-\sqrt{2}\Big[e^{-t}\Big]_0^{\frac{\pi}{2}}=\boldsymbol{\sqrt{2}\,(1-e^{-\frac{\pi}{2}})}$

125

$\dfrac{T}{2}$ 秒後の体積は $2\cdot\dfrac{T}{2}=T\,(\text{cm}^3)$ であるから，時刻 $\dfrac{T}{2}$ における水面の高さ h は

$T=\dfrac{\pi}{2}h^2$ より $h=\sqrt{\dfrac{2T}{\pi}}\ \ (h>0)$

これを $\dfrac{dh}{dt}=\dfrac{2}{\pi h}$ へ代入すると，

$$\dfrac{dh}{dt}=\dfrac{2}{\pi\sqrt{\dfrac{2T}{\pi}}}=\dfrac{2}{\sqrt{2\pi T}}$$

〔数学Ⅲ基礎問題精講 四訂版〕上園信武